战略性新兴领域"十四五"高等教育系列教材

机器人导论

主　编　熊　蓉
副主编　王　酉　梁桥康
参　编　朱秋国　周春琳　王　越
　　　　高　飞　卢惠民

机械工业出版社

本书作为机器人领域的入门教材，旨在为初学者学习机器人相关知识和技术提供一个全面而深入的视角。首先，通过概述机器人的发展历史、应用分类和技术组成，帮助读者建立对机器人技术的初步认识。其次，对研制机器人所涉及的核心关键技术做了系统性阐述。本书共8章，全面深入地介绍了机器人技术的不同组成部分，包括机器人的机械结构、动力系统、传感技术、微控制器、机器视觉、机器人规划和定位与建图，指导读者搭建机器人躯体、组建感知和控制系统，并对移动机器人运动进行定位和规划，这些都是构建一个功能完备的机器人不可或缺的要素。

本书适合作为普通高校机器人、自动化、人工智能、智能制造等专业的教材，为学生进一步深入学习机器人相关知识奠定基础。本书也可作为相关工程技术人员的参考资料。

本书配有电子课件，请选用本书作教材的教师登录 www.cmpedu.com 注册后下载，或发邮件至 jinacmp@163.com 索取。

图书在版编目（CIP）数据

机器人导论 / 熊蓉主编. -- 北京：机械工业出版社，2024.12. --（战略性新兴领域"十四五"高等教育系列教材）. -- ISBN 978-7-111-77621-5

Ⅰ. TP242

中国国家版本馆 CIP 数据核字第 202480J0E6 号

机械工业出版社（北京市百万庄大街22号　邮政编码100037）
策划编辑：吉　玲　　　　　责任编辑：吉　玲　杜丽君
责任校对：龚思文　张　薇　封面设计：张　静
责任印制：刘　媛
唐山三艺印务有限公司印刷
2024年12月第1版第1次印刷
184mm×260mm・14印张・343千字
标准书号：ISBN 978-7-111-77621-5
定价：49.80元

电话服务　　　　　　　　　　网络服务
客服电话：010-88361066　　　机　工　官　网：www.cmpbook.com
　　　　　010-88379833　　　机　工　官　博：weibo.com/cmp1952
　　　　　010-68326294　　　金　书　网：www.golden-book.com
封底无防伪标均为盗版　　　　机工教育服务网：www.cmpedu.com

PREFACE 序

　　人工智能和机器人等新一代信息技术正在推动着多个行业的变革和创新，促进了多个学科的交叉融合，已成为国际竞争的新焦点。《中国制造 2025》《"十四五"机器人产业发展规划》《新一代人工智能发展规划》等国家重大发展战略规划都强调人工智能与机器人两者需深度结合，需加快发展机器人技术与智能系统，推动机器人产业的不断转型和升级。开展人工智能与机器人的教材建设及推动相关人才培养符合国家重大需求，具有重要的理论意义和应用价值。

　　为全面贯彻党的二十大精神，深入贯彻落实习近平总书记关于教育的重要论述，深化新工科建设，加强高等学校战略性新兴领域卓越工程师培养，根据《普通高等学校教材管理办法》（教材〔2019〕3 号）有关要求，经教育部决定组织开展战略性新兴领域"十四五"高等教育教材体系建设工作。

　　湖南大学、浙江大学、国防科技大学、北京理工大学、机械工业出版社组建的团队成功获批建设"十四五"战略性新兴领域——新一代信息技术（人工智能与机器人）系列教材。针对战略性新兴领域高等教育教材整体规划性不强、部分内容陈旧、更新迭代速度慢等问题，团队以核心教材建设牵引带动核心课程、实践项目、高水平教学团队建设工作，建成核心教材、知识图谱等优质教学资源库。本系列教材聚焦人工智能与机器人领域，凝练出反映机器人基本机构、原理、方法的核心课程体系，建设具有高阶性、创新性、挑战性的《人工智能之模式识别》《机器学习》《机器人导论》《机器人建模与控制》《机器人环境感知》等 20 种专业前沿技术核心教材，同步进行人工智能、计算机视觉与模式识别、机器人环境感知与控制、无人自主系统等系列核心课程和高水平教学团队的建设。依托机器人视觉感知与控制技术国家工程研究中心、工业控制技术国家重点实验室、工业自动化国家工程研究中心、工业智能与系统优化国家级前沿科学中心等国家级科技创新平台，设计开发具有综合型、创新型的工业机器人虚拟仿真实验项目，着力培养服务国家新一代信息技术人工智能重大战略的经世致用领军人才。

　　这套系列教材体现以下几个特点：

　　（1）教材体系交叉融合多学科的发展和技术前沿，涵盖人工智能、机器人、自动化、智能制造等领域，包括环境感知、机器学习、规划与决策、协同控制等内容。教材内容紧跟人工智能与机器人领域最新技术发展，结合知识图谱和融媒体新形态，建成知识单元 711 个、知识点 1803 个，关系数量 2625 个，确保了教材内容的全面性、时效性和准确性。

（2）教材内容注重丰富的实验案例与设计示例，每种核心教材配套建设了不少于 5 节的核心范例课，不少于 10 项的重点校内实验和校外综合实践项目，提供了虚拟仿真和实操项目相结合的虚实融合实验场景，强调加强和培养学生的动手实践能力和专业知识综合应用能力。

（3）系列教材建设团队由院士领衔，多位资深专家和教育部教指委成员参与策划组织工作，多位杰青、优青等国家级人才和中青年骨干承担了具体的教材编写工作，具有较高的编写质量，同时还编制了新兴领域核心课程知识体系白皮书，为开展新兴领域核心课程教学及教材编写提供了有效参考。

期望本系列教材的出版对加快推进自主知识体系、学科专业体系、教材教学体系建设具有积极的意义，有效促进我国人工智能与机器人技术的人才培养质量，加快推动人工智能技术应用于智能制造、智慧能源等领域，提高产品的自动化、数字化、网络化和智能化水平，从而多方位提升中国新一代信息技术的核心竞争力。

中国工程院院士

2024 年 12 月

前 言

随着科技的飞速发展，人类社会正经历着前所未有的变革。在这个变革的过程中，新工科的建设成为推动科技进步和社会发展的关键力量之一。新工科不仅仅关注传统工程学科的知识体系，更加强调跨学科知识的融合与应用，以及创新能力的培养，这为我国乃至全球的工业升级提供了坚实的人才基础和技术支持。机器人专业具有多学科交叉融合、理论与实践结合、硬件和软件并重等特点，是非常好的新工科创新人才培养载体，其发展正日益成为衡量国家科技创新能力和产业竞争力的重要标志。自2016年以来，全国已有300多所高校获批成立机器人工程专业。机器人导论作为机器人工程专业的入门课程，不仅是学生踏入这一高科技领域的基石，更是他们构建未来职业道路的重要起点。这门课程不仅承担着传授基础知识的任务，还肩负着激发学生兴趣、培养创新思维、奠定扎实技能基础的重要使命。

本书是机器人领域的入门教材，旨在为初学者学习机器人知识提供一个全面而深入的视角。首先，通过第1章绪论概述机器人的发展历史、应用分类和技术组成，帮助读者建立起对机器人技术的初步认识。接着，通过第2~8章全面深入地介绍机器人技术的不同组成部分，包括机器人的机构、驱动、传感器、微控制器、机器人视觉、机器人规划、定位与建图。这些内容是构建一个功能完备机器人不可或缺的要素。

本书深入浅出、较为全面地介绍了机器人技术各方面的基础理论，注重知识的完整性与系统性。本书适合作为普通高校机器人、自动化、人工智能、智能制造等专业的教材，也可作为相关工程技术人员的参考资料。

本书的编写汇集了国内机器人领域各方面的专家，得到了浙江大学、湖南大学、国防科技大学的大力支持。第1章由熊蓉执笔，第2章由朱秋国执笔，第3章由周春琳执笔，第4章由梁桥康执笔，第5章由王酉执笔，第6章由王越执笔，第7章由高飞执笔，第8章由卢惠民执笔，由熊蓉、王酉、梁桥康负责统稿。在此，衷心感谢对本书编写给予帮助和支持的各方人士。

由于编者水平有限，书中难免有不妥之处，欢迎广大读者提出宝贵意见和建议，以便我们在后续版本中不断完善和改进。您的反馈将是我们持续前进的动力。

编 者

目 录

序

前言

第1章 绪论 ·········· 1
 1.1 机器人的定义与分类 ·········· 1
 1.2 机器人的发展与应用 ·········· 2
 1.3 机器人关键技术 ·········· 6
 本章小结 ·········· 7
 习题 ·········· 8
 参考文献 ·········· 8

第2章 机器人机构 ·········· 9
 2.1 机构设计概述 ·········· 9
  2.1.1 基本概念 ·········· 10
  2.1.2 设计流程 ·········· 11
  2.1.3 设计准则 ·········· 12
 2.2 机构传动 ·········· 13
  2.2.1 渐开线的形成 ·········· 14
  2.2.2 主要参数及计算 ·········· 14
  2.2.3 定常传动比与中心距 ·········· 15
  2.2.4 齿轮轮系 ·········· 16
  2.2.5 机器人齿轮传动应用案例 ·········· 17
  2.2.6 连杆机构及特点 ·········· 18
  2.2.7 平面四连杆类型 ·········· 18
  2.2.8 平面四连杆机构的计算 ·········· 20
 2.3 轴系 ·········· 21
  2.3.1 滚动轴承 ·········· 21
  2.3.2 滑动轴承 ·········· 22
  2.3.3 轴系安装与使用 ·········· 23

2.4 紧固与联接 ……………………………………………………………………… 24
  2.4.1 键联接 …………………………………………………………………… 24
  2.4.2 销联接 …………………………………………………………………… 25
  2.4.3 胶接 ……………………………………………………………………… 26
  2.4.4 紧定螺钉联接 …………………………………………………………… 26
  2.4.5 联轴器联接 ……………………………………………………………… 27
本章小结 …………………………………………………………………………… 27
习题 ………………………………………………………………………………… 27
参考文献 …………………………………………………………………………… 28

第3章 机器人驱动 …………………………………………………………… 29

3.1 驱动的功能与类型 ……………………………………………………………… 29
  3.1.1 驱动的功能 ……………………………………………………………… 29
  3.1.2 驱动的类型 ……………………………………………………………… 31
3.2 直流电机的工作原理 …………………………………………………………… 36
  3.2.1 有刷直流电机 …………………………………………………………… 37
  3.2.2 无刷直流电机 …………………………………………………………… 38
  3.2.3 电机的控制模型 ………………………………………………………… 39
3.3 直流电机驱动 …………………………………………………………………… 40
  3.3.1 电机调速原理 …………………………………………………………… 40
  3.3.2 脉宽调制技术 …………………………………………………………… 41
  3.3.3 直流电机驱动器 ………………………………………………………… 43
3.4 直流电机伺服控制 ……………………………………………………………… 44
  3.4.1 开环控制 ………………………………………………………………… 45
  3.4.2 闭环控制 ………………………………………………………………… 46
  3.4.3 伺服的替代方案 ………………………………………………………… 48
3.5 驱动的选型 ……………………………………………………………………… 50
本章小结 …………………………………………………………………………… 55
习题 ………………………………………………………………………………… 56
参考文献 …………………………………………………………………………… 56

第4章 机器人传感器 ………………………………………………………… 58

4.1 机器人传感器概述 ……………………………………………………………… 58
  4.1.1 机器人传感器的定义与作用 …………………………………………… 58
  4.1.2 机器人传感器的分类 …………………………………………………… 60
  4.1.3 机器人传感器的性能 …………………………………………………… 61
  4.1.4 机器人传感器信号处理 ………………………………………………… 63
  4.1.5 机器人传感器系统展望 ………………………………………………… 64
4.2 机器人位置姿态传感器 ………………………………………………………… 65
  4.2.1 机器人位置传感器 ……………………………………………………… 65
  4.2.2 机器人姿态传感器 ……………………………………………………… 69
4.3 机器人运动传感器 ……………………………………………………………… 71
  4.3.1 机器人速度传感器 ……………………………………………………… 71

4.3.2　机器人加速度传感器 …………………………………………………………… 72
　　4.3.3　机器人角速度传感器 …………………………………………………………… 72
　　4.3.4　基于卡尔曼滤波的运动学传感器抗噪应用案例 ……………………………… 73
4.4　机器人测距传感器 …………………………………………………………………………… 76
　　4.4.1　超声波测距传感器 ……………………………………………………………… 76
　　4.4.2　激光测距传感器 ………………………………………………………………… 77
　　4.4.3　红外测距传感器 ………………………………………………………………… 79
　　4.4.4　其他测距传感器 ………………………………………………………………… 80
4.5　视觉传感器 …………………………………………………………………………………… 80
　　4.5.1　视觉传感器分类及工作原理 …………………………………………………… 80
　　4.5.2　标定方法 ………………………………………………………………………… 82
　　4.5.3　基于视觉 YOLOv5 的喷码识别应用案例 ……………………………………… 86
4.6　力触觉传感器 ………………………………………………………………………………… 87
　　4.6.1　力触觉传感器分类与工作原理 ………………………………………………… 87
　　4.6.2　多维力触觉信号解耦方法 ……………………………………………………… 90
　　4.6.3　基于光纤光栅式六维力传感器的设计案例 …………………………………… 92
4.7　机器人其他传感器 …………………………………………………………………………… 93
本章小结 ……………………………………………………………………………………………… 94
习题 …………………………………………………………………………………………………… 94
参考文献 ……………………………………………………………………………………………… 95

第 5 章　机器人微控制器 ………………………………………………………………………… 96

5.1　机器人微控制器概述 ………………………………………………………………………… 96
　　5.1.1　微控制器的定义 ………………………………………………………………… 96
　　5.1.2　微控制器的发展历史 …………………………………………………………… 97
　　5.1.3　微控制器的性能指标 …………………………………………………………… 99
　　5.1.4　微控制器的发展趋势 …………………………………………………………… 100
5.2　微控制器原理 ………………………………………………………………………………… 101
　　5.2.1　微控制器的组成 ………………………………………………………………… 101
　　5.2.2　微控制器的工作过程 …………………………………………………………… 104
5.3　微控制器模块与接口技术 …………………………………………………………………… 107
　　5.3.1　通用输入/输出 …………………………………………………………………… 107
　　5.3.2　定时器/计数器 …………………………………………………………………… 108
　　5.3.3　中断 ……………………………………………………………………………… 109
　　5.3.4　串行通信 ………………………………………………………………………… 110
5.4　Arduino 微控制器 …………………………………………………………………………… 113
　　5.4.1　Arduino 微控制器概述 ………………………………………………………… 113
　　5.4.2　Arduino 微控制器接口 ………………………………………………………… 113
　　5.4.3　Arduino 微控制器编程 ………………………………………………………… 115
　　5.4.4　Arduino 微控制器应用 ………………………………………………………… 117
本章小结 ……………………………………………………………………………………………… 120
习题 …………………………………………………………………………………………………… 121
参考文献 ……………………………………………………………………………………………… 121

第6章　机器人视觉 122

6.1　机器人视觉简介 122
6.1.1　传感器及成像原理 122
6.1.2　常见机器人视觉应用 123
6.1.3　机器人视觉的挑战 124

6.2　图像及相机建模 125
6.2.1　图像 125
6.2.2　相机建模 125
6.2.3　相机标定 127

6.3　三维建模 128
6.3.1　双目几何 128
6.3.2　双目矫正 129
6.3.3　双目匹配 130

6.4　特征检测与匹配 132
6.4.1　特征点 132
6.4.2　描述子 134
6.4.3　特征匹配及位姿估计 137

6.5　物体语义理解 137
6.5.1　样例识别 137
6.5.2　物体分类 139

本章小结 140
习题 141
参考文献 142

第7章　机器人规划 143

7.1　机器人规划简介 143
7.1.1　运动规划基本概念 143
7.1.2　常用导航地图形式 146

7.2　基于搜索的路径规划算法 153
7.2.1　基于搜索的路径规划算法概述 153
7.2.2　深度优先搜索 156
7.2.3　广度优先搜索 157
7.2.4　贪心算法 159
7.2.5　Dijkstra算法 159
7.2.6　A*算法 161

7.3　基于采样的路径规划算法 163
7.3.1　基于采样的路径规划算法概述 163
7.3.2　概率路线图算法 164
7.3.3　快速探索随机树算法 166
7.3.4　RRT*算法及改进算法 168

7.4　轨迹优化 170
7.4.1　轨迹优化基本介绍 170

    7.4.2 光滑一维轨迹生成 171
    7.4.3 Minimum snap 轨迹生成 172
    7.4.4 软约束和硬约束下的轨迹优化 174
  7.5 应用实例 176
    7.5.1 基于可行空间的轨迹优化实例 176
    7.5.2 软约束的轨迹优化实例 179
  本章小结 182
  习题 182
  参考文献 183

第 8 章 机器人定位与建图 184
  8.1 机器人定位与建图简介 184
    8.1.1 机器人自主导航基本概念 184
    8.1.2 机器人定位基本概念 185
    8.1.3 机器人建图基本概念 185
    8.1.4 机器人同步定位与建图基本概念 186
  8.2 机器人定位的主要方法 187
    8.2.1 基于外部设备感知的定位 187
    8.2.2 不依赖外部设备感知的自主定位 190
    8.2.3 贝叶斯滤波框架下的自主定位算法 194
  8.3 机器人地图的表示 197
    8.3.1 稀疏特征点地图 197
    8.3.2 稠密点云地图 198
    8.3.3 占用栅格地图 199
    8.3.4 语义地图 201
    8.3.5 拓扑地图 202
  8.4 机器人同步定位与建图的常用算法 204
    8.4.1 基于二维激光雷达的同步定位与建图常用算法 204
    8.4.2 基于三维激光雷达的同步定位与建图常用算法 205
    8.4.3 基于视觉的同步定位与建图常用算法 206
    8.4.4 基于多传感器信息融合的同步定位与建图常用算法 207
  8.5 机器人定位与建图的挑战与发展趋势 210
    8.5.1 机器人定位与建图面临的挑战 210
    8.5.2 机器人定位与建图的发展趋势 211
  本章小结 211
  习题 212
  参考文献 212

第 1 章　绪　论

导读

机器人,曾经是科幻小说中的想象,如今已经逐渐走进了我们的现实生活。它们的身影遍布工业制造、电商仓储、医疗、服务、探测等各个领域,深刻地影响着我们的生产生活方式,并被认为是改变世界的重要技术之一。机器人时代正在悄然来临。本章正是在此背景下讨论机器人的定义和分类,介绍机器人的发展历史及应用,并概述机器人关键技术。

本章知识点

- 机器人的定义与分类
- 机器人的发展与应用
- 机器人关键技术

1.1　机器人的定义与分类

"机器人"一词来源于文学作品,而非机器人研究人员定义。捷克作家卡雷尔·恰佩克在 1921 年的科幻剧本《罗素姆的万能机器人》中首次提出这一概念(图 1-1),由捷克语"Robota"而得名。

随着科技的进步和文学作品的广泛传播,机器人这一概念逐渐深入人心。在文学作品中,机器人往往被赋予拟人化的形态和特征,包括外观、运动、交互以及智能等方面。这些机器人形象在科幻小说、电影和电视剧中频繁出现(图 1-2),成为人们对于机器人的一种普遍认知。

然而,在实际应用中,机器人的形态和功能却千差万别。有些机器人确实具有拟人化的外观和运动能力,能够与人类进行互动和交流。这类机器人通常被用于服务、娱乐和医疗等领域,为人们提供便利和帮助。但是,更多的机器人并不具备拟人的外观,它们可能是为了完成特定任务而设计的,如工业生产中的自动化机械臂、深海探测的无人潜水器等。这些机器人在感知、认知、规划和决策等方面具有一定的智能性,但它们的智能机理与人类智能尚存在显著差异。

因此,对于如何定义机器人,学术界一直存在争议。1956 年,在达特茅斯会议上,马文·明斯基首次提出智能机器人应具备创建周围环境抽象模型的能力,并能基于此模型解决问题。到了 1967 年,日本首届机器人学术会议上,众多研究人员提出了各自的定义。例如,森政弘与合田周平将机器人定义为具备移动性、个体性、智能性、通用性、半机械半人性、自动性、奴隶性等七个特征的柔性机器。被誉为"日本机器人之父"的加藤一郎，则从仿人机器人的角度出发，认为机器人应具备类似人类脑、手、脚的三要素，并拥有非接触式和接触式传感器，以及平衡觉和固有觉等感知能力。

图1-1 罗素姆的万能机器人概念图

图1-2 电影中的机器人形象

进入21世纪，尽管学者们对机器人的定义仍有不同见解，但对这一话题的讨论逐渐减少。普遍的共识是，机器人学是一个跨学科的创新领域，未来的机器人发展拥有无限的可能性。因此，学者们更倾向于针对特定类型的机器人进行定义和标准化。例如，按照应用场景，可以将机器人分为工业机器人、服务机器人等；按照功能特点，可以将机器人分为移动机器人、操作机械臂；按照移动机构，可以将机器人分为轮式移动机器人、腿足式移动机器人、履带式移动机器人、躯干式移动机器人等。

在工业机器人领域，机器人的定义已经明确。根据1987年国际标准化组织（ISO）的定义，工业机器人是一种能自动控制、可重复编程、多功能、多自由度的操作机，能搬运材料、工件或操持工具，来完成各种作业。随着智能移动技术在工业领域的广泛应用，新型工业移动机器人应运而生，相关国际标准委员会也针对这一新兴领域进行了新名词和新标准的定义。例如，2020年底，美国标委会正式将工业移动机器人分为三类，并明确将不依赖人工标识的工业移动机器人定义为自主移动机器人（autonomous mobile robots，AMR）。

在服务机器人领域，机器人的定义则较为宽泛。国际上对服务机器人的粗略定义是指除从事工业生产以外的、能够半自主或全自主工作，为人类提供服务的机器人。这其中包括在特殊环境下作业的特种机器人。在我国，通常会根据具体应用场景将服务机器人进一步细分为特种机器人和服务机器人，这与国际上的定义略有不同。针对特定类型的服务机器人，如医疗手术机器人和家庭清洁机器人，相关的定义和标准也在不断完善和制定中。

1.2 机器人的发展与应用

机器人是人类的一个古老梦想。从古至今，人类始终致力于研发能够帮助人的自动机器。例如，古希腊的水钟，日本的端茶送水人偶，我国春秋时期的木鸟、东汉时期的祭礼古车、三国时期的木牛流马等记载。文艺复兴时期，伟大的艺术家达芬奇在手稿中也有关于仿人机械的设计。蒸汽机发明以后，有利用该类技术研发的双足行走机器人和四足行走机械车。1939 年纽约世博会上，希沃展示了电缆控制下可以行走、抽烟、说 77 个字的机器人。以上都是人类对研制机器人的憧憬和早期尝试，体现了人类对自动化和智能化的向往。

由于机器人有多种形态，接下来的介绍不是严格按照时间线来展开，而是分为操作机械臂和移动机器人两大类来分别介绍它们的发展和应用。

1. 操作机械臂

1954 年，美国发明家乔治·德沃尔创造了世界上"第一台"真正意义上的机器人（图 1-3）。它之所以被称为"第一台"，是因为它能够实际协助人们完成生产制造任务。这台机器人被称为机械臂，它在功能上模仿了人类的手臂，通过模拟腰部、肩部和肘部的关节运动，实现了末端执行器在空间中的精确定位和移动，能够执行对物体的抓取、放置以及打磨、抛光等一些基本的加工操作。此外，它还融合了计算机技术，实现了运动的可编程性，可以根据不同的作业需求编写或调整程序，从而提高了其适用性。1959 年，德沃尔与约瑟夫·英格伯格合作研发了第一台工业机器人（图 1-4），并成功应用于通用汽车公司的压铸生产线。1961 年，优利美特公司实现了工业机器人的量产，并开始了工业机器人在生产制造行业中的批量应用。到了 1978 年，六轴通用机器人（图 1-5）的问世极大地推动了其在各个行业的广泛应用。尽管 1978 年的六轴机械臂具有通用性，但由于其采用位置速度控制模式，无法感知外部环境和接触力，因此在操作时需要人机物理隔离，以确保操作者的安全。

图 1-3 第一台机器人

图 1-4 工业机器人

随着人机协作的需求日益增长，对安全协作型机械臂的需求也变得迫切。2011 年，瑞辛克公司率先研发了一种能够确保人机安全交互的机械臂。该机械臂采用串联弹性驱动关节，通过弹性变形来感知外部力，并利用力矩控制实现人机接触的安全。我国的多家企业也在这一领域取得了显著成就，研发了具有自主知识产权的协作机械臂，并实现了一定范围的推广应用。虽然协作机械臂保障了人机交互的安全，但总体来讲，协作机械臂的位置控制精度通常低于传统机械臂，且负载能力相对较小。

除了生产制造，机械臂应用的另一个重要领域是医疗手术（图 1-6）。手术机器人的研发始于 20 世纪 80 年代末。1995 年，第一代手术机器人系统问世。2000 年，直觉外科公司的达芬奇手术机器人系统获得了美国食品和药物管理局（FDA）的批准，这标志着医疗手术机器人系统的正式应用，它极大地革新了传统的手术方法。目前，达芬奇手术机器人已被广泛应用于腹腔和胸腔手术。全球装机量接近 5000 台，手术案例超过 600 万例。然而，达芬奇手术机器人的高昂成本导致了手术费用的增加，且医生需要接受特殊培训才能操作。我国也在积极研发自己的医疗手术机器人，北京航空航天大学、哈尔滨工业大学、天津大学等高校已成功研制出具有自主知识产权的微创手术机器人系统，打破了达芬奇手术机器人的市场垄断，并研发了包括骨科、神经外科在内的新型专科手术机器人。

图1-5　六轴通用机器人

图1-6　医疗手术机器人

此外，机械臂的应用不仅限于工业和医疗领域，它们也被应用于包括太空作业等多个行业。总体而言，操作机械臂是机器人技术的重要组成部分，它以高精度、高效率的优势，展现出其在现代自动化中的核心作用和广泛应用前景。

2. 移动机器人

（1）轮式移动机器人　1968年，斯坦福大学机器人研究所成功研制了世界上第一台轮式移动机器人（图1-7）。该机器人采用差分驱动方式，由两台电动机驱动的主驱动轮同轴平行安装，为移动机器人的软硬件架构奠定了基础。目前轮式移动机器人已经广泛应用于工业自动化搬运，如自动导引车（automated guided vehicle，AGV）、自主移动机器人（autonomous mobile robot，AMR）等（图1-8）。AGV是指能够沿着环境中人工部署的引导标识自主移动的车辆。最早的AGV诞生于1953年，早于第一台轮式智能移动机器人，并于20世纪70年代中期得到大规模发展。目前，多种类型的人工引导标识（如磁钉、磁条、二维码、激光反射板等）被广泛使用。同时，移动机器人也在朝着更高效、灵活的移动方式和更智能的自然导航自主移动机器人（AMR）发展，这种智能移动技术能够满足现代制造业对柔性化、个性化、敏捷化的需求。自2014年起已经在电子、光伏面板等行业实现了规模化应用，同时在农业、林业以及园区物流和无人驾驶等领域得到推广。然而，如何在复杂环境中确保长期稳定自主移动，仍然是一个挑战。

图1-7　第一台轮式移动机器人

图1-8　仓库自动化搬运AMR

此外，移动机器人还在火星和月球探测中发挥了重要作用。1997年，美国宇航局将探路者和旅行者（图1-9）两台移动机器人送往火星。2004年，勇气号和机遇号火星车也在火星古塞夫陨石坑内成功着陆。我国在月面探测方面也取得了显著成就，从2013年玉兔号（图1-10）月球车首次成功抵达月球表面以来，玉兔二号月球车、嫦娥五号月球探测器、嫦娥六号探测器均成功着陆月球，其中嫦娥六号完成了世界首次月球背面采样和起飞。总体而言，目前星面探测机器人主要通过地面遥控操作，仅具备局部避障能力。提升机器人的自主性是未来星面探测和作业面临的技术挑战。

图1-9　旅行者

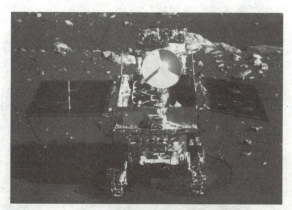

图1-10　玉兔号

家庭清洁也是移动机器人的重要应用领域。扫地机器人、割草机器人、泳池清洁机器人等自动化设备已经广泛普及（图1-11～图1-13），是当前真正进入千家万户的机器人类型。它们采用低成本的方式实现区域覆盖，通常配备两轮差分驱动和随动轮，利用编码器进行里程估计，同时利用超声波、红外等低成本传感器检测环境，实现避碰和防跌落功能。然而，编码器的不精确性和地面不平整性影响了机器人的定位准确性，早期产品采用信号塔定位方法准确性有限。近年来，集成了低成本激光传感器和同时定位与地图构建（simultaneous localization and mapping，SLAM）技术的产品，显著提高了定位准确性和导航覆盖率。

图1-11　扫地机器人

图1-12　割草机器人

图1-13　泳池清洁机器人

（2）腿足式移动机器人　轮式结构主要在坚硬平整的地面上才能实现高效运动。为了适应不平整地形，多种移动机构被提出，其中最引人瞩目的是腿足式机器人，尤其是双足机器人。1969年，日本早稻田大学的加藤一郎教授研制出了世界上第一台双足机器人（图1-14）。日本本田公司的阿西莫（ASIMO）和波士顿动力公司的阿特拉斯（Atlas）分别于2000年和2016年首次亮相，是双足机器人的标志性成果。2022年，特斯拉首次展示了Optimus人形机器人（图1-15），这标志着人形机器人进入了商业试水期。国内方面，

2011年浙江大学研发的仿人机器人"悟"和"空",身高165cm,体重56kg,能与人类进行连续动态乒乓球对打,最高可达145回合。优必选科技研发的Walker系列人形机器人于2018年首次亮相,成功展示了上下楼梯、全向行走、跳舞等多种运动和感知决策能力。宇树科技于2023年发布其首款人形机器人H1(图1-16),是国内第一款能跑的全尺寸通用人形机器人,具有高功率性能和灵活性。此外,国内外还发展了具有多种步态的四足机器人,典型产品包括波士顿动力的BigDog、Spot,宇树科技的Go1、B1,云深处的绝影等。从最初的军事应用到如今的多样化场景应用,以及从基础研究到商业化产品的转变,四足机器人有望在更多领域实现规模化应用。

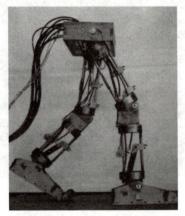
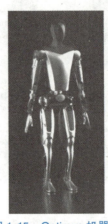

图1-14 第一台双足机器人　　图1-15 Optimus机器人　　图1-16 H1通用人形机器人

(3) 新型机器人　随着机器人技术的显著进步,近年来涌现出了多种新型机器人。它们不仅能够在水中游动、空中飞翔,还融合了新型材料,催生了各种软体机器人的诞生。这些软体机器人包括用于抓取的柔性机械手、用于康复治疗的柔性外骨骼,以及用于医疗领域的微型软体仿生机器人等。

总体而言,目前机器人领域面临着灵活性、智能性和适应性不足等挑战,伴随着人工智能、新材料、脑认知等前沿技术的发展,新一代机器人技术和系统正在实现融合与创新。新技术和新方法的应用催生了机器人形态的多样化,整个行业呈现出繁荣发展的景象。如何提升机器人的智能水平,使其能够适应复杂多变的环境和物体,以及实现知识的学习与自我进化,已成为重要的挑战和研究的热点。

1.3　机器人关键技术

尽管机器人的形态和功能各异,但它们所涉及的关键技术存在共性。以下将从控制角度探讨机器人中的关键技术。

1. 机器人对生物系统的模拟

1948年,美国数学家诺伯特·维纳在他的奠基性著作《控制论》中写道,就其控制行为而言,所有的技术系统都是生物系统的仿制品,机器人也不例外。通过对比机器人和人类,可以发现机器人模拟了生物的能量流动和信息流动,这使得我们可以将机器人与生物体进行类比,从而更好地理解机器人的工作原理。

在能量流动方面，生命体的能量系统主要由血液、骨骼和肌肉三部分组成。血液作为生命体体内循环系统中的液体组织，负责养分的运输和废物的排泄，对维持生命起着至关重要的作用。骨骼则起到运动支持和保护身体的作用，决定了运动的基础能力。肌肉则通过收缩和舒张来牵引骨骼运动，决定了运动能力的大小。对应到机器人中，可以将电池和器件之间的电缆类比为血管，由电池输出的电荷通过电缆传递到各个器件，相当于血管中的血液。驱动器则相当于人的肌肉，它们安装在机器人的机构上，通过传动机构将驱动的作用力传递到机构上，从而带动机构运行。机构则相当于生命体的骨骼，需要设计不同的运动机构来实现不同的运动形式。

在信息流动方面，生命体通过视觉、听觉、触觉等感官感知外部世界，获得外部环境信息，并通过神经束将这些信息传递到大脑进行处理和融合。机器人同样采用了这样的信息流动体系，通过人工研发的摄像机、传声器、触觉传感器等模拟人的视觉、听觉、触觉，同时借助超声、激光测距仪等设备获取精确的外部环境信息。这些信息经过采集后，通过不同的算法进行分析处理，最终生成驱动器的执行指令，实现基于感知的运动。

2. 机器人的关键技术与发展

基于上述能量流动和信息流动的分析，可以明确机器人的关键技术主要包括模拟骨骼的机构、模拟肌肉的驱动以及控制机构运动的算法。机构的设计决定了机器人的运动形式和功能，而驱动则决定了机器人运动的速度、力量等能力。同时，为了使机器人能够按照期望的运动方式进行运动，还需要对机构进行数学建模，并通过控制算法对机构和驱动之间的关系进行规划和控制。

机器人的发展也面临诸多问题：①能源问题，如何为机器人提供稳定、持久的能源是机器人技术发展的重要方向之一；②通信问题，如何实现机器人之间的信息传输和协同工作是机器人领域的研究热点；③计算设备问题也是机器人技术中不可忽视的一环，高效的计算设备能够提升机器人的信息处理能力和运动控制能力；④材料问题也是影响机器人性能的关键因素之一，新型材料的研发和应用将为机器人技术带来新的突破。

随着相关技术的不断发展，机器人领域也将面临新的挑战和机遇。例如，随着人工智能技术的不断进步，机器人的智能水平将得到进一步提升，使其能够更好地适应各种复杂环境和任务需求。同时，随着物联网、云计算等技术的普及和应用，机器人将能够更好地与其他设备和系统进行互联互通，实现更加高效、智能的协同工作。

总之，机器人技术是一个涉及多个领域的综合性技术体系，其核心技术和其他关键技术相互关联、相互支撑。随着相关技术的不断进步和应用领域的不断拓展，机器人将在未来发挥更加重要的作用，为人类的生产和生活带来更多便利和效益。

本章小结

本章详细介绍了机器人的定义、分类、发展与应用以及关键技术，期望让读者能对机器人定义及其应用发展有一个感性认识，对机器人的设计和关键技术有一个基本了解。后续各章将进一步深入探讨这些关键技术，揭示机器人领域的前沿发展和潜在应用。

习 题

一、填空题

（1）按照应用场景可以将机器人分为_____和_____两种主要类型。

（2）1954年，美国创造了世界上第一台真正意义上的机器人，属于_____形态。

二、简答题

（1）请根据移动机构的不同列举有哪些移动机器人。

（2）请分别从能量流动和信息流动的角度说明机器人的基本组成。

（3）请简要阐述机器人的关键技术。

参考文献

［1］BORENSTEIN J, EVERETT H R, FENG L. Mobile robot positioning: sensors and techniques ［J］. Journal of Robotic Systems, 1997, 14（4）: 231-249.

［2］THRUN S, BURGARD W, FOX D. Probabilistic robotics ［M］. Cambridge: The MIT Press, 2005.

［3］DURRANT-WHYTE H, BAILEY T. Simultaneous localization and mapping: part I ［J］. IEEE Robotics and Automation Magazine, 2006, 13（2）: 99-110.

［4］HIROSE M, OGAWA K. Honda humanoid robots development ［J］. Philosophical Transactions of the Royal Society A: Mathematical, Physical and Engineering Sciences, 2007, 365（1850）: 11-19.

［5］WIENER N. Cybernetics or control and communication in the animal and the machine ［M］. Cambridge: The MIT Press, 1948.

第 2 章 机器人机构

导读

本章探讨机器人工程中与机构设计相关的主题,包括机构设计概述、机构传动、轴系设计,以及紧固与联接。机构设计概述部分介绍了机器人设计中的基本概念、设计流程、设计准则;机构传动部分介绍了各种传动装置(如齿轮、连杆传动)的原理及应用;轴系部分讨论了滚动轴承、滑动轴承,以及轴系安装与使用;紧固与联接部分则关注于保证机械部件的安全牢固联接。本章将帮助读者理解和应用这些技术,以实现高效的机械系统设计和实施。

本章知识点

- 机构设计的现代方法
- 机构传动的主要技术
- 轴系设计的轴承与应用
- 紧固联接的多种方式

2.1 机构设计概述

机器人作为自动化系统的典型代表,具有复杂性和功能多样性的特点,其通常由以下几个关键部分构成(图2-1)。

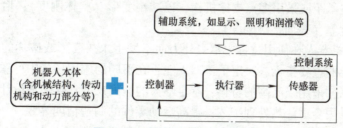

图 2-1 机器人系统的重要组成

机器人本体部分,它由机器人的本体机械结构、传动机构、动力部分等组成。其中,传动机构将能源转换为机械动力,通常通过电动机、液压系统或气动系统来实现,从而驱动机器人的运动和操作。动力部分提供机器人所需的能源,可以是电池或者其他类型的能源系统。

控制系统，它通过控制器、执行器和传感器执行任务指令。控制器是机器人系统的核心计算和控制单元，通过控制算法指导执行器进行动作；执行器则是机器人的行动器官，包括各种关节或效应器，负责执行具体的任务和动作；传感器负责感知和理解环境，制订合适的决策并反馈给控制器。这一过程涵盖了感知、决策和动作的全过程，使机器人能够适应不同的环境和任务要求。

辅助系统，它提供了机器人运行和完成任务所需的其他功能支持，如显示、照明、冷却与散热、安全系统、用户界面、数据存储等，使得机器人能够在复杂的环境中执行多种任务，增强了机器人的功能性和可靠性。

这些部分紧密协作，使得机器人能够执行从简单重复性任务到复杂的高精度操作，如工业制造、医疗手术、探索和救援等。机器人技术的进步不断推动着这些组成部分的创新和整合，为自动化和智能化应用增加了更多的可能性。

2.1.1 基本概念

1）执行机构是指负责产生运动或力量并执行机器人指令的部件和系统，它是机器人实现各种动作和操作的关键部分，它需要在动力源的带动下，完成预定的动作。例如，直流电机、舵机、液压缸和气缸等。这些执行机构可以是旋转的或线性的。

2）传动机构是指将执行器（或驱动器）产生的动力和运动传递到机器人各个部分，以实现预期动作和操作的系统。它是转速和转矩的变换器，也是伺服系统的一部分，要求根据伺服控制系统进行选择设计，以满足控制性能。例如，齿轮和连杆。

3）支撑/导向机构是指那些提供结构支撑和运动导向的部件和系统。这些机构确保机器人的各个部件能够在预定的轨迹和范围内稳定、准确地运动，从而实现预期的操作和功能。例如，轴承、导轨、滑块、弹簧和缓冲器等。

4）转动惯量是指物体绕特定轴旋转时，抵抗角加速度变化的能力。传动机构的质量和转动惯量应尽量小。否则，机构的负载会增大；系统响应会降低；固有频率会降低，易产生谐振。

5）刚度是指机器人在外力作用下抵抗变形的能力。若伺服系统刚度大，那么使它产生变形所需要的能量就大，传动效率就高。提高刚度的设计要求包括：增大零件截面积或截面的惯性矩；缩短支承距或采用多点支撑机构，以减小变形（整体刚度）；增大两零件的贴合面；提高加工精度等（表面接触刚度）。

6）强度是指机器人在使用过程中承受外力而不发生永久变形或破坏的能力。强度是评价机器人结构性能的重要指标，决定了机器人能否在不同的应用场景中可靠地工作。提高强度的设计要求包括：采用强度高的材料；有足够大的截面尺寸；合适地设计截面积，增大截面积的惯性矩；采用合适的热处理工艺；提高运动零件的制造精度等。

7）阻尼是指系统中消耗能量并减小振动幅度的特性。阻尼越大，振动的振幅就越小，衰减也越快。但大阻尼会使系统稳态误差增大、精度降低。共振区域阻尼越大越好，远离共振区域阻尼越小越好。

8）机器人的自由度（degree of freedom, DOF）是指机器人系统中可以独立运动的数量。它通常用来描述机器人在空间中的灵活性和能够执行的不同运动类型。具体来说，机器人的自由度可以分为平移自由度（translational DOF）、旋转自由度（rotational DOF）和关节自由度（joint DOF）。

平移自由度是指机器人在三维空间内沿着 X、Y、Z 轴方向移动的能力。一般情况下，这些自由度描述了机器人在空间中的位置变化。

旋转自由度是指机器人绕 X、Y、Z 轴旋转的能力。这些自由度描述了机器人在空间中的姿态变化。

关节自由度是指机器人的关节数量和每个关节的运动范围。关节自由度决定了机器人在执行任务时可以达到的不同姿态和位置。

机器人的自由度数量对其在执行特定任务时的灵活性和能力有重要影响。一般来说，自由度越多，机器人在应对复杂环境和完成复杂任务时的灵活性就越高。

2.1.2 设计流程

机器人机构设计流程如图 2-2 所示。

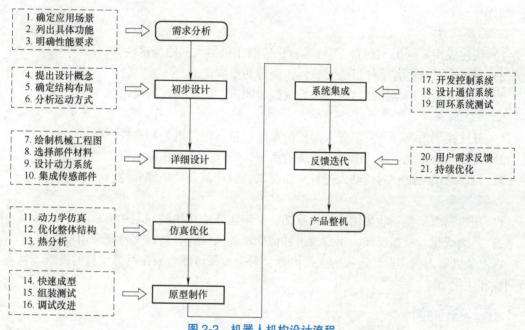

图 2-2 机器人机构设计流程

1. 需求分析

1）确定应用场景：明确机器人将用于何种任务或环境，如工业生产、医疗护理、家庭服务等。

2）列出具体功能：列出机器人需要完成的具体功能，如移动、抓取、避障等。

3）明确性能要求：定义机器人的性能要求，包括速度、精度、负载能力、续航时间等。

2. 初步设计

1）提出设计概念：根据需求分析，提出机器人的初步设计概念，确定机器人总体的外形和功能框架。

2) 确定结构布局：确定机器人各个部件的布局和连接方式，确保整体结构的合理性和稳定性。

3) 分析运动方式：分析机器人各关节和部件的运动方式，确保其能够完成预期的动作和任务。

3. 详细设计

1) 绘制机械工程图：具体设计机器人的机械部件和机构，绘制详细的工程图样。
2) 选择部件材料：选择适合的材料，以满足强度、重量、成本等方面的要求。
3) 设计动力系统：设计机器人的动力源和传动系统，确保足够的动力和灵活性。
4) 集成传感部件：选择和集成适当的传感器，确保机器人能够感知和适应环境变化。

4. 仿真优化

1) 动力学仿真：通过计算机仿真，验证机器人的运动性能和动力学特性。
2) 优化整体结构：通过仿真和分析，优化机器人结构，减轻重量，提高刚性。
3) 热分析：分析机器人运行过程中的热量分布和散热情况，确保其能够在各种环境下正常工作。

5. 原型制作

1) 快速成型：利用3D打印等技术，快速制作机器人的原型部件。
2) 组装测试：将各部件组装成整体，进行初步测试。
3) 调试改进：根据测试结果，进行调试和改进，解决发现的问题。

6. 系统集成

1) 开发控制系统：开发机器人的控制系统，包括硬件电路和软件程序。
2) 设计通信系统：设计机器人的通信系统，确保其能够稳定运行。
3) 回环系统测试：对机器人进行全面测试，验证其各项功能和性能。

7. 反馈迭代

1) 用户需求反馈：收集用户使用反馈，了解实际应用中的问题和需求。
2) 持续优化：根据反馈，不断改进和优化机器人设计，提高其性能和用户体验。

以上是机器人机构设计流程的主要内容，每个步骤可能会根据具体项目的需求和特点有所调整和优化。

2.1.3 设计准则

1. 功能性和需求对准

1) 明确目标：机器人设计应明确其主要任务和应用场景，确保设计满足特定的功能需求。
2) 任务导向：功能设计应紧扣任务需求，如工业机器人需要高精度、高速度的动作，而服务机器人则需要更多的人机交互功能。

2. 安全性

1) 物理安全：机器人设计应确保在运行过程中不会对人或周围环境造成伤害，如设置紧急停止按钮、防护栏等。
2) 电气安全：确保电气系统设计符合标准，防止电击、短路等安全隐患。
3) 软件安全：机器人控制软件应具备安全机制，防止误操作和恶意攻击。

3. 可靠性和耐用性

1）结构坚固：机械结构应具有足够的强度和刚度，以承受工作负荷和环境影响。
2）耐久性：选用耐用的材料和元器件，确保机器人在长期使用中的稳定性和可靠性。
3）故障容忍：设计应考虑到可能的故障和意外情况，确保机器人能在故障发生时安全停机或继续运行。

4. 灵活性和可扩展性

1）模块化设计：采用模块化设计，使机器人易于组装、维护和升级。
2）可扩展性：设计时应考虑未来的功能扩展和升级需求，预留接口和空间。

5. 可维护性

1）易于维修：设计应便于维护和修理，尽量减少专用工具和复杂操作。
2）简化结构：结构设计应尽量简化，以减少故障点和维护成本。

6. 高效性

1）能效优化：设计应考虑能耗问题，选择高效的动力系统和控制系统，减少能量浪费。
2）性能优化：通过优化机械结构和控制算法，提高机器人的工作效率和性能。

7. 人机交互

1）用户友好：设计应考虑用户体验，界面和操作方式应简单易懂，方便使用。
2）智能交互：机器人应具备一定的智能化水平，能够通过语音、视觉等方式与人进行自然交互。

8. 环境适应性

1）环境适应性设计：机器人应具备在多种环境条件下工作的能力，如防水、防尘、防振等。
2）环境感知：机器人应具备环境感知能力，能够识别和适应环境变化。

9. 经济性

1）成本控制：在满足功能和性能需求的前提下，尽量降低制造和维护成本。
2）资源利用：优化设计，充分利用现有资源，减少浪费。

10. 遵循标准和法规

1）行业标准：设计准则应有助于确保机器人在实际应用中表现出色，满足用户需求，并具有长久的使用寿命。
2）法律法规：设计应遵守相关法律法规，特别是涉及安全、隐私和数据保护等方面的内容。

2.2 机构传动

齿轮传动和连杆传动是机器人机构传动的重要方式。齿轮传动是一种利用齿轮的啮合来传递运动和动力的机械传动方式。齿轮传动具有传动比准确、效率高、结构紧凑等优点，因此在机器人中得到广泛应用。连杆传动是一种利用连杆机构来传递运动和动力的机械传动方式。连杆传动具有结构简单、运动平稳、易于实现复杂运动等优点。本节将介绍常用的渐开线齿轮传动和典型的平面四连杆传动。

2.2.1 渐开线的形成

齿轮传动的主要优点有传动效率高、结构紧凑、工作可靠、使用寿命长、运行平稳传动比稳定等。

1) 传动效率高：在常用的机械传动中，齿轮传动的效率最高。齿轮啮合时摩擦损失较小，能有效地传递动力。比如，一级圆柱齿轮传动效率可达99%。

2) 结构紧凑：在同样的使用条件下，齿轮传动所需的空间较小。能够在有限的空间内传递较大的功率和力矩，具有较高的功率密度。

3) 使用寿命长：齿轮材料一般采用高强度合金钢，并经过淬火、渗碳等热处理工艺，提高了齿轮的耐磨性和疲劳强度，从而延长了齿轮的使用寿命。

4) 运行平稳：齿轮传动由于齿形精度高、啮合度好，传动过程中运行平稳，振动和噪声较小，特别适合要求平稳运行的精密机械和设备。

如图 2-3 所示，当一直线 NK_0 沿一圆周做纯滚动时，直线上任意点 K 的轨迹 K_0K，就是该圆的渐开线。该圆称为渐开线的基圆，它的半径用 r_b 表示；直线 NK_0 称为渐开线的发生线；角 θ_k 称为渐开线上 K 点的展角。

渐开线齿轮的齿廓曲线在啮合传动中具有如下特点：①渐开线齿廓能保证定传动比传动，确保齿轮传动比的精确和稳定；②渐开线齿廓之间的正压力方向不变，这使得齿轮传动更为平稳和可靠；③渐开线齿廓传动具有可分性，即使两齿轮的实际安装中心距与设计中心距略有偏差，也不影响两轮的传动比，这使得安装和制造更为方便，使用更为灵活。由于渐开线齿廓具有上述特点，渐开线齿轮在机械工程中得到了广泛应用。

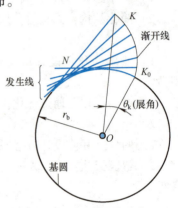

图 2-3 渐开线的形成

2.2.2 主要参数及计算

(1) 主要参数　齿轮中有两个重要参数，分别是模数和分度圆。

1) 模数 m：是把 p_i/π 规定为一些简单的有理数，该比值称为模数，用 m 表示。模数越大，齿厚就越大，齿轮的承载能力就越高。其中，p_i 是指齿轮的齿距，是分度圆上的齿槽宽和齿厚之和。

2) 分度圆 d：是齿轮上轮齿计算的基准圆，规定分度圆上的模数和压力角为标准值。分度圆又称节圆。国际压力角 α 的标准值为 20°。

(2) 计算　与齿轮相关的计算如下：

1) 分度圆直径 d 为

$$d = mz \tag{2-1}$$

2) 基圆直径 d_b 为

$$d_b = d\cos\alpha = mz\cos\alpha \tag{2-2}$$

3) 基圆上的齿距 p_b 为

$$p_b = \pi d_b/z = \pi m\cos\alpha \tag{2-3}$$

4）齿顶圆直径 d_a 为

$$d_a = d + 2h_a \tag{2-4}$$

5）齿根圆直径 d_f 为

$$d_f = d - 2h_f \tag{2-5}$$

6）法向节距 p_n 为

$$p_n = p_b = \pi d_b/z = \pi m \cos\alpha \tag{2-6}$$

式中，z 为齿数，h_a 为齿顶高系数；h_f 为齿根高系数，$h_f = (h_a^* + c^*)$，其中 $h_a^* = 1$，$c^* = 0.25$。

$h_a = h_a^* \times m$，$h_f = h_f^* \times m$。欲使两齿轮正确啮合，两轮的模数 m 必须相等。

2.2.3 定常传动比与中心距

在绝大多数情况下，为保证运转的平稳性，常要求齿轮齿廓能做定传动比传动，对齿轮传动的基本要求就是保证瞬时传动比是常数，即

$$i_{12} = \omega_1/\omega_2 = C \tag{2-7}$$

根据图 2-4 可知，点 p 的线速度 v_p 为

$$v_p = \omega_1 o_1 p = \omega_2 o_2 p \tag{2-8}$$

因此

$$i_{12} = \frac{\omega_1}{\omega_2} = \frac{o_2 p}{o_1 p} \tag{2-9}$$

如图 2-5 所示，一对齿轮啮合传动时，中心距 a' 等于两节圆半径之和，即

$$a' = r_1' + r_2' = \frac{m}{2}(z_1 + z_2) \tag{2-10}$$

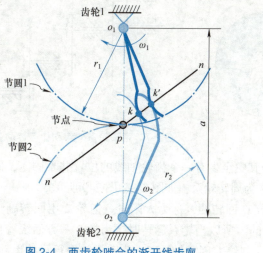

图 2-4 两齿轮啮合的渐开线齿廓

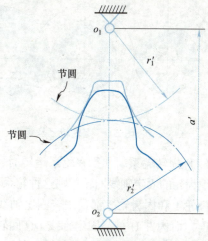

图 2-5 两齿轮间的中心距

特别注意，当 $h_a^* = 1$，$\alpha = 20°$ 时，最小齿数 $z_{min} = 17$。当 $z_{min} < 17$ 时，需要采用变位修正法进行计算，建议尽量避免。

2.2.4 齿轮轮系

齿轮系是由多个齿轮按一定方式组合在一起，以实现复杂的传动或运动功能的机械系统。齿轮系广泛应用于各种机械设备中，用于改变转速、转矩和运动方向。仅由一对齿轮组成的齿轮机构则可认为是最简单的轮系。轮系主要有定轴轮系、周转轮系和复合轮系三种类型。

（1）定轴轮系　定轴轮系中，每个齿轮的轴线位置相对固定，不会随其他齿轮的运动而改变。定轴轮系的特点是结构简单、传动稳定、效率高，常用于需要稳定传动比的场合。在机器人关节传动、移动机器人驱动、精密传动装置等领域已有大量应用。定轴轮系及组成如图2-6所示。

定轴轮系的传动比计算如下：

$$\text{定轴轮系的传动比} = \frac{\text{所有从动轮齿数的连乘积}}{\text{所有主动轮齿数的连乘积}}$$

如图2-7所示，定轴轮系传动比的计算如下：

$$i_{15} = \frac{\omega_1 \omega_2 \omega_3' \omega_4'}{\omega_2 \omega_3 \omega_4 \omega_5} = \frac{\omega_1 \omega_3' \omega_4'}{\omega_3 \omega_4 \omega_5} \tag{2-11}$$

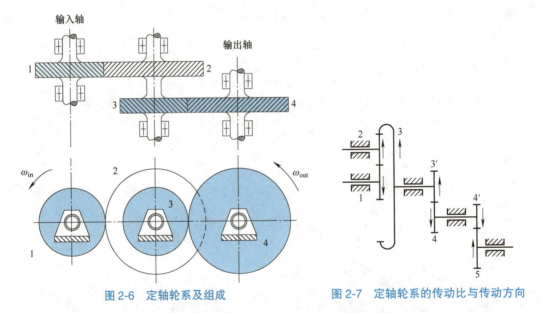

图2-6　定轴轮系及组成　　　　　图2-7　定轴轮系的传动比与传动方向

（2）周转轮系　如果在轮系运转时，其中至少有一个齿轮轴线的位置并不固定，而是绕着其他齿轮的固定轴线回转，则这种轮系称为周转轮系，如图2-8、图2-9所示。

齿轮1和内齿轮3都是绕着固定轴线OO回转的，称为太阳轮。齿轮2用回转副与构件H相连，而构件H是绕固定轴线OO回转的。所以当轮系运转时，齿轮2一方面绕着自己的轴线O_1O_1自转，另一方面又随着构件H一起绕着固定轴线OO公转，就像行星的运动一样，故称齿轮2为行星轮，而构件H称为行星架（转臂或系杆）。另外，在周转轮系中，一般都以太阳轮和行星架作为运动的输入和输出构件。

可见，一个周转轮系必须有一个行星架、铰接在行星架上的若干个行星轮，以及与行星轮相啮合的太阳轮。

根据自由度不同，周转轮系又分为差动轮系和行星轮系。差动轮系有 2 个自由度（图 2-9a），行星轮系有 1 个自由度（图 2-9b）。行星轮系具有传动比大、结构紧凑、传动平稳等特点。

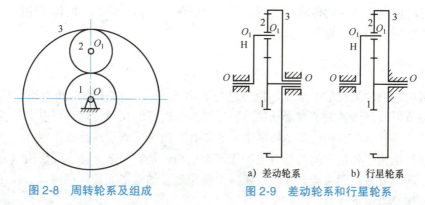

图 2-8 周转轮系及组成

图 2-9 差动轮系和行星轮系

2.2.5 机器人齿轮传动应用案例

人形机器人 NAO（图 2-10）是采用齿轮传动的典型案例。本节将通过该机器人的肩偏转和肘俯仰两个关节，介绍定轴轮系和周转轮系在机器人中的应用，如图 2-11 所示。

图 2-10 人形机器人 NAO

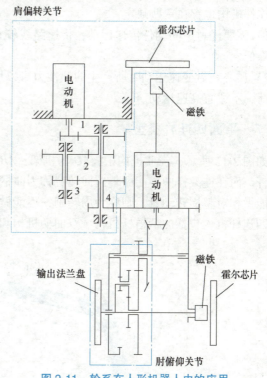

图 2-11 轮系在人形机器人中的应用

肩偏转关节由一台电动机驱动，电动机轴线沿着上臂轴线方向，利用上臂的空间可以使得肩膀和上臂结构更加紧凑。电动机通过齿轮与下一级的复合齿轮组传递速度和转矩，通过四级传递驱动肩偏转关节负载端的运动，偏转角度通过磁铁和霍尔芯片检测。

肘关节的驱动也同样通过电动机驱动实现，电动机同样也安装在上臂之中，通过锥齿轮改变速度传递的方向，将偏转方向改变成俯仰方向，通过复合齿轮组的方式层层传递。在传递过程中，行星轮系的单级行星轮改成了复合齿轮组，在有限空间内增加了传递的减速比，完成了最终的速度和功率的传输，实现了肘关节的俯仰运动。该关节同样采用磁铁和霍尔芯片实现对关节转动角度的检测。

2.2.6 连杆机构及特点

连杆机构是一种工程学中常见的机械结构，由连杆（也称杆件）和连接它们的关节组成。这些关节可以是旋转关节或滑动关节，通过这些连杆的相对运动，可以实现各种复杂的运动和转换。连杆机构在仿生腿、机械手、康复外骨骼中得到了广泛应用。

根据连杆机构中各构件间的相对运动为平面运动还是空间运动，连杆机构可分为平面连杆机构和空间连杆机构两大类，在一般机械中应用最多的是平面连杆机构。

连杆机构具有以下优点：

1）连杆机构中的运动副一般均为低副（连杆机构也称低副机构），低副元素之间为面接触，压强较小、承载能力较大。

2）可改变各构件的长度，使得从动件得到不同的运动规律。

3）可以设计出各种曲线轨迹。

连杆机构也存在一些缺点：

1）需要经过中间构件传递运动，传递路线较长，易产生较大的误差，同时，使得机械效率降低。

2）质心在做变速运动时所产生的惯性力难以用一般平衡方法加以消除，易增加机构的动载荷，不适宜高速运动。

2.2.7 平面四连杆类型

如图2-12所示，在此机构中，AD 为机架，AB、CD 两构件与机架相连称为连架杆，BC 为连杆。而在连架杆中，能做整周回转者称为曲柄，只能在一定范围内摆动者称为摇杆。两构件能做相对整周转动者，则称为周转副；不能做相对整周转动者，则称为摆转副。常见的平面四连杆机构包括曲柄摇杆机构、双曲柄机构和双摇杆机构三类。

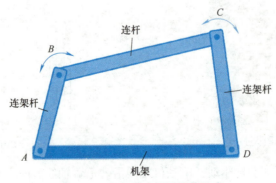

图 2-12 平面四连杆机构的组成

四连杆机构的两个连架杆中,若其一为曲柄,另一为摇杆,则称其为曲柄摇杆机构,如图 2-13 所示。当以曲柄为原动件时,可将曲柄的连续转动变成摇杆的往复摆动,雷达天线的俯仰机构就是典型的例子。当以摇杆为原动件时,可以将摇杆的摆动转变为曲柄的整周转动,脚踏缝纫机就是一例。

若四连杆机构的两个连架杆均为曲柄,则称其为双曲柄机构,如图 2-14 所示。当主动曲柄 AB 做匀速转动时,从动曲柄 CD 做变速转动。在很多机构中结合滑块机构,可以实现冲程阶段慢速前进,而在空程阶段快速返回,有助于提高工作阶段的效率。

在双曲柄机构中,若相对两杆平行且长度相等,则称其为平行四边形机构。它有两个显著特性:一是两曲柄以相同速度同向转动,二是连杆做平动。摄影平台的升降机构,利用的就是这里的第二特性。

若四连杆机构的两个连架杆均为摇杆,则称其为双摇杆机构,如图 2-15 所示。在双摇杆机构中,若两摇杆长度相等,则形成等腰梯形机构,比如汽车的转向机构。

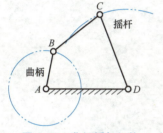
图 2-13　曲柄摇杆机构

图 2-14　双曲柄机构

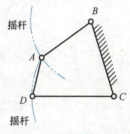
图 2-15　双摇杆机构

连杆机构在各个行业中有广泛的应用,如图 2-16 所示。例如,在汽车工程中,连杆用于车辆的悬架系统、传动系统和转向机构;在工业机械中,连杆机构驱动传送带、机器人手臂和包装机器的运动;在航空航天工程中,连杆控制飞机襟翼、起落架及其他关键部件的运动;在日常设备中,连杆机构存在于自行车、开罐器和剪刀等日常物品中。

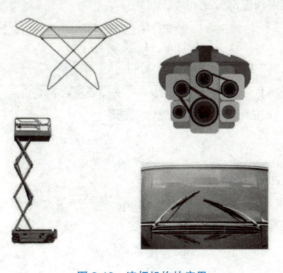
图 2-16　连杆机构的应用

2.2.8 平面四连杆机构的计算

平面四连杆机构采用矢量方程解析法,具体步骤如下:
步骤1:选定直角坐标系。
步骤2:选取各杆的矢量方向与转角。
步骤3:根据所选矢量方向画出封闭的矢量多边形。
步骤4:根据封闭矢量多边形列出复数极坐标形式的矢量方程式。
步骤5:由矢量方程式的实部和虚部分别相等得到位移方程式,并求出位置解析式。
步骤6:将位移方程式对时间求导后,得出速度方程式,并求出速度解析式。
步骤7:将速度方程式对时间求导后,得出加速度方程式,并求出加速度解析式。

如图2-17所示,已知连杆 AB 和 BC 的长度分别为 l_{AB} 和 l_{BC},偏心距为 e,连杆 AB 的角度和角速度分别为 φ_1 和 ω_1。求连杆 BC 的角度 φ_2、角速度 ω_2、角加速度 α_2,以及滑块距离 S、速度 v_C 和加速度 a_C。

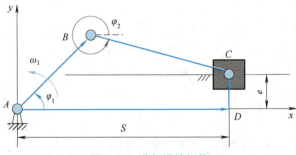

图 2-17 曲柄滑块机构

由封闭矢量多边形 $ABCD$ 可得矢量方程:

$$l_{AB}e^{i\varphi_1}+l_{BC}e^{i\varphi_2}=Se^{i0}+l_{DC}e^{i\pi/2} \tag{2-12}$$

使式(2-12)两侧的实部和虚部分别相等,可得

$$l_{AB}\cos\varphi_1+l_{BC}\cos\varphi_2=S \tag{2-13}$$

$$l_{AB}\sin\varphi_1+l_{BC}\sin\varphi_2=e \tag{2-14}$$

由式(2-13)和式(2-14)消去转角 φ_2 可得

$$S=l_{AB}\cos\varphi_1+(\text{sign})\sqrt{l_{BC}^2-e^2-l_{AB}^2\sin^2\varphi_1+2l_{AB}e\sin\varphi_1} \tag{2-15}$$

式中,sign 代表"±",应按所给机构的装配方案选取。

$$\varphi_2=\arctan\frac{e-l_{AB}\sin\varphi_1}{S-l_{AB}\cos\varphi_1} \tag{2-16}$$

对式(2-12)求时间的导数,得到

$$l_{AB}\omega_1 e^{i(\varphi_1+\pi/2)}+l_{BC}\omega_2 e^{i(\varphi_2+\pi/2)}=\dot{S} \tag{2-17}$$

使式(2-17)的实部和虚部分别相等,可得

$$-l_{AB}\omega_1\sin\varphi_1-l_{BC}\omega_2\sin\varphi_2=\dot{S}=v_C \tag{2-18}$$

$$l_{AB}\omega_1\cos\varphi_1+l_{BC}\omega_2\cos\varphi_2=0 \tag{2-19}$$

可得

$$\omega_2 = \frac{-l_{AB}\omega_1\cos\varphi_1}{l_{BC}\cos\varphi_2} \tag{2-20}$$

将 ω_2 代入式（2-18）可得求滑块的速度 v_C。

同样，对速度方程式进行时间求导，得到

$$l_{AB}\omega_1^2 e^{i(\varphi_1+\pi)} + l_{BC}\omega_2^2 e^{i(\varphi_2+\pi)} + l_{BC}\alpha_2 e^{i(\varphi_2+\pi/2)} = \ddot{S} \tag{2-21}$$

由式（2-21）的实部和虚部分别相等，可得

$$-l_{AB}\omega_1^2\cos\varphi_1 - l_{BC}(\omega_2^2\cos\varphi_2 + \alpha_2\sin\varphi_2) = a_C \tag{2-22}$$

$$-l_{AB}\omega_1^2\sin\varphi_1 - l_{BC}(\omega_2^2\sin\varphi_2 - \alpha_2\cos\varphi_2) = 0 \tag{2-23}$$

由式（2-22）和式（2-23）可得连杆的角加速度

$$\alpha_2 = \frac{l_{AB}\omega_1^2\sin\varphi_1}{l_{BC}\cos\varphi_2} + \tan\varphi_2\omega_2^2 \tag{2-24}$$

将 α_2 代入式（2-22）可求得滑块的加速度 a_C。

2.3 轴系

2.3.1 滚动轴承

在机器人技术中，滚动轴承的应用非常广泛。滚动轴承是一种常见的机械元件，主要用于减少旋转部件之间的摩擦。它们通过使用滚动体（如滚珠或滚柱）来支撑旋转轴或其他旋转部件，从而实现低摩擦、高效的旋转运动。

1. 组成

滚动轴承由内圈和外圈、滚动体、保持架和密封件或防尘盖组成，如图 2-18 所示。

滚动轴承的内圈和外圈通常是圆环形的金属件，滚动体在这两者之间滚动。内圈用来和轴颈装配，外圈用来和轴承座装配。通常情况下，外圈固定，内圈随轴颈回转，但也可以是外圈回转而内圈不动，或是内外圈都回转的场合。

图 2-18 滚动轴承的组成

滚动体可以是球形（称为球轴承）或圆柱形（称为滚柱轴承）。它们在内圈和外圈之间滚动，减少摩擦。滚动体的种类较多，还有滚针、圆锥、球面滚子等。轴承内外圈上的滚道，有限制滚动体侧向位移的作用。

保持架的主要作用是用于分隔并引导滚动体，确保它们均匀分布，防止碰撞。如果没有保持架，则相邻滚动体转动时将会由于接触处产生较大的相对滑动速度而引起摩擦。保持架常用铜合金、铝合金或塑料经切削加工制成，有较好的定心作用。

轴承的内、外圈和滚动体，一般是用轴承铬钢制造的，热处理后硬度一般不低于 60HRC。一般轴承的元件都经过 150℃ 的回火处理，所以通常轴承的工作温度不高于 120℃ 时，元件的硬度不会下降。

2. 分类

按可承受的载荷方向不同,滚动轴承分为三类,分别是径向接触轴承、轴向接触轴承和向心角接触轴承。不同类型轴承的承载情况示意图如 2-19 所示。

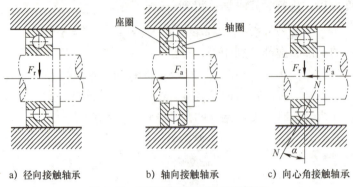

图 2-19 不同类型轴承的承载情况

主要承受径向载荷的轴承称为径向接触轴承,其中有几种类型可以承受不大的轴向载荷。只能承受轴向载荷的轴承称为轴向接触轴承,轴承中与轴颈紧套在一起的称为轴圈,与机座相连的称为座圈。能同时承受径向载荷和轴向载荷的称为向心角接触轴承。向心角接触轴承的滚动体与外圈滚道接触点(线)处的法线 N—N 与半径方向的夹角 α 称为轴承的接触角。α 越大,可以承载的轴向力越大。

3. 安装

安装滚动轴承时,不能通过滚动体来传力,以免造成滚道或滚动体的损伤,如图 2-20 所示。配合过盈量小的中、小型轴承可用压力机压入。配合过盈量大的轴承常用温差法(热胀冷缩法)装配。

拆卸滚动轴承可以通过拉马或预留拆卸高度或螺孔等方式,如图 2-21 所示。

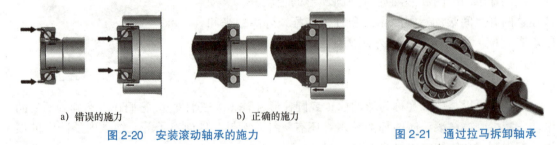

图 2-20 安装滚动轴承的施力　　　　　　图 2-21 通过拉马拆卸轴承

2.3.2 滑动轴承

滑动轴承是一种用于支撑旋转轴或其他运动部件的机械元件,旨在减少摩擦和磨损。与滚动轴承不同,滑动轴承没有滚动体(如滚珠或滚柱),是通过滑动接触来承受负载的。滑动轴承通常用于低速重载、高速轻载或间歇运动的应用场合。

无油润滑轴承(图 2-22)是滑动轴承的一种,在使用过程中不用加润滑剂也能正常运转。常见的做法是将润滑材料,如石墨(黑铅)、聚四氟乙烯、二硫化钼等,以镶嵌的工艺埋入黄铜、青铜、铸铁等合金材料中。使用过程中,通过摩擦热使固体润滑剂与轴摩擦,形成油、粉末并存润滑的优异条件，既保护轴不磨损，又保证了固体润滑特性。无油润滑轴承的优点是可在空间受限以及承受一定载荷时使用；不需要定期添加润滑油或润滑脂，减少了维护成本和时间；固体润滑剂和特殊材料的组合，使得轴承在高负荷和恶劣环境下具有良好的耐磨性；由于没有滚动元件和润滑剂，运行时噪声较低等。其缺点是摩擦相对较大。

图 2-22 无油润滑轴承

无油润滑轴承凭借其自润滑性能、耐磨性和耐蚀性等优点，成为机器人领域中不可或缺的重要部件。这些轴承不仅提高了机器人的性能和可靠性，还大大减少了维护成本和复杂度，推动了机器人技术的广泛应用和发展。

2.3.3 轴系安装与使用

为了保证轴承顺利工作，除了正确选择轴承类型和尺寸外，还要正确设计轴承装置。轴承装置的设计主要是正确解决轴承的安装、配置、紧固、调节、润滑和密封等问题。

在轴承与轴的配置问题上，一般来说，一根轴需要两个支点，每一个支点可由一个或一个以上的轴承组成。合理的轴承配置应考虑轴在机器中有正确的位置、防止轴向窜动、轴受热膨胀后不致将轴承卡死等因素。

常用的轴承配置方式有三种，其中最为常见的方式是双支点单向固定。这种轴承配置常用两个反向安装的角接触球轴承、圆锥滚子轴承或深沟球轴承，两个轴承各限制一个方向的轴线移动。安装时，通过调整轴承外圈或内圈的轴向位置，可使轴承达到理想的游隙或所要求的预紧程度。图 2-23 所示为深沟球轴承的双支点支承。这种轴承在安装时，通过调整端盖端面与外壳之间垫片的厚度，使轴承外圈与端盖之间留有很小的轴向间隙，以适当补偿轴受热伸长。由于轴向间隙的存在，这种支承不能做精确的轴向定位，且不能用于工作温度较高的场合。

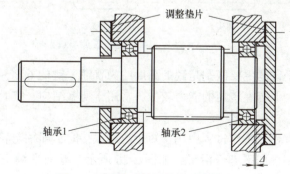

图 2-23 深沟球轴承的双支点支承

2.4 紧固与联接

在机器人工程中，各种紧固与联接技术扮演着至关重要的角色，它们不仅决定了组件之间的稳定性和可靠性，还直接影响到整体系统的性能和寿命。本节将介绍几种常见的紧固联接技术，包括键联接、销联接、胶接，以及紧定螺钉和联轴器联接。

2.4.1 键联接

键是一种标准零件，通常用来实现轴与轮毂之间的轴线固定以传递转矩，或可用于实现轴上零件的轴向固定或轴向滑动的导向。键联接的主要类型有：平键联接、半圆键联接、楔键联接和切向键联接。在机器人中，平键联接使用最为常见。

键的两侧面是工作面，在工作中依靠键同键槽侧面的挤压来传递转矩。键的上表面和轮毂的键槽底面间留有间隙，如图 2-24 所示。平键联接具有结构简单、装拆方便、对中性较好等优点，在机器人中应用较为广泛。平键不能承受轴向力，对轴上零件不能起到轴向固定的作用。

根据用途的不同，平键又可分为普通平键、薄型平键、导向平键和滑键四种。其中，普通平键和薄型平键用于静联接，导向平键和滑键用于动联接。

普通平键按构造分，有圆头（A 型）、方头（B 型）和单圆头（C 型）三种，如图 2-25 所示。圆头平键宜放在轴上用键槽铣刀铣出的键槽中，键在键槽中轴向固定良好，但缺点是键的头部侧面与轮毂上的键槽并不接触，因而键的圆头部分不能充分利用，而且轴上键槽端部的应力集中较大。方头平键是放在用盘铣刀铣出的键槽中，因而避免了上述缺点，但对尺寸大的键，宜用紧定螺钉固定在轴上的键槽中，以防止松动。单圆头平键一般用于轴端与毂类零件的联接。

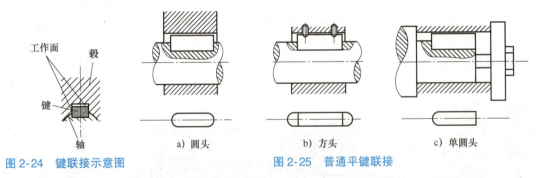

图 2-24 键联接示意图　　图 2-25 普通平键联接

薄型平键与普通平键的主要区别是键的高度约为普通平键的 60%~70%，也分圆头、方头和单圆头三种形式，但传递转矩的能力较低，常用于薄壁结构、空心轴及一些径向尺寸受限制的场合。

当被联接的毂类零件在工作过程中用于短距离动联接时，即轴与轮毂之间有相对轴向移动的联接，则必须采用导向平键或滑键，如图 2-26 所示。导向平键是一种较长的平键，用螺钉固定在轴上的键槽中，为了便于拆卸，键上有起键螺孔，以便拧入螺钉使键退出键槽。轴上的零件则可沿键做轴向滑动。

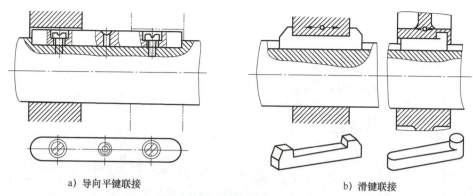

a) 导向平键联接　　　　　　　　　　b) 滑键联接

图 2-26　导向平键联接和滑键联接

当零件需滑移的距离较大时,因所需导向平键的长度过大,制造困难,故宜采用滑键。滑键固定在轮毂上,轮毂带动滑键在轴上的键槽中做轴向滑移。轴上只需铣出较长的键槽,而键可做得较短。

2.4.2　销联接

用来固定零件之间相对位置的销,称为定位销。它是组合加工和装配时的重要辅助零件,也可用于联接,称为联接销,可传递不大的载荷;还可以作为安全装置中的过载剪断元件,称为安全销。销有多种类型,有圆柱销、圆锥销、槽销、销轴和开口销等,且均已标准化。

圆柱销(图 2-27a)靠过盈配合固定在销孔中,经多次装拆会降低其定位精度和可靠性。圆锥销(图 2-27b)的锥度为 1:50,在受横向力时可以自锁,安装方便,定位精度高,可多次装拆而不影响定位精度,且尾部带螺纹的圆锥销可用于盲孔或拆卸困难的场合。

开尾圆锥销(图 2-28a)适用于有冲击和振动的场合。槽销(图 2-28b)上有辗压或模锻出的三条纵向沟槽,将槽销打入销钉后,不易松脱且能承受振动和变载荷。

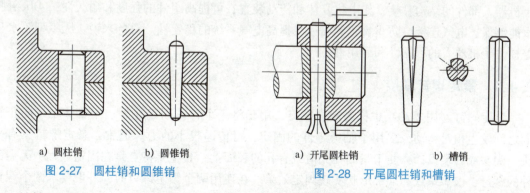

a) 圆柱销　　　b) 圆锥销　　　　　　　　a) 开尾圆柱销　　　　b) 槽销

图 2-27　圆柱销和圆锥销　　　　　　图 2-28　开尾圆柱销和槽销

销轴(图 2-29a)用于两零件的铰接处,构成铰链联接,常用于开口销锁定,工作可靠,拆卸方便。开口销(图 2-29b)在装配时将尾部分开,以防脱落,开口销除与销轴配用外,还常用于螺纹联接的放松装置中。

定位销通常不受载荷或只受很小的载荷,使用时不进行强度校核计算,其直径可按结构确定,数目不少于两个。销装入每一被联接件内的长度,约为销直径的 1~2 倍。销的材料一般选用35钢或45钢，开口销为低碳钢。

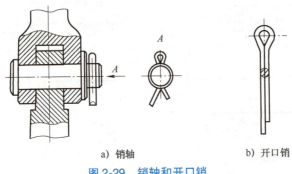

a) 销轴　　　　　b) 开口销

图2-29　销轴和开口销

2.4.3　胶接

胶接是利用胶黏剂在一定条件下把预制的原件联接在一起，并具有一定的联接强度，是一种不可拆卸联接。胶接的机理涉及化学与物理的因素，在机器人领域应用日渐广泛。

厌氧型胶水是一种在无氧环境下固化的胶黏剂，其主要成分是丙烯酸酯单体和引发剂。当胶水暴露在空气中时，氧气起到抑制作用，使其保持液态。一旦胶水被应用到金属表面并且隔绝了空气，金属（如铁、铜）离子会促进胶水中的丙烯酸酯单体发生聚合反应。在这种无氧环境和金属离子的共同作用下，胶水迅速硬化，形成坚固的塑料状固体，从而将两个表面牢固地黏合在一起。这种特性使得厌氧型胶水特别适用于紧固件防松、密封、轴承固定和结构黏接等应用场景。

厌氧型胶水在机器人领域有广泛的应用，主要体现在以下几个方面：①它用于紧固件防松，通过黏合螺钉、螺母和螺栓，防止机器人在振动和机械冲击下的松动，提升可靠性；②它在液压和气动系统中用于密封，填充微小间隙和不规则表面，防止泄漏，此外，厌氧胶水还用于固定轴承，防止其在轴上旋转或在壳体中移动，确保精确的位置控制；③它还适用于机器人部件的结构黏接，如电机壳体和传动装置，可提高组件的强度和耐久性；④厌氧胶水能够保护电气连接，防止氧化和腐蚀，提高电气系统的稳定性。总的来说，厌氧型胶水显著提升了机器人的可靠性和耐用性。

2.4.4　紧定螺钉联接

紧定螺钉（图2-30）也称为定位螺钉，用于将一个物体固定在另一个物体上，防止它们之间发生相对运动，多用于轴上零件的固定，可传递较小的力。通常，紧定螺钉具有平头、尖头或凹端设计，便于紧固在光滑或有孔的表面上。其主要特点是在固定过程中无需额外的螺母，仅靠螺纹和端部形状实现固定效果。在使用两个紧定螺钉时，一般要求两个螺钉呈90°角或120°角。

紧定螺钉联接在机器人中的应用主要体现在：①轴与轮毂的固定，如轮子和传动轴的联接需要稳定牢固，紧定螺钉常用于将轮毂固定在轴上，防止滑动或转动，从而确保传动系统的高效运行；②齿轮与轴的联接，如使用紧定螺钉可以将齿轮牢固地固定在轴上，确保其在传动过程中不会松动，从而提高机器人的运动精度和可靠性；③定位组件的固定，如紧定螺钉可以用于将定位组件固定在合适的位置，确保其在使用过程中不会发生位移，保持整体结构的稳定性。

图 2-30　紧定螺钉联接

2.4.5　联轴器联接

联轴器是一种用于联接两根轴并传递动力的机械装置。其主要功能是在两根轴之间传递转矩和转动，同时允许轴线之间的轻微偏差和角度偏移，从而减少传动系统中的振动和冲击。联轴器通常由金属或塑料制成，根据需要具有不同的型号和结构。图 2-31 所示为弹性联轴器结构图。

图 2-31　弹性联轴器结构图

在机器人的传动系统中，联轴器被广泛用于联接电机轴与传动装置（如齿轮箱、带轮等），以传递电机产生的动力和转矩。联轴器可以有效地传递转矩，并且在传动过程中允许轴线之间的微小偏差，确保整个传动系统运行平稳。由于机器人的各个部件可能位于不同的平面或轴线上，联轴器能够容忍一定程度的轴线偏差和角度偏移。这种能力使得联轴器在联接和传递动力时能够保持轴线的相对稳定性，避免因轴线不对齐而引起的磨损和损坏。

本章小结

本章介绍了机器人工程的机构设计概述、机构传动、轴系，以及紧固与联接等内容。机构设计概述介绍了机构设计中的基本概念、设计流程和设计准则；机构传动介绍了齿轮、轮系和连杆的传动原理；轴系讨论了滚动轴承和滑动轴承；紧固与联接技术介绍了保证机械部件的多种联接方式。

习　题

一、填空题

（1）机器人执行器是指产生运动或力量的部件，根据动力源的不同可以分为　　　　　、

_____和_____三种主要类型。

（2）列举机器人传动中由旋转运动变成直线运动的三种主要方式：_____、_____和_____。

（3）齿轮的主要作用是用于改变_____、_____和_____方向。齿轮轮系的三种主要类型分别是_____、_____和_____。

（4）列举连杆机构的典型应用：_____、_____、_____等。

（5）平键根据用途不同，可分为_____、_____、_____和_____四种。

二、简答题

（1）请简述机器人系统的主要组成部分，以及各个部分的主要功能。

（2）请简述机器人机构的三个重要组成，并解释不少于三类的主要传动机构。

（3）刚度是机器人机构设计中的重要参数，请简述提高机器人刚度的主要方式。

（4）请简述机器人设计的主要流程，以及每个设计阶段的主要工作。

（5）如何确定一对齿轮啮合传动时的中心距？请用数学公式表示。

（6）请画出行星齿轮的结构示意图，并阐述行星齿轮与差动齿轮的主要区别。

（7）请列举日常生活或工作中看到的定轴齿轮系和行星齿轮使用的案例。

（8）请列举连杆传动的三种主要方式及其特点，并说明连杆传动的优缺点。

（9）请列举滚动轴承的主要类型及其特点。

（10）请列举轴联接的主要方式及其特点。

参考文献

［1］濮良贵，纪名刚. 机械设计［M］. 7版. 北京：高等教育出版社，2005.

［2］朱世强，王宣银. 机器人技术及其应用［M］. 杭州：浙江大学出版社，2004.

［3］DYM C L. Engineering design: a project based introduction［M］. 4th ed. New York: John Wiley & Sons, 2013.

［4］孙恒，陈作模. 机械原理［M］. 北京：高等教育出版社，2001.

［5］NORTON R L. Machine design: an integrated approach［M］. 5th ed. London: Pearson, 2016.

第 3 章　机器人驱动

> **导读**
>
> 驱动系统是机器人的核心组成部分，它把动力源提供的能量按照控制需求实时转化为机器人运动所需的机械能。本章首先介绍驱动的功能与类型，建立机器人驱动的概念。然后针对机器人中广泛使用的直流电机，分别介绍其工作原理、驱动器的设计思路以及电机控制技术，掌握机器人运动控制的硬件基础。最后通过几个驱动系统设计实例介绍电机驱动的选型原则。

> **本章知识点**
>
> - 驱动的功能与类型
> - 直流电机的工作原理
> - 直流电机驱动
> - 直流电机伺服控制
> - 驱动的选型

3.1　驱动的功能与类型

驱动系统将来自控制器的信号进行功率放大，使作动器输出符合需求的运动，再通过齿轮、传动带等传动装置将运动传递到执行器，从而完成动力源能量到机器人机械能的转化。不同的驱动形式应用场合各不相同，本节介绍驱动的类型、功能、组成以及基本原理。

3.1.1　驱动的功能

通常说某机器人是电驱动的，指的是该机器人的动力源为电力；说某机器人是用液压驱动的，指的是该机器人的关节作动器为液压缸；说某机器人是用变频器驱动的，则指机器人关节电机驱动器为变频器。上述说法并不全面，仅仅描述了驱动系统的一个部分。机器人的驱动系统不是指一个装置，而是一套可以使机器人的执行机构产生运动的系统总成，它包含动力源、驱动器、作动器等硬件和驱动控制算法与软件。驱动系统的组成如图 3-1 所示。

动力源为作动器提供驱动能量。机器人中最常用的动力源是电力，在部分特殊的设计中，也采用液压或气动驱动系统，此时机器人的动力来自于液压泵或者气泵，通过高压油或高压气体将能量传递到作动装置（图 3-2）。对于工业机器人，可以直接用电网提供的工业交流电作为动力源，或将交流电经过整流滤波后得到的直流电用于机器人驱动。对于移动机器人等特种机器人，可提供稳定直流电的电池装置是最合适的动力源。

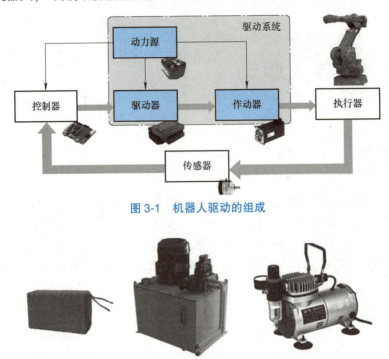

图 3-1 机器人驱动的组成

图 3-2 机器人的动力源装置
a) 电池　　b) 液压泵　　c) 气泵

电池具有体积小、易于集成、电压稳定、能量持久的优点，是理想的动力源装置。常用于机器人的电池包括锂电池、镍氢充电电池以及铅酸蓄电池等，需要根据机器人的作动器电气特性、系统功耗、重量限制、续航时间、环境安全性、成本等综合因素选择。其中，锂电池的容量大、电压稳定、外形更易于定制，适用于大多数场合。镍氢充电电池具有较高的充电循环寿命和低成本优势，常用于一些小型消费类机器人，如扫地机器人、玩具机器人等。铅酸蓄电池是发展历史最久的电池之一，在锂电池应用成熟之前是移动机器人的主要电力来源。锂电池具有更高的能量密度和更快的充放电速度等优势，已经逐步取代其他类型的电池，成为当前机器人中使用最广泛的电池。

作动器是把动力源的能量直接转化为机械能的装置。机器人常用的作动器包括电机、液压缸、气缸等（图 3-3）。近年来，随着新材料的发展成熟，在电场或磁场作用下能够产生显著性变形的特殊材料也逐渐用于机器人的作动器设计，如压电陶瓷、形状记忆合金等。

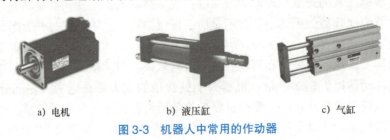

a) 电机　　b) 液压缸　　c) 气缸

图 3-3 机器人中常用的作动器

驱动器是介于机器人的控制器与作动器之间的功率放大装置。机器人控制器生成的指令信号是"小功率"信号，其负载电流通常小于数毫安，而电机等作动器的工作电流一般在数百毫安至数百安不等。指令信号无法直接驱动电机等"大功率"作动器工作，因此需要驱动器将控制信号进行功率放大。常用的驱动器包括电机驱动器、驱控一体电磁阀等装置（图3-4）。

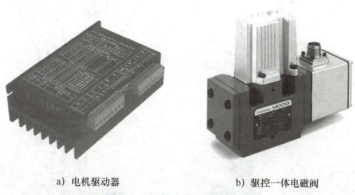

a) 电机驱动器　　　　b) 驱控一体电磁阀

图 3-4　机器人的驱动器举例

3.1.2　驱动的类型

机器人的驱动有多种类型，如电机驱动、液压驱动、气动驱动以及特殊材料驱动等。

1. 电机驱动

电机是利用电磁感应原理将电能转换为旋转或直线移动动能的装置。电机驱动系统的组成较为简单，包括动力源、电机以及电机驱动器。按照供电电流的形式来区分，系统中的作动器包括直流电机和交流电机两大类；按照工作原理区分，作动器包括有刷直流电机、无刷直流电机、步进电机、同步交流电机、异步交流电机等多种类型。

理想的作动器应该具有调速范围宽、线性度好、转矩高、重量轻、结构紧凑的特点。目前，以电机为代表的机器人作动器的输出速度可以在较宽范围内线性调节，因此速度指标一般都能满足机器人驱动需求。输出力和作动器的重量、体积密切相关，可以用推力密度或转矩密度作为综合性能的衡量指标，即作动器在单位质量条件下产生的推力或转矩大小，单位为 N/kg 或 N·m/kg。以工业串联机械臂为例，除基座电机以外机械臂上其余每一台电机和金属构件都会成为前级关节的负载，电机的输出转矩主要用于支撑自身重量，因此期望关节驱动电机具有大转矩、重量轻、体积小的特点，即具有较大的转矩密度和紧凑的结构。得益于电机技术的进步，目前商业化的电机已经可以满足大多数机器人产品对转矩密度和体积的要求，因此电机驱动系统成为机器人中使用最普遍的一种驱动方式。

电机驱动在工业机械臂、移动机器人以及其他特种机器人中广泛使用。图3-5a 中，6 轴工业机械臂的主体结构中包含 6 个旋转关节，又称为 6 个旋转轴，每个旋转轴都使用 1 台电机驱动；图3-5b 中，3 轴并联机器人是一种由 3 个并联机械臂组成的运动平台，又被称为 Delta 机器人，3 个机械臂分别通过固定在顶部基座上的 3 台电机驱动；图3-5c 中，移动作业机器人将轮式移动机器人和机械臂集成在了一起，底盘的 4 个全向移动轮和机械臂的 5 个轴各需要 1 台直流电机独立驱动；图3-5d 中，四足仿生机器人每条腿上有 3 个关节，整台机器人需要 12 台直流电机驱动。

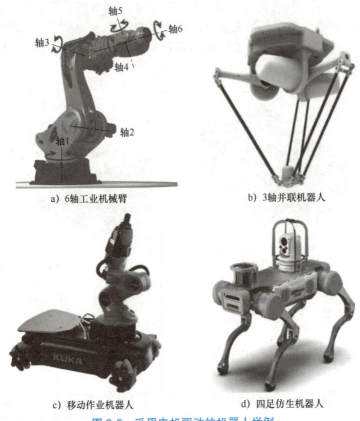

a) 6轴工业机械臂　　　　b) 3轴并联机器人

c) 移动作业机器人　　　　d) 四足仿生机器人

图 3-5　采用电机驱动的机器人举例

电机驱动系统具有以下优点：

1）输出精准，线性度和精度很高，能够满足机器人高精度运行的要求。

2）调速范围宽，可以从静止到最大转速连续线性调速，且动态调节性能优异，适合速度连续变化的场景。

3）驱动和控制装置较为简单，硬件发展成熟，便于集成应用。

但是，电机直接输出转矩往往较小，需要配合减速器使用，这增加了机器人系统的重量和复杂度。并且，在低速重载场合电机的负载能力不如液压装置，需要根据实际需求选择合适的驱动形式。

2. 液压驱动

液压驱动系统又称为液压传动系统，是一种利用流体传递动力的驱动系统，一般适用于低速、重载的场合。假定流体不可压缩，根据帕斯卡原理对流体施加压力后可进行力的传递，从而驱动液压作动器工作。液压驱动系统的组成较为复杂，主要包括以下部分：

1）动力元件：一般指的是液压泵。可以把原动件（如电机、内燃机等）输入能量传递到液压流体中的装置，为液压系统提供压力介质。

2）工作介质：一般为液压油、水或其他合成液体。在液压传动及控制中起到传递压强和运动的作用。

3）作动元件：指液压缸或液压马达。作动元件将来自动力源的能量转换为机械能输出，可在压力介质的推动下输出力和速度（直线运动）或力矩和转速（回转运动）。

4）控制元件：包括节流阀、换向阀等各种液压阀装置。控制元件用来控制或调节液压系统中油液的压力、流量和方向，以保证作动元件按照预期方式工作。

5）辅助元件：包括油箱、油路管道、蓄能器、压力表等。这些元件用于保障系统正常工作，是液压系统不可缺少的组成部分。

在液压驱动系统中，原动件带液压泵从油箱吸油，能量通过液压油传导到液压缸活塞杆，推动活塞杆运动，实现动力源能量到负载动能的转化。在给定压力条件下，调节管路装置中的液压油流量和流动方向，可以控制作动器的输出速度和位置，这一功能通过液压阀来实现。液压阀可以被视为是液压系统的驱动器，它的内部包含油管、可动的阀芯、调节阀芯位置的电磁装置以及驱动电磁装置的功率放大电路。如图 3-6 所示，将传感器检测到的活塞杆的速度和位置信息反馈到控制器中，经过控制算法处理后生成的控制指令，再经过功率放大后控制电磁铁推动电磁阀的阀芯到达期望位置，从而实现对油路的控制。

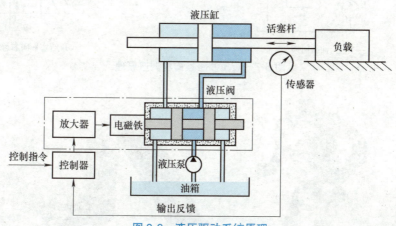

图 3-6　液压驱动系统原理

油路的流向和流量可以通过调节液压阀阀芯的位置和开度来实现。图 3-7 所示为液压油路换向和调速的原理，图中的液压阀为三位四通电磁阀，用于驱动液压缸的活塞杆实现往复运动。这里"位"指的是阀芯切换位置的数量，用方格表示；"通"指的是阀的通路开口数量。电磁铁在控制信号作用下控制阀芯在不同"位"上切换，可以将油路从不同开口处连接，从而改变液压油的流向，实现液压缸活塞杆运动换向。图 3-7a 显示阀芯位于中间位置，此时油路闭锁，活塞杆不动；图 3-7b 显示在电磁阀作用下阀芯左工位工作，液压油经过 B 口流入液压缸，从 A 口流出，活塞杆向左运动；图 3-7c 显示阀芯右工位工作，液压油经过 A 口流入液压缸，从 B 口流出，活塞杆向右运动。在泵出口压力恒定条件下，泵输出油液部分经过节流阀进入液压缸的工作腔，此时调节节流阀的开度即可控制液压缸活塞杆的运动速度；过压时油液可以通过溢流阀流回油箱，从而保障出口压力恒定。

如果不考虑动力源装置的重量和尺寸，液压作动器的推力密度要显著高于电机，因此液压驱动系统在空间要求紧凑且需要较高驱动力的场合具有显著优势。采用液压驱动的机器人如图 3-8 所示。图 3-8a 中的 Atlas 人形机器人具有 28 个液压驱动单元，该机器人可完成跑步、跳跃、空翻等高难度动作，运动过程中具有惊人的爆发力。图 3-8b 中的液压机械臂可在核工业、海洋工程、应急救援等特殊场景及恶劣环境下工作,包含7个液压单元,分别驱动6个机械臂关节和1个液压夹爪。该液压机械臂的负载重量可达到机械臂本体重量的3倍,这充分体现了液压系统的重载优势,而同样工作空间的电机驱动机械臂的负载通常只有本体重量的1/20~1/10。

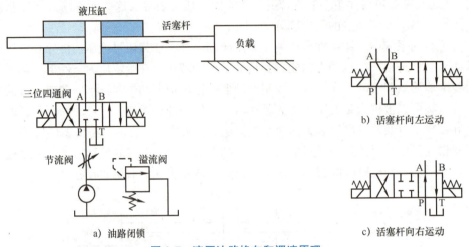

图3-7 液压油路换向和调速原理

图3-8 液压驱动的机器人

与电机驱动系统相比,液压驱动具有诸多独特优势:
1)液压缸的结构紧凑,传动简单,可以在机器人上灵活配置,适应性强。
2)可利用重量较轻的液压缸输出较大的力,尤其适用于重载场合。
3)可在恶劣的工作环境中工作,如振动、粉尘、水下以及温湿度变化剧烈的环境。
4)液压伺服系统的响应迅速,启动、换向敏捷,是较为理想的关节驱动装置。

但是,液压驱动系统的弊端也非常突出。由于存在泵站、油路等装置,液压系统复杂,成本较高;泵站、油箱等元件的体积和重量大,不易在移动机器人本体上集成;存在漏油、传动精度低、传动能量效率低等固有问题,系统线性度差,控制难度较大。因此,液压驱动系统与电机驱动系统相比应用场景较少。

3. 气动驱动

气动驱动系统是利用压缩空气进行动力传递的一种驱动系统,又称为气压传动系统。气动系统的动力源来自高压储气罐,一般采用空气压缩机(气泵)来维持气罐的压力。压缩空气是系统的能量传递介质,气罐释放的高压气体通过管路系统、控制元件等作用推动气缸动作,从而驱动机器人的关节运动。气缸结构简单,易于定制,可以很容易集成到机器人关节设计中。气动驱动系统示意图如图3-9所示,图中的机械手具有多个手指自由度,采用气动装置可以有效实现多个自由度的联动抓取,但如果采用电机驱动则难以获得类似的紧凑设计。

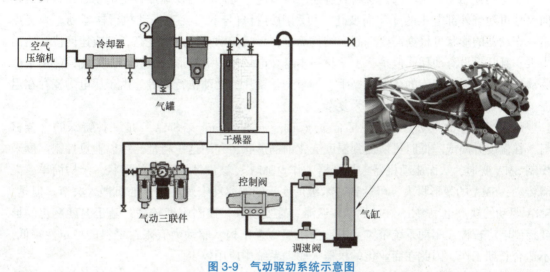

图3-9 气动驱动系统示意图

气动驱动系统一般采用直线气缸或旋转气缸作为机器人的作动器,但也具有其他灵活的形式,如图3-10所示。图3-10a中的康复机器人可以带动每根手指独立弯曲活动,图3-10b中的软体机器人可以在不同地面上步行。这两种机器人结构中没有气缸,机器人的本体包含多个软材料构成的气囊,通过气路的通断和流量变化对气囊有序充放气,可使气囊按照期望的方式变形,从而控制机器人按需运动。

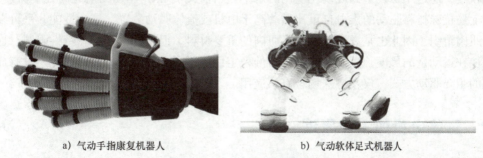

a) 气动手指康复机器人   b) 气动软体足式机器人

图3-10 气动驱动的机器人

气动驱动系统的优点包括:
1) 与液压系统相比,空气介质黏度小、稳定性好、成本低、使用安全。
2) 气路元件结构简单,易于标准化,有利于在机器人中集成。
3) 气动系统动作元件惯量小,反应迅速、调节方便,控制较为简单。

但是，由于空气可被压缩，气动系统进行力传递的精度和稳定性不如电机和液压驱动系统，输出力也受限。机器人往往工作在负载波动大、需要精密位置和速度伺服的场合，气动驱动系统的特性使其难以满足机器人控制要求，因此仅在有限的特殊场景中适用。

4. 特殊材料驱动

一些特殊材料可以在电场或磁场作用下发生变形，无需传动装置即可将输入能量直接转换为运动动能，即驱动与作动合为一体。常见的特殊材料驱动包括：压电陶瓷驱动、形状记忆合金驱动、电活性聚合物材料驱动等。

压电陶瓷驱动：压电陶瓷材料具有逆压电效应，对压电陶瓷施加特定电场时，材料的几何尺寸可随着外部电压的变化而变化，可利用材料自身的形变来推动执行器运动。其优点是：作动器的形状可根据需要定制，结构简单，无需传动；控制精度高，响应速度快；输出力大，且几乎没有功耗。但是，由于材料本身在电场作用下的形变量较小，因此只能用于微驱动场合，如抓取细胞的微型机械手、调节光学镜片的微动执行器等。由于压电陶瓷存在迟滞、蠕变等特性，控制系统也较为复杂。

形状记忆合金驱动：形状记忆合金（shape memory alloy，SMA）是一种特殊的合金材料，在温度升高或降低时可恢复到温度变化前的形状，利用这一特性，可以通过控制温度来控制 SMA 变形，从而驱动机器人执行器工作。SMA 可被设计成不同的形状，结构简单，无需传动；SMA 的变形量大，可达到毫米级形变，能够驱动宏观尺度上的机器人关节。但是，SMA 驱动的缺点也很突出：SMA 存在迟滞、蠕变现象，控制难度较高；基于温度变化的形变控制响应较慢，驱动系统带宽受限；受限于合金结构，驱动力有限；材料的稳定性较低，不适合长期工作，因此在商业化的机器人驱动系统中应用较少。

电活性聚合物材料驱动：电活性聚合物（electroactive polymer，EAP）是一类能够在外部电场作用下发生收缩、弯曲、束紧或膨胀等不同形式力学响应的高分子材料。EAP 材料种类繁多，制备比较容易；具有优异的电致动特性，可产生厘米级形变量，因此是理想的"人工肌肉"原材料，可被设计成为不同形式的机器人驱动单元。但是，EAP 材料可控性较差，难以达到机器人要求的精密控制性能；材料的驱动力较小，无法承担较大负载；材料稳定性较差，还远不足以达到规模化应用的水平，目前关于 EAP 驱动的研究尚处于探索中。

上述特殊材料驱动的推力自重比显著高于电机或流体驱动装置，这一性能几乎可以媲美生物肌肉组织，因此也是设计开发人工肌肉的重要材料。但是，由于材料特性限制，这类驱动往往在运动量的尺度、控制性能、材料的稳定性等不同方面存在不足，因此还没有成为机器人的主要驱动方式，仅在特殊场合有所应用。

3.2 直流电机的工作原理

直流电机是机器人的驱动系统中使用最广泛的作动装置之一，理解直流电机的工作原理是学习直流电机驱动的基础。直流电机的基本结构中包含固定不动的定子和旋转的转子两个主要部分，在安培力的作用下转子相对于定子发生转动。从控制的角度来看，直流电机是由电感线圈、内阻、负载等构成的机电系统，由此可以建立直流电机的控制模型，这是设计直流电机驱动器和控制算法的基础。本节介绍常用直流电机的原理及其控制模型的推导过程。

3.2.1 有刷直流电机

有刷是指电机的结构中存在电刷,直流是指电机的能量来自直流电。有刷直流电机的输出轴与转子合为一体,可相对于定子转动,从而输出速度和转矩。有刷直流电机的定子提供磁场,一般由永磁铁产生,也可以采用励磁线圈产生;转子上绕有线圈,称为电枢绕组,电枢通过直流电时受到磁场中的安培力作用发生转动。安培力的表达式为

$$F=BLi \tag{3-1}$$

式中,B 为电磁感应强度,单位为 T;L 为磁场中导线长度,单位为 m;i 为流过导线的电流,单位为 A。

图 3-11 所示为有刷直流电机的工作原理。外部直流电通过电刷以及与电刷始终保持接触的换向片导入绕组线圈,根据安培力计算公式及左手定则判断,图 3-11a 中,电机在最大转矩状态下顺时针旋转;图 3-11b 中,电枢转到了最小转矩位置,在惯性作用下电枢转子可以继续旋转,此时两个换向片与电刷交替接触,使得线圈内流过的电流反向,在安培力的作用下线圈继续保持原有方向旋转,直至到达图 3-11c 所示的最大转矩位置;当电机转动到图 3-11d 所示的位置时,电流再次换向,重复上一周旋转过程,依次循环实现连续旋转。

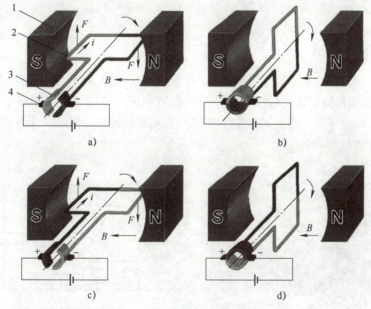

图 3-11 有刷直流电机工作原理

1—定子磁铁 2—转子线圈 3—换向片 4—电刷

有刷直流电机结构简单、能量转换效率高、控制方便、制造成本较低;电机的起动转矩和额定转矩均较大,适合作为机器人关节的驱动装置。从控制角度看,直流电机响应速度快、执行精度高、控制线性度好,借助传感器构成闭环控制系统后,直流电机可以在零转速到最大转速之间平滑调速。这些优点使得直流电机成为一种理想的作动器,被广泛应用于包括机器人在内的各类机电装置中。

图 3-12 所示为典型有刷直流电机的零部件。为了增大电机的转矩,电枢中通常会包含

多个线圈；同时，为了提升转动的平滑性，这些线圈也会分为多个独立绕组，相互之间按照固定的角度交错分布，每增加一组线圈，换向片也需要成对增加。为了使转子连续旋转，有刷直流电机需要借助机械换向片与电刷不间断摩擦接触来调整电流方向。由于供电电刷与换向片持续摩擦容易引起电火花，一方面会造成安全隐患，另一方面也导致换向装置的使用寿命较低，需要定期维护。因此，有刷直流电机多用于小型、低成本机器人或实验室样机，需要长期可靠运行、力矩自重比要求较高的工业机器人关节则普遍使用无刷直流电机。

图 3-12 典型有刷直流电机的零部件

1—定子磁铁　2—换向片　3—电刷　4—转子线圈　5—电机轴

3.2.2 无刷直流电机

无刷直流电机的原理与有刷直流电机有很大的不同，机械结构也有较大区别。如图 3-13 所示，无刷直流电机的转子由转轴和永磁铁构成，线圈缠绕在定子上。定子线圈通电后产生磁场，在电子换向电路的控制下磁场的方向连续旋转，带动转子跟随磁场旋转，从而实现电机转子连续转动。

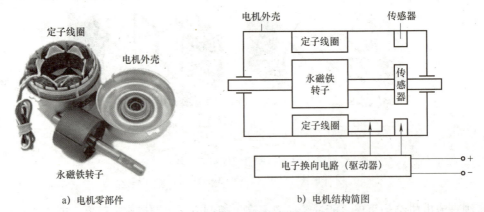

图 3-13 无刷直流电机零部件及结构简图

以图 3-14 所示的三相二级对无刷直流电机为例。图 3-14a 中，①为 UV 导通，②为 UW 导通，③为 VW 导通，④为 VU 导通，⑤为 WU 导通，⑥为 WV 导通。该电机定子具有三个绕组，采用星形联结供电，呈 120°间距周向布置，分别记为 U、V、W 三相；转子包含两个磁极，分别记为 N 极和 S 极，记为二级对。图 3-14 中演示了该电机转子逆时针转动一周过程中定子线圈的导通顺序。电子换向器控制 U、V、W 三个线圈有序正向导通、负向导通以及断电,每一时刻有两个线圈同时导通,一个线圈断开,电机转子S极指向N极的矢量将趋向于与定子磁场方向保持一致,磁力驱动转子的磁极跟随定子磁场逆时针旋转。具体过程为:U、V、W三相分别两两导通,在电机内部形成旋转磁场,吸引永磁铁转子发生转动;由于三个绕组采用星形联结,因此导通的两个线圈电流相反,在电机内形成相反的磁极,如UV两个线圈导通时,线圈U内端产生N极磁场,线圈V内端产生S极磁场,VU导通时则相反;当线圈的导通顺序依次为UV、UW、VW、VU、WU、WV时,定子磁场吸引转子逆时针旋转一周。

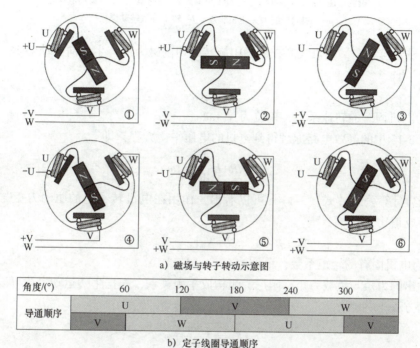

图 3-14 三相二级对无刷直流电机转动原理

图 3-13 及图 3-14 展示了一种内转子结构的无刷直流电机,即定子线圈布置在电机外周,转子铁心布置在电机定子内部。无刷直流电机也可以设计成为外转子结构,即定子线圈在电机内部固定不动,转子磁极包围在线圈的外周。外转子电机的转动惯量较大,一般用于转速相对较低的场合。由直流无刷电机的工作原理可知,通过增加绕组的数量和转子的磁极对数可以提升无刷电机的输出转矩,并提升电机转动的连续性,因此无刷直流电机的定子可被设计成具有多相、多绕组的结构,电机定子也可以带有多对磁极。

无刷直流电机中不存在电刷和换向片,很大程度上避免了有刷直流电机的缺点,具有转速高、寿命长、维护成本低的优势。此外,无刷直流电机的转矩重量比也优于有刷直流电机,因此在性能要求较高的机器人关节中被普遍采用。但是,无刷直流电机需要电子换向装置及内置传感器,驱动和控制系统更为复杂,应用成本较高。

3.2.3 电机的控制模型

直流电机是一种典型的机械电子系统,可以根据电磁感应定律和力学原理建立其控制模型。以串励有刷直流电机为例进行介绍,图 3-15 所示为串励有刷直流电机的等效电路。

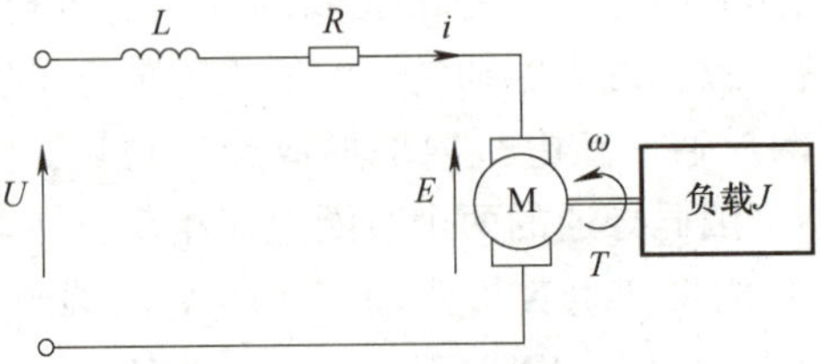

图 3-15　串励有刷直流电机的等效电路

U—电枢电压　*L*—电枢电感　*R*—电枢电阻　*i*—回路电流　*E*—反向电动势
ω—电机转速　*T*—电机转矩　*J*—转子等效转动惯量

根据电磁感应定律，电机线圈在磁场中旋转时切割磁力线产生反向电动势 E，其大小与转速成正比，即

$$E = K_e \omega \tag{3-2}$$

式中，K_e 为电机固有的转速系数，单位为 V/rad。

根据图 3-15 中的等效电路原理得到电机的电压平衡方程，即

$$U = iR + L\frac{\mathrm{d}i}{\mathrm{d}t} + K_e \omega \tag{3-3}$$

从安培力计算公式 [式 (3-1)] 可以看出，作用在电机转子上的驱动力矩与通过绕组的电流大小成正比，即

$$T = K_m i \tag{3-4}$$

式中，K_m 为电机固有的转矩系数，单位为 N·m/A。

电机输出的力矩与负载力矩、阻尼力矩构成平衡关系，根据牛顿运动定律可以写出电机的转矩平衡方程

$$T = K_m i = J\frac{\mathrm{d}\omega}{\mathrm{d}t} + b\omega \tag{3-5}$$

式中，J 为等效到电机转子上的负载转动惯量，单位为 kg·m²；b 为速度阻尼系数，单位为 N·m/rad。

式 (3-3) 与式 (3-5) 构成的数学模型描述了电机的动态特性，可用于电机控制器的设计。尽管这个模型是基于他励有刷直流电机得出的，但在实际应用中具有广泛的适应性，各类直流电机均可以采用同样结构的模型进行分析。

3.3　直流电机驱动

机器人中电机往往需要动态调速，即电机的输出速度应跟随控制指令变化。与电子器件相比，直流电机是一种功率相对较大的电器，需要借助驱动器将控制指令功率放大后才可以驱动电机。

3.3.1　电机调速原理

直流电机是一种线性度较好的作动器，理想情况下，电机的输出转速与供给电机的电压之间具有线性关系，可以通过对图 3-15 中电机等效电路定性分析得出这一结论。电机稳态

转动时，转速 ω 保持恒定，则电机的电压平衡方程和转矩平衡方程可简化为

$$U = iR + K_e \omega \tag{3-6}$$

$$T = K_m i = b\omega \tag{3-7}$$

将式（3-6）与式（3-7）联立可知

$$\omega = \frac{K_m}{K_e K_m + bR} U \tag{3-8}$$

由式（3-8）可知，通过调节电枢供电电压可以实现电机调速，调节电机的输入电压即可以对电机进行调速，改变电压的方向即可以控制电机的转动方向。如图3-16所示，可以采用两种思路实现这一目的：①在电路中串联一个可变电阻 R_t，通过调整该电阻的阻值改变其在电路中的分压，从而改变电枢电压；②采用可以连续可调压的模拟电源，实现电路电压动态调节。

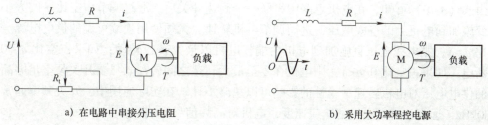

图 3-16 两种改变电机电枢电压的方法

事实上，上述两种方案都不理想。由于流过电机的电流较大，分压电阻自身发热损耗大，高功率可调电阻器件难以获得，且难以自动调节阻值，难以实现无级调速，也不能换向。由于大功率程控可调电源体积大、重量大、成本高，难以与控制器结合实现转速动态调节，一般在实验室短暂调试时采用，也不能作为标准器件驱动电机转动。理想的调速方案应该具有功耗小、控制简便、成本低、易于集成和模块化的特点，基于脉宽调制技术的电机调速方案可以满足这一需求。

3.3.2 脉宽调制技术

脉冲宽度调制（pulse width modulation，PWM）技术简称脉宽调制，是目前驱动和控制电机等大功率器件的核心技术。其基本思想是将电源提供的能量离散化，以恒压脉冲形式作用于电机，控制信号通过调节电压脉冲的"份数"来调节电源供给电机的能量，从而达到调节电机转速的目的。

PWM调速原理如图3-17所示。假设在电机电路中串联一个高速开关S，通过开关的闭合与断开可以将电源电压离散后供给电机。开关的闭合-断开具有固定的时间周期，记为 T_c，则开关的频率记为 $f_c = 1/T_c$。在一个闭合-断开周期内，开关闭合时间记为 t，开关闭合时间占整个周期的比例 d 被称为占空比，则

$$d = \frac{t}{T_c} \times 100\% \tag{3-9}$$

显然，在电源电压恒定不变的情况下，从电源传输给电机的能量与PWM信号的占空比成正比。在若干个闭合-断开周期内，电机自身特性和负载保持恒定不变，流过电机的电流

近似为恒定值。根据功率的计算公式，作用在电机上的等效电压 U_d 与电机获得的能量近似成正比，即与占空比成正比，其表达式为

$$U_d \approx dU \tag{3-10}$$

a）电路　　b）开关S的状态　　c）开关断开和闭合时间

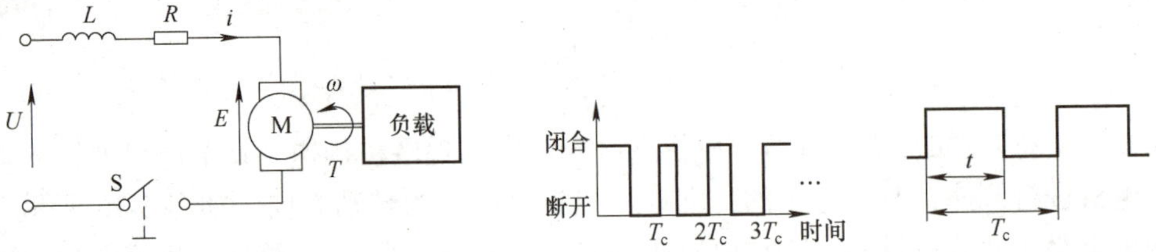

图 3-17　PWM 调速原理

由式（3-10）可知，在电机电路中串联一个高速开关后，通过调节占空比 d 的大小即可以改变施加到电机上的等效电压，进而调节电机转速，无须使用连续可调的供电电源。如果占空比 $d=1$，则电源电压直施加到电机两端，电机以最大转速转动；如果占空比 $d=0$，则电机断电；如果占空比 $0<d<1$，则电机在零至最大转速之间转动。只要开关频率足够高，离散化的供电电压对电机转速平稳性的影响可以忽略不计。在实际应用中，开关频率通常高达 10~80kHz，远高于机电系统的响应速度，电机对高频信号不响应。

但是，图 3-17 中的电路并不能使电机转动换向。为使电机可以正反转，需要使用 4 个高速开关相互配合调节施加到电机上的电压，如图 3-18a 所示，该电路也被称为 H 桥电路。在 H 桥电路中，如果开关 S1、S3 同时闭合，S2、S4 同时断开，则电机保持正转；如果 S1、S3 同时断开，S2、S4 同时闭合，则可以在不改变电源方向的前提下实现电流换向，从而实现电机反转。

a）H桥电路原理　　b）基于双极晶体管的H桥电路

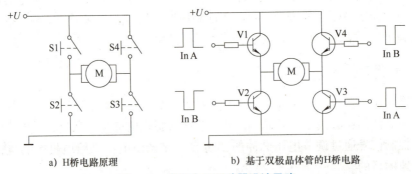

图 3-18　直流电机驱动器设计思路

H 桥电路中的高速开关可采用半导体材料制作。图 3-18b 描述了一种采用高速双极晶体管（bipolar junction transistor，BJT）作为开关元件的电机驱动电路。当 PWM 方波信号施加在双极晶体管的基极时，方波的高低电平变化控制双极晶体管集电极与发射极之间导通与关断，可实现开关效果。图 3-18b 中采用 A、B 两组互补（即两组信号高低电平相反）的 PWM 方波信号控制双极晶体管的导通与关断，实现电机调速与正反转功能。PWM 方波信号可由单片机、电机运动控制卡等数字式工业控制器产生。除双极晶体管外，常用的开关元件还包括金属-氧化物-半导体场效应晶体管（metal-oxide-semiconductor field effect transistor，

MOSFET）以及绝缘栅双极型晶体管（insulated gate bipolar transistor，IGBT）等。

3.3.3 直流电机驱动器

将构成 H 桥电路的半导体器件集成在一起，即可构成直流电机驱动芯片，再配套稳压电路、通信电路、状态监控电路、散热器以及外壳等零部件，即可组成工业用途的电机驱动器装置。以小型机电设备上常用的电机驱动芯片 L298N 为例（图 3-19），该芯片可以用来驱动有刷直流电机、两相无刷直流电机或两相步进电机。

a）芯片封装外形　　　　b）基于L298N的简易驱动器

图 3-19　L298N 电机驱动芯片及电机驱动器

L298N 芯片包含两组独立的 H 桥电路（图 3-20），可以分别驱动额定电流为 2A 的直流电机。两组 H 桥电路既可独立使用，又可以并联在一起使用，并联接法能够增大驱动电流。图 3-20 中，将 "EnA" 置为高电平，可将桥 A 使能；被控电机与 "OUT1" 和 "OUT2" 两个输出端相连，从 "In1" 和 "In2" 分别输入一组互补的 PWM 信号，即可控制 H 桥输出；在 H 桥电路中串联一个低阻值功率电阻 R_{SA}，从 "SENSE A" 端检测该电阻的分压值即可得到实际流过电机的电流值。电流信号一般用于控制电机的输出力矩以及监测电机运行状态。如需激活桥 B，则 "EnB" 应置为高电平，使用方法与桥 A 完全一致。

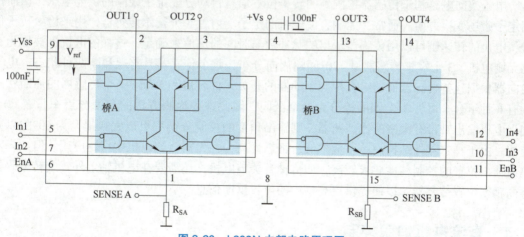

图 3-20　L298N 内部电路原理图

图 3-20 中的 4 臂桥式电路可以驱动一个线圈绕组，无刷直流电机内部含有多相线圈，需要多臂电桥驱动。以图 3-21 中的三相无刷直流电机驱动器为例，需要 6 个高速开关（V1~V6）控制 3 个线圈绕组正反导通。例如，电子换向电路控制开关 V1 和 V6 同时开启，其余晶体管关断时，线圈 A 正向导通，线圈 B 负向导通；当开关 V1 和 V2 同时开启时，线

圈 A 正向导通，线圈 C 负向导通；依此类推，电子换向电路按照图 3-21b 中的时序关系控制驱动器中的晶体管有序开关，则电机的定子磁场可以旋转一周。

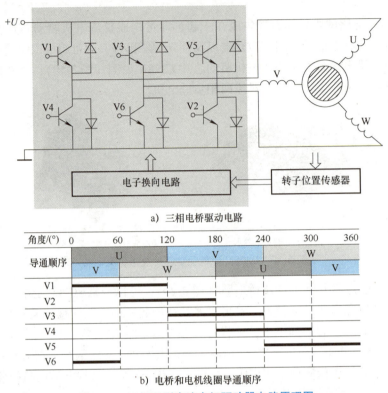

图 3-21 三相无刷直流电机驱动器电路原理图

电子换向电路基于传感器检测到的转子位置信息自动分配定子线圈的供电电压，从而控制定子磁场变换方向。通常，无刷直流电机的定子上内置 3 个霍尔传感器，用来检测转子位置，电机的转速则可以用传感器输出的脉冲数与时间的比值来确定，这样的电机也被称为有感无刷电机。3 个霍尔传感器呈 120°间隔周向分布，每个传感器具有通和断两种状态。电子换向器根据这些传感器通断组合控制驱动器的开关元件开启和关断。3 个传感器的通断状态共有 6 种组合，可将 360°圆周等分为 6 个区间，因此这种检测方法的角度分辨率只有 60°。如果电机输出轴带有大减速比减速器，则输出角度的控制分辨率可以大幅提升为 60°除以减速比。由于霍尔器件结构简单、成本低、可靠性高，在无刷直流电机中广泛应用。但如果对电机输出位置的控制精度要求较高，如机械臂关节电机，还需要在电机轴上外置旋转编码器等高精密位置传感器，以便提供更高精度的位置反馈信息。

3.4 直流电机伺服控制

电机在工作中需要对其转速、位置以及输出转矩进行控制，控制形式包括开环控制和闭环控制两大类。在开环控制系统中，控制信号经驱动器功率放大后直接作用于受控对象，控制性能取决于控制信号和受控对象本身，是一种较为简单的控制方法。闭环控制又称为反馈控制，它利用系统期望状态与传感器测量到的系统实际状态共同构造控制信号，控制结构较为复杂。本节简要介绍这两类控制形式的思路及其在直流电机伺服控制中的应用。

3.4.1 开环控制

开环控制是指控制的结果不对控制输入产生调节作用的控制方法，简单地说就是控制系统中没有对输出量的反馈。以电机调速控制为例，控制系统的输入是电机的输入电压，控制系统的输出是电机的转速。根据式（3-8）可知，输入与输出之间有确定的对应关系，因此通过设定加载在电机上的等效电压值即可得到对应的输出转速。这种控制方式在日常电器中使用非常普遍，例如在电风扇的控制中，给风扇设定风速档位后，电机就以固定的转速带动风扇转动，从而得到预期的风速。

电机驱动装置开环控制系统中的各环节如图 3-22 所示。该系统的输入是电机的期望速度，输出为电机的实际速度，电机的转动位置可由转速随着时间的积分得到。控制的目标是使得电机实际速度与期望速度一致，即输出对输入进行跟踪。系统的控制器环节将系统输入的期望速度转换为对应的电压控制信号，驱动器环节将输入的电压控制信号功率放大后作用于电机，被控对象环节是由电机与负载构成的执行器。值得注意的是，电机本身不能作为控制系统中一个独立的环节存在，而是要包含负载特性，即电机驱动控制系统的被控对象不仅与电机本身相关，还与负载特性密不可分。

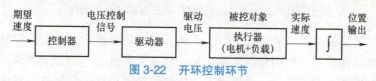

图 3-22 开环控制环节

在控制系统中，控制器一般根据被控对象的数学模型进行设计。通常，式（3-3）和式（3-5）给出的电机驱动系统时域模型难以直接用于控制器设计，需要将时域模型转换为由传递函数定义的频域模型。电机系统的输出为转速 $\omega(t)$，输入为电压 $U(t)$，两者经拉普拉斯（Laplace）变换后的商即为电机系统的速度-电压传递函数。对电压平衡方程和转矩平衡方程两边分别进行拉普拉斯变换得

$$\left. \begin{array}{l} U(t)=iR+L\dfrac{\mathrm{d}i(t)}{\mathrm{d}t}+K_e\omega(t) \\ K_m i(t)=J\dfrac{\mathrm{d}\omega(t)}{\mathrm{d}t}+b\omega(t) \end{array} \right\} \Rightarrow \begin{cases} U(s)=RI(s)+sLI(s)+K_e\Omega(s) \\ K_m I(s)=sJ\Omega(s)+b\Omega(s) \end{cases} \quad (3\text{-}11)$$

式中，$U(s)$、$I(s)$、$\Omega(s)$ 分别为电压、电流和转速的拉普拉斯变换；s 为拉普拉斯变换后的频域变量。

化简可得传递函数 $G(s)$ 为

$$G(s)=\frac{\Omega(s)}{U(s)}=\frac{K_m}{LJs^2+(bL+RJ)s+(bR+K_e K_m)} \quad (3\text{-}12)$$

式（3-12）中传递函数的结构可用图 3-23 所示的框图来描述。由于驱动器自身的动态特性可以忽略不计，因此与图 3-22 的结构图相比，驱动器环节在控制系统中可以忽略；图 3-23 中 $\dfrac{1}{Ls+R}$ 环节与电机线圈的电感和内阻相关，描述了电机的电气特性；$\dfrac{1}{Js+b}$ 环节与负载的转动惯量和线性阻尼相关，描述了电机的负载特性。电感、电阻等元器件构成的子系统

响应较快，电机线圈的电感动态效应可以忽略，即 $L\approx 0$；而由负载惯性和阻尼构成的子系统响应相对较慢，系统的动态特性由响应较慢的环节制约。因此，在实际应用中式（3-12）及图 3-23 所示的电机驱动系统模型可简化为式（3-13）及图 3-24 所示的框图结构。

$$G(s)=\frac{\Omega(s)}{U(s)}=\frac{K_m}{RJs+(bR+K_eK_m)} \tag{3-13}$$

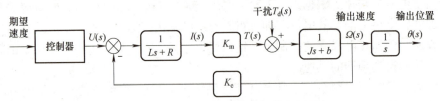

图 3-23　电机速度-电压传递函数框图

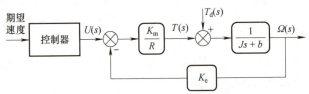

图 3-24　简化后的电机速度-电压开环传递函数框图

开环控制系统结构简单、成本低，但由于缺乏对实际输出状态的监控和跟踪，开环控制系统的精度和鲁棒性较差。特别是在负载波动、存在外部干扰、系统建模不精确等情况下，开环控制系统的性能难以保障，一般仅用于转速和负载固定不变且转速控制精度要求较低的场合。

3.4.2　闭环控制

为了克服开环控制的弊端，需要将被控对象的实际输出引入控制器的设计中，构成闭环控制系统。具体方法为：使用传感器检测速度（或位置）的实际输出值，以期望速度值与实际速度值之间的差值作为输入，经过控制器处理后生成电压控制信号。闭环控制又称为反馈控制或伺服控制，系统中包括的环节如图 3-25 所示。

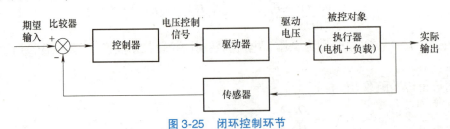

图 3-25　闭环控制环节

与开环控制相比，闭环控制增加了对被控对象实际输出的反馈测量环节。在电机驱动系统的速度闭环控制（图 3-26）中，反馈环节 H 用于检测输出速度值，并将输出速度的量纲转换为期望速度的量纲；通过比较器，将期望速度值与实际输出速度值做差，得到系统偏差 e；控制器对偏差进行"处理"得到控制量 u，再通过驱动器放大后作用于电机。与开环控制系统相比，闭环控制系统中控制器的输入量包含了系统反馈量取反后的值，因此也被称为负反馈控制系统。可以定性判断,在负反馈系统中,如果偏差值越大,则控制量 u 越大,作用在受控对象上的控制作用越强,从而使偏差得到纠正。

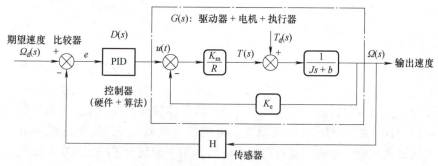

图 3-26 电机驱动系统速度闭环控制框图

控制系统中的控制器有多种类型和设计方法,其中使用最广泛的一种为 PID 控制器。PID 控制器由输入与输出之间的偏差 e、偏差在时间上的积分以及偏差的微分这三项的线性组合构成,其中 P、I、D 分别代表偏差的比例 (proportional)、积分 (integral) 和微分 (derivative) 环节。PID 控制器的数学形式为

$$u(t) = K_\mathrm{P} e(t) + K_\mathrm{I} \int_0^t e(t)\,\mathrm{d}t + K_\mathrm{D} \frac{\mathrm{d}e(t)}{\mathrm{d}t} \tag{3-14}$$

$$e = \omega_\mathrm{d}(t) - \omega(t) \tag{3-15}$$

式中,K_P、K_I、K_D 分别为比例、积分、微分项的系数,需要根据被控对象的特性以及控制目标进行设计;$e(t)$ 为系统偏差,由期望速度值 $\omega_\mathrm{d}(t)$ 与速度反馈值 $\omega(t)$ 之间的差值构成。

在实际控制系统中,PID 控制器可以由包含电压比较器、比例放大器、微分器和积分器的模拟电路装置构成,也可在单片机等处理器中编写式 (3-14) 定义的算法软件来实现。如需精确控制电机的输出位置,并能够跟踪期望的速度轨迹,可以采用两个 PID 控制器构成位置和速度双闭环,如图 3-27 所示。

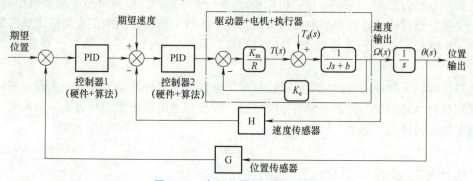

图 3-27 电机位置闭环控制框图

在闭环控制系统中,通过反馈机制和设计良好的控制器可以改善控制性能,并可对系统未知扰动进行抑制,适用于精度和动态性能要求高的应用场景。但是,反馈所需传感器成本较高,控制算法顺利运行也需要高性能控制器硬件;同时,反馈的引入增加了系统设计的复杂度,也可能导致控制系统出现不稳定现象。

3.4.3 伺服的替代方案

伺服系统成本高、结构复杂,在对成本敏感的场合可采用伺服的替代方案,主要包括步进电机驱动系统以及舵机驱动系统。

1. 步进电机驱动系统

步进电机可以通过开环控制的方式获得较为精确的转速与位置输出,因此在很多场合可以替代伺服电机。步进电机驱动系统的输入是脉冲信号,当电机驱动器接收到一个脉冲信号时,电机按照设定的方向转过一个固定的角度,该角度被称为步距角。从电机的内部结构来看,步进电机(图3-28)与内转子无刷直流电机较为类似。步进电机的磁场由定子线圈产生,转子由永磁铁构成。电机驱动器在脉冲信号作用下控制定子线圈依次导通产生旋转的磁场,吸引永磁体转子跟随磁场发生转动。

a) 电机内部结构　　　　　b) 永磁体转子结构　　　　c) 定子磁极与转子磁铁的齿形结构

图 3-28　步进电机的结构

1—电机外壳　2—定子线圈　3—定子磁极　4—转子磁极(N)　5—转子磁极(S)　6—电机轴　7—磁极齿型结构

步距角是步进电机的一个固有参数,目前常见的步距角包括 1.2°、1.8°、3.6°、7.5° 等不同规格。由步进电机的工作方式可知,在理想情况下,步距角的大小决定了步进电机的输出分辨力。为减小步距角,电机的定子可以制成两相、三相、四相或更多相数,两相步进电机的步距角一般为 1.8°,三相步进电机的步距角一般为 1.2°,相数越多步距角越小。同时,电机定子磁极被设计成具有多个小齿的结构,转子的两个磁极分别加工成类似矩形齿廓齿轮的形状,N 极和 S 极齿形交错排布,这些结构上的特殊设计也是保障步距角稳定的重要方法。

通过控制输入脉冲信号的频率可以控制步进电机的角速度与角加速度,实现电机调速功能。采用脉冲信号控制电机定子绕组依次导通,假设步进电机的步距角为 θ_s,脉冲频率为 f,则步进电机的转速为

$$\omega = f\theta_s \tag{3-16a}$$

式中,ω 为转速,单位为 (°)/s。

或

$$\omega = \frac{1}{6}f\theta_s \tag{3-16b}$$

式中,ω 为转速,单位为 r/min。

通过控制输入脉冲的个数可以控制电机的输出位置,实现精确的位置控制,如果输入脉冲的个数为 N,则电机转过的角度 D 为

$$D = N\theta_s \tag{3-17}$$

式中，D 为电机转过的角度，单位为（°）。

部分步进电机驱动器带有细分功能，即通过内部电路可以进一步减小步距角。经过 m（m 为正整数）级细分后，电机的实际步距角等效为 θ_s/m，则步进电机的位置精度提升至原有的 m 倍。例如，假设某步进电机的步距角为 1.8°，则需要控制器向其驱动器发送 200 个脉冲电机输出轴才能转动一圈；如果驱动器带有 10 倍细分功能，则需要 2000 个脉冲电机转动一圈，此时步进电机的角度分辨力可达到 0.18°。

2. 舵机驱动系统

舵机是一种在桌面小型机械臂和机器人实验装置中广泛使用的模块化电机装置。舵机可以采用开环指令进行控制，但实际上其内部包含一个完整的直流伺服驱动系统。如图 3-29 所示，舵机的内部集成了直流电机、闭环控制器、电机驱动器、输出轴位置传感器、电机减速器等零部件，是一个紧凑的模块化驱动装置。

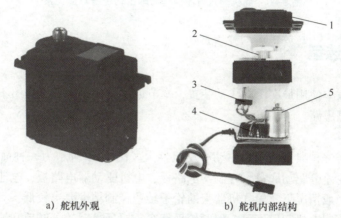

a) 舵机外观　　　　　　b) 舵机内部结构

图 3-29　舵机外观及内部结构

1—外壳　2—齿轮减速器　3—位置传感器　4—驱动与控制电路板　5—直流电机

为了便于用户设置舵机的期望位置，传统的舵机提供基于方波信号的控制信号输入方法，用户可以使用开环设定的方式控制舵机的转角和转速。由于舵机内部集成了电机驱动器，因此只需要给舵机供应直流电，再通过一根信号线输入方波信号即可控制舵机。应用最普遍的控制信号是频率为 50Hz 的方波信号，其周期为 20ms。按照惯例，将方波的高电平脉宽设定在 0.5~2.5ms 之间，不同脉宽值对应不同角度输出位置。例如，某型号舵机角度输出范围为 -90°~90°，方波控制信号的脉宽 d 与舵机输出轴转动位置 θ 对应关系如图 3-30 所示。一般情况下，假设舵机的输出角度限制为 $s_1 \sim s_2$ 之间，对应脉宽为 $t_1 \sim t_2$，从图 3-30 可知，所需脉宽 d 与期望目标位置 θ 之间存在如下线性关系

$$d = \frac{t_2 - t_1}{s_2 - s_1}(\theta - s_1) + t_1 \tag{3-18}$$

舵机一般用于控制执行器的位置，但通过连续调节脉宽值的方式也可以控制其动态转速。假设控制舵机的方波信号周期为 T，n 为周期计数，则以时间 T 为步长，计算每个周期内舵机的期望位置 $\theta(nT)$ 和对应的脉宽值 $d(nT)$，可通过离散化控制舵机输出位置来近似达到控制速度的效果。

采用舵机驱动具有独特优势。舵机采用高度集成的制造方案，可实现低成本、高精度位

置伺服；可采用简易的开环方式输入控制指令，使用非常方便。目前，部分舵机还支持串行总线通信，因此也可以通过软件程序来设定舵机的控制指令，使用更加灵活。但是，舵机的使用寿命一般较低，不适合工况要求较高的场合；舵机的速度控制精度较低，速度跟踪性能较差，且低速易抖动；舵机的负载较小，对负载波动适应能力弱。

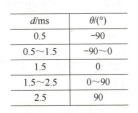

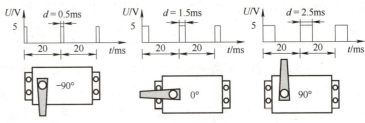

a) 脉宽值与输出角度对应关系   b) 舵机三个特殊角度位置及对应方波控制信号

图 3-30　舵机输入方波信号与输出轴位置对应关系

3.5 驱动的选型

电机是机器人中使用最广泛的作动装置，本节通过具体的案例，介绍不同电机驱动系统的应用场合和选型思路。

1. 两轮平衡车

两轮平衡车是一种典型的轮式驱动移动机器人。图 3-31 所示为一种简易两轮平衡车实验装置，包含两轮差分驱动底盘、控制器电路板、电机驱动器电路板、电池组以及机械结构件等主要部分。一般情况下，轮式机器人的轮子转速控制精度要求较低，只需要开环设定不同档位的转速、控制电机起停即可，但两轮平衡车需要通过对轮子转速和转动位置的动态控制来保持整车平衡不倒，因此需要精密的闭环控制系统。

图 3-31 中的实验装置整机重量轻、结构简单、驱动转矩较低，有刷直流电机即可满足要求。两个车轮分别由 1 台有刷直流电机驱动，为实现平衡车姿态的动态调整，对驱动系统的调速精度、动态性能要求较高，需要设计闭环控制系统；在电机输出端安装行星齿轮减速器，可提升驱动转矩，并使平衡车运行在合适的速度区间；通过传感器（一般为光电编码器或磁编码器）将电机的转动位置反馈到控制器中构成闭环控制系统。

图 3-31　一种简易两轮平衡车实验装置
1—减速器　2—有刷直流电机　3—旋转编码器
4—两轮差分驱动底盘　5—电机驱动器电路板
6—控制器电路板　7—电池组

轮式系统的驱动功率较低，工作电流小，因此基于芯片的驱动器即可满足需求。如图 3-32 所示，采用 L298N 作为电机驱动芯片，芯片内的 2 组 H 桥电路分别用于驱动两轮子上的有刷直流电机；驱动芯片每组输出口连接续流二极管，用于消除电机起停时的冲击电流；

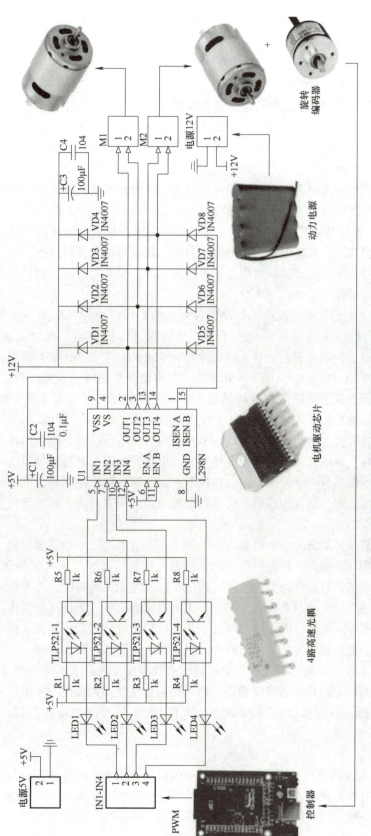

图3-32 两轮平衡车实验装置的驱动电路

控制器可采用基于单片机的设计方案，输出 PWM 信号作为电机驱动器的输入；为防止控制器数字电路部分与电机驱动模拟电路部分相互干扰，图中采用高速光耦将两部分进行了电气隔离。

2. 机器人关节

机器人关节尺寸空间有限，对作动装置的转矩密度要求较高，并且通常要求作动装置能适应连续工作，对使用寿命、可靠性、稳定性均有较高要求。因此，直流无刷电机是机器人关节理想的作动装置。此外，机器人关节通常用于操作精度要求高、负载波动大的场合，必须采用复杂的闭环控制系统。

用于机器人关节的无刷直流电机一般采用具有工业封装形式的驱动器。此类驱动器与基于芯片的驱动器电路板（图 3-19）基本原理相同，但具有更加丰富的功能。如驱动器可以接受除 PWM 信号外的其他类型控制信号，包括模拟电压、基于总线通信的输入信号等；驱动器内置安全保护功能，可对设备工作电流、温度、限位等状态进行监控，可根据运行状态限制或关断驱动器功能；部分驱动器内置了轨迹规划器，只需要设定控制目标，驱动器内部就可以自动生成运动控制轨迹。

图 3-33 所示为有感无刷直流电机驱动器接线方法。该驱动器可接受不同类型的控制信号，包括 PWM 信号、模拟信号以及基于 485 总线的通信信号等，通过设置 SW4、SW5、SW8 这三个波动开关的状态进行选择。本例中输入为 PWM 信号，根据驱动器说明书，应设置 SW4 = OFF、SW5 = ON、SW8 = OFF；驱动器带有限流保护功能，设置 SW1、SW2、SW3、SW8 这四个波动开关状态可以限制电机的最大电流；控制器可以是基于单片机的控制电路板或专门用途的运动控制卡等装置，用于产生 PWM 信号、方向信号以及制动信号；电机内置的霍尔传感器直接接入驱动器对应端口，驱动器内部的电子换向电路利用该信号控制电机定子线圈有序导通；驱动器输出为三相高功率驱动电压，分别与电机的绕组线圈相连。由于电机内置霍尔传感器的分辨率较低，因此在机器人关节等高精度控制场合电机输出端通常还须旋转编码器作为速度与位置传感器，传感器信号反馈到控制器内，构成闭环控制系统。

3. 旋翼无人机

旋翼无人机是一种常见的空中机器人。受限于无人机本体尺寸和重量限制，无人机的旋翼需要采用体积小、转速高、转矩密度大的作动器；旋翼的转速与无人机的驱动力正相关，因此还需要驱动系统具有良好的调速性能。相比于机器人关节等应用，无人机的转速控制精度要求较低，可采用开环控制系统调节转速。无刷直流电机可以满足这些需求。

由于调速精度要求不高，因此电机可以不需要内置位置传感器，即无人机上采用的是无感无刷直流电机。电机转子的转动惯量对无人机的桨叶控制具有较大影响，一般采用外转子结构的电机。图 3-34 所示为无感无刷直流电机驱动器接线方法。电调是一种可以采用 PWM 方波作为控制输入的无刷直流电机驱动器，输入是来自飞行控制器的 PWM 信号，输出为三相高功率驱动电压，与电机绕组线圈相连。调节 PWM 信号的占空比，即可获得对应的转速。

4. 小型机械臂

图 3-35 所示为桌面小型机械臂。图 3-35a 中的机械臂用于小物体的抓取与搬运，对作业速度和位置精度有较高要求。该机械臂的工况简单、负载小、制造成本低。综合考虑上述因素，此类机械臂一般采用步进电机驱动系统。图 3-35b 中的机械臂包含 6 个关节，用于教学

演示，精度和动态性能要求较低，且成本低廉，一般采用舵机驱动。

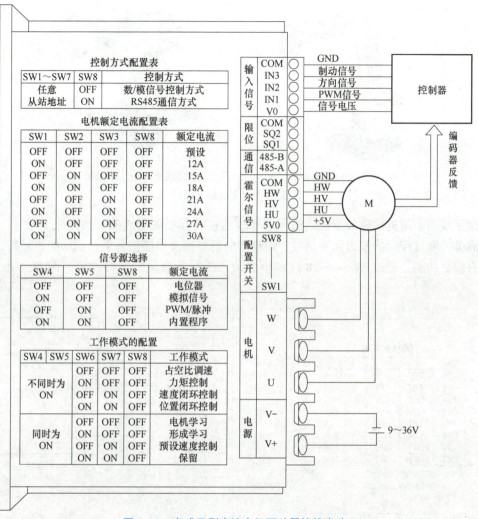

图 3-33 有感无刷直流电机驱动器接线方法

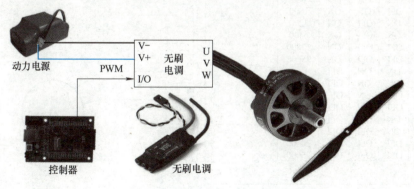

图 3-34 无感无刷直流电机驱动器接线方法

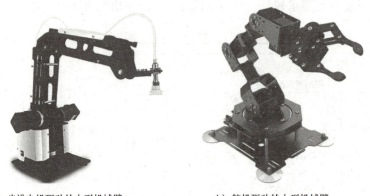

a）步进电机驱动的小型机械臂　　　　b）舵机驱动的小型机械臂

图 3-35　桌面小型机械臂

用于桌面小型机械臂的步进电机驱动系统的接线方法如图 3-36 所示。步进电机的使用较为简单，通过控制器输出脉冲信号、转动方向信号以及使能信号即可驱动电机运行。驱动器带有细分功能，通过 SW5～SW8 这四个波动开关的状态组合进行设置。例如，当 SW5 =

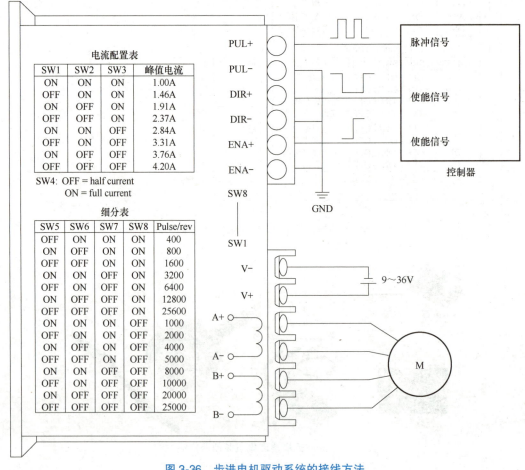

图 3-36　步进电机驱动系统的接线方法

SW6=SW7=ON，SW8=OFF 时，电机转动 1 圈需要 1000 个脉冲。此时，如果步进电机的步距角为 1.8°，则转动角度理论分辨率可达 0.0018°。该驱动器可以驱动两相步进电机，驱动器的输出端口分别与电机的 2 个定子线圈连接。由于步进电机采用开环方式控制，系统中不需要引入传感器反馈。

舵机的接线方法如图 3-37 所示，控制器生成 50Hz 方波信号，调节方波高电平时间长短即可控制舵机的输出角度。部分舵机带有通信接口，可基于通信协议将控制指令发送到舵机，或从舵机内部读取运行状态。基于总线通信的舵机更适合需要多自由度联动控制的场合。由于舵机结构紧凑，使用方便，因此在多关节小型机器人中被广泛使用，如人形机器人、多足仿生机器人等装置，如图 3-38 所示。

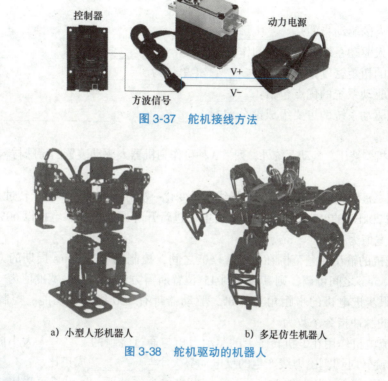

图 3-37　舵机接线方法

a) 小型人形机器人　　b) 多足仿生机器人

图 3-38　舵机驱动的机器人

本章小结

本章介绍了机器人驱动系统的基本原理。机器人驱动系统包含动力源、作动器、驱动器等硬件和驱动控制算法与软件。根据设计需要机器人可以采用不同的驱动形式，主要包括电机驱动、液压驱动、气动驱动以及基于可变形特殊材料的新型驱动。

直流电机是机器人驱动系统中使用最广泛的一种作动装置。常用的直流电机包括有刷直流电机、无刷直流电机、直流步进电机等。直流电机的线性度较好，可以通过建立直流电机的电压平衡方程与转矩平衡方程来建立其数学模型。相比于电子器件，电机是一种功率消耗较大的装置，控制器输出的指令无法直接驱动电机工作，需要使用电机驱动器对控制指令进行功率放大，再借助脉宽调试技术可以对电机进行调速控制。

用于机器人的电机通常都需要精确控制其速度、位置或力矩。电机的控制形式包括开环控制和闭环控制两大类，可根据电机-负载的机电系统的特性分别设计控制器。开环控制系统根据已知的受控对象特性，将期望的控制目标作为控制器的输入，系统结构简单，易于实现。闭环控制系统引入负反馈机制，将电机期望的控制目标与电机实际输出之间的差值作为控制器的输入。闭环控制又称为伺服控制，与开环控制相比精度更高、动态性能更好、抗干扰能力更强，但闭环控制系统复杂、成本高。如果对控制系统的动态性能要求较低且负载波动较小，可以采用步进电机或者舵机等低成本方案来替代伺服控制系统。

习 题

一、填空题

（1）机器人的驱动指的是_____。

（2）机器人驱动系统种最常用的作动器包括：_____、_____、_____。

（3）电机的扭矩密度指的是_____，SI 单位为_____。

（4）电机驱动系统的优点包括：_____、_____、_____。

（5）液压驱动系统的主要组成部分包括：_____、_____、_____、_____和_____。

（6）除电机、液压、气动系统外，列举 3 种可作为机器人驱动装置的特殊材料：_____、_____、_____。

（7）三相二极对无刷直流电机的磁场线圈没变化一次导通顺序，则转子转过_____°。

（8）采用 20kHz 的 PWM 波对一个直流电机进行开环调速，如果电机以 60%额定转速旋转，则对应脉宽值为_____ms。

（9）某舵机的输出转角范围在-60°~+60°之间，控制信号为 20ms 周期的方波，高电平脉宽在 0.5~2.5ms 之间可调，则其转动到 45°位置所需方波的高电平宽度值为_____ms。

（10）如果步进电机的步距角为 1.8°，驱动器带有 100 级细分功能，控制该电机转动 1 圈需要发送的脉冲指令个数为_____。

（11）直流电机作用在电机转子上的驱动力矩与通过绕组的_____大小成正比，电机线圈在磁场中旋转时切割磁力线产生的反电动势大小与_____成正比。

（12）小型旋翼无人机一般选择_____电机作为作动器，该电机可采用_____作为驱动器。

二、简答题

（1）简述无刷直流电机的结构组成和基本原理。

（2）简述采用 PWM 控制信号和图 3-18 中 H 桥电路驱动有刷直流电机正反转的工作原理。

（3）简述开环速度控制系统和闭环速度控制系统发送给控制器的输入信号的区别。

参考文献

[1] 郭军龙，吴雨璁，梁佳. 机器人驱动与控制技术 [M]. 哈尔滨：哈尔滨工业大学出版社，2023.

［2］ 黄志坚. 机器人驱动与控制及应用实例［M］. 北京：化学工业出版社，2016.

［3］ ATMEH G M, RANATUNGA I, POPA D O, et al. Implementation of an adaptive, model free, learning controller on the Atlas robot［C］//2014 American Control Conference, 2014, Portland, OR, USA. New York：IEEE, c2014：2887-2892.

［4］ DROTMAN D, JADHAV S, SHARP D, et al. Electronics-free pneumatic circuits for controlling soft-legged robots［J］. Science Robotics, 2021, 6（51）：1-13.

［5］ MISHRA R B, JOHARJI L, ALSHARIF A A, et al. Soft actuators for soft robotic applications：a review［J］. Advanced Intelligent Systems, 2020, 2（10）：2000/28.1-2000/28.37.

［6］ BOYRAZ P, RUNGE G, RAATZ A. An overview of novel actuators for soft robotics［J］. Actuators, 2018, 7（3）：1-21.

第 4 章 机器人传感器

导读

传感器作为机器人系统的核心组成部分，对机器人的感知能力、任务执行和智能决策起着至关重要的作用。本章聚焦于传感器的基本理论、感知原理及其在机器人技术中的应用，主要内容涵盖运动、方位角、测距、视觉和力触觉等多种传感器类型，并介绍它们的工作原理、具体分类、测量方法和应用实例，以及在机器人上应用的一些其他传感器。

本章知识点

- 机器人传感器概述
- 机器人位置姿态传感器
- 机器人运动传感器
- 机器人测距传感器
- 视觉传感器
- 力触觉传感器
- 其他机器人传感器

4.1 机器人传感器概述

智能机器人系统非常复杂，对控制系统的要求更高，而且系统存在的未知因素很多，控制变量具有不确定性。因此，智能机器人在很大程度上依赖于感知系统及其如何获取、整合、理解和利用信息，进而实现有效控制。本节主要介绍机器人传感器的定义、作用、分类、性能指标、信号处理以及传感器系统与展望。

4.1.1 机器人传感器的定义与作用

机器人已被广泛应用于各个领域和场景，为保证其准确可靠地完成工作任务，机器人需要配备多种传感器以获取所处环境及与操作对象之间的多种信息。类似于人类的感觉器官，机器人传感器能检测和估计机器人自身的状况和感知所处的环境，并将其获取的信号传送给机器人控制系统，以便机器人系统能做出对应的决策和适当的动作来完成作业任务。

传感器作为机器人系统中的一种关键零部件，为机器人系统扩展了类似人类的感知能力，使得机器人系统能够模拟人类的感觉，感知并响应外部环境的变化。传感器的输出信号可以为光、电、气等多种形式,通常是电信号,因为电信号更容易处理与传输,还可以被电子信号处理系统或计算机系统识别和解读,以实现自动化和智能化控制。因此,狭义上而言,传感器也可以定义为将非电量转换为电量的器件或装置。由于这个信息获取过程通常涉及一种形式的能量转换为另一种形式的能量,因此传感器有时也被称为能量转换器。

机器人传感器通常由敏感元件和转换元件两个主要部分组成。

1. 敏感元件

机器人传感器中的敏感元件与被测量直接交互,对特定的被测非电量敏感,在外部环境作用在敏感元件上时,可通过特定的转换规律将这些非电量加载转化为相应的状态变化。

2. 转换元件

机器人传感器中的转换元件将敏感元件产生的状态变化量进一步转换成初步电信号,过程通常包括信号预处理、放大、滤波、线性化拟合等。

机器人传感器的整体框架如图4-1所示,由于涉及信息处理,机器人传感器除了敏感元件和转换元件外,通常还包含相关的信号调理转换电路和辅助电源。

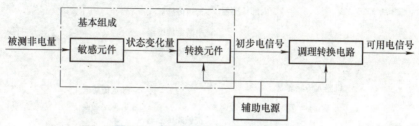

图4-1 常见机器人传感器组成示意图

通过配备丰富的传感器,结合特殊的信号获取和处理方法,为智能机器人系统提供了感知环境的能力,使得机器人能根据感知环境的结果适当调整自身行为,保证作业任务的顺利完成。如果缺乏环境感知能力,智能机器人系统的智能化和自主化将无从谈起。

如图4-2所示,智能机器人通常配备多种不同类型的传感器,常见的传感器包括视觉传感

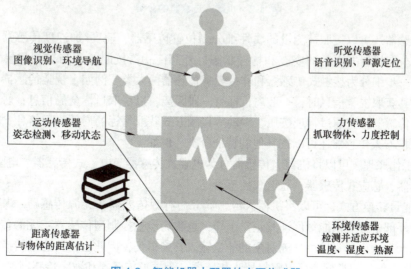

图4-2 智能机器人配置的主要传感器

器（如图像传感器）用于图像识别和环境导航，力触觉传感器（如力触觉传感器和滑觉传感器）用于目标物理属性感知、物体可靠抓取和柔顺控制，距离传感器（如超声波测距、激光测距）实现障碍物距离的检测。另外，还有运动传感器、听觉传感器（如传声器阵列负责语音识别和声源定位）、环境条件（如温湿度、气体、核辐射等）传感器等。不同类型的传感器各自起到特定的作用，帮助机器人动态地感知所处环境与目标物体。

4.1.2 机器人传感器的分类

机器人传感器的种类繁多，按照不同的分类方法，可以将其进行多种分类。如根据被测对象的位置分布情况，可以将机器人传感器分为内部传感器和外部传感器两大类，如图4-3所示。其中，内部传感器主要用于监控机器人系统的内部状态，而外部传感器专注于收集外部环境信息。

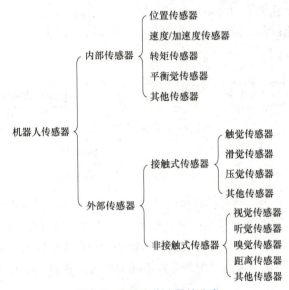

图4-3 机器人传感器的分类

内部传感器还可以按照被测量的属性细分为位置传感器、速度/加速度传感器、转矩传感器等，用于获取机器人内部的姿态和物理状态。外部传感器按照是否与被测目标发生物理接触，可以进一步细分为接触式传感器和非接触式传感器两大类。例如，视觉传感器属于非接触式传感器，其获取视觉信息时，一般离目标有一段距离，以获取目标全局信息；触觉传感器则属于接触式传感器，它通过物理按压、滑动等接触方式获取目标的局部物理信息。

此外，机器人传感器还可以按其他的特征分类，例如：

1) 按工作原理，可以将机器人传感器分为电容式传感器、电磁式传感器、电阻式传感器、压电式传感器、感应式传感器、光电式传感器等。

2) 按能量转换方式，可以将机器人传感器分为有源传感器和无源传感器。其中，有源传感器需配备外部电源提供能量保证其正常工作，也称为能量控制型传感器；无源传感器则不需要外部电源，其输出量直接由被测对象的能量输入转换得到，因此也称为能量转换型传感器。

3) 按输出信号的类型，可以将机器人传感器分为模拟传感器和数字传感器。

4) 按转换过程是否可逆，可以将机器人传感器分为双向传感器和单向传感器。

具体的分类方法需要结合实际应用场景而定。

4.1.3 机器人传感器的性能

机器人传感器的被测量通常为静态信号或动态信号两种形式。不同的输入信号形式通常使得机器人传感器表现出的输入-输出特性不同,因此为了全面评估机器人传感器的性能指标,通常将机器人传感器的性能指标分为静态性能指标与动态性能指标。这两类指标共同确保了传感器在机器人技术应用中的有效性和可靠性。

1. 机器人传感器静态特性

机器人传感器静态特性指标主要包括线性度、灵敏度、迟滞性、重复性、分辨力(分辨率)、静态误差、稳定性、量程和漂移等指标。机器人传感器的实际性能需要在标准的静态条件下测定获得。

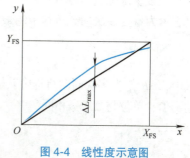

图 4-4 线性度示意图

(1) 线性度 与非线性误差对应,机器人传感器的线性度是指传感器实际输入-输出曲线与理想线性拟合输出直线之间的偏差程度,如图 4-4 所示。机器人传感器的非线性误差 γ_L 可以表示为两者之间的最大偏差与满量程输出值的百分比,即

$$\gamma_L = \pm \frac{\Delta L_{max}}{Y_{FS}} \times 100\% \tag{4-1}$$

式中,ΔL_{max} 为机器人传感器实际输入-输出曲线与理想线性拟合输出直线的最大偏差,单位一般为 V;Y_{FS} 为机器人传感器在满量程输入情况下的输出值,单位与 ΔL_{max} 相同。

(2) 灵敏度 机器人传感器的灵敏度是指在输出稳定状态下,传感器输出变化量与引起该变化的输入变化量之间的比例关系,如图 4-5 所示。比值越大,说明机器人传感器越灵敏。机器人传感器的灵敏度 S 计算式为

$$S = \frac{\Delta y}{\Delta x} \text{ 或 } S = \frac{dy}{dx} \tag{4-2}$$

式中,Δy 与 dy 为传感器的输出变化量,单位一般为 V;Δx 与 dx 为与输出变化量对应的输入变化量,单位与被测物理量有关。

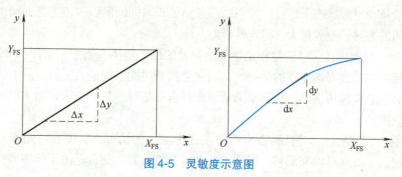

图 4-5 灵敏度示意图

(3) 迟滞性 机器人传感器的迟滞性误差是指传感器在正行程(输入量从最小值逐渐增大到最大值)与逆行程(输入量从最大值逐渐减小到最小值)的过程中,两者输入-输出曲线之间的不重合程度,如图 4-6 所示。传感器的迟滞性误差 γ_H 可以表示为两者之间的最大偏差

值与满量程输出值的百分比,即

$$\gamma_H = \pm \frac{\Delta H_{max}}{Y_{FS}} \times 100\% \tag{4-3}$$

式中,ΔH_{max} 为正行程与反行程中输入-输出曲线的最大偏差,单位一般为 V;Y_{FS} 为满量程输出值,单位与 ΔH_{max} 相同。

(4) 重复性 机器人传感器的重复性误差是指机器人传感器在同一方向(正行程或逆行程)重复多次加载时输入-输出曲线的不一致程度,如图 4-7 所示。传感器的重复性误差 γ_R 可以表示为重复多次加载过程中的最大偏差与满量程输出值的百分比,即

$$\gamma_R = \pm \frac{\Delta R_{max}}{Y_{FS}} \times 100\% \tag{4-4}$$

式中,ΔR_{max} 为多次同向行程中其输入-输出曲线的最大偏差值,单位一般为 V;Y_{FS} 为满量程输出值,单位与 ΔR_{max} 相同。

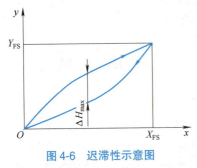

图 4-6 迟滞性示意图

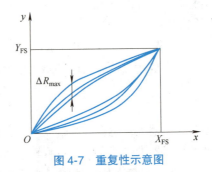

图 4-7 重复性示意图

(5) 分辨力(分辨率) 机器人传感器分辨力是指在规定的测量范围内,机器人传感器能够分辨和检测到的最小的输入变化量,即两个相邻最小可测量值之间的差异。机器人传感器的分辨率是指分辨力与满量程输出值的百分比。

(6) 静态误差 机器人传感器的静态误差是指在传感器的量程范围内,实际输出值与理论拟合值的接近程度,常用线性度误差、迟滞性误差和重复性误差等构成。

(7) 稳定性 机器人传感器稳定性是指在长时间运行中的传感器仍能保持自身精度性能的能力。一般指在室温状态下经过一天、一月甚至更长时间间隔后,传感器的输出与最初标定时的输出之间的差异。差异越大,稳定性越差。

(8) 量程 机器人传感器的量程是指其能测量的最大范围,通常由上限值和下限值构成。传感器在选型时应重点考虑量程的适应性,通常会按照可能出现最大测量值的 1.2~2 倍选择量程,防止因为过载损坏传感器。传感器的量程选择也不是越多越好,量程越大的传感器分辨力和测量精度会更差。

(9) 漂移 传感器漂移特征是指传感器在固定输入的情况下,随着时间推移,其输出发生变化的情况,一般包括时间漂移、温度漂移和零点漂移等,通常是由于传感器自身结构老化或所处的使用环境变化引起。

2. 机器人传感器动态特性

机器人传感器动态性能是衡量传感器在处理变化迅速的动态输入信号时的一系列相关性能指标。机器人动态性能指标可以从两个方面考虑:一方面,当机器人传感器的输出达到稳定状

态后,实际的输出值与理想情况下输出值之间的差异大小;另一方面,当输入信号为阶跃变化等突变时,即机器人传感器的输出从一种稳定状态过渡到另一种稳定状态的过程。

其指标可以分为一阶和二阶阶跃响应曲线,如图 4-8 所示,主要性能指标包括:

1) 时间常数 τ:指一阶机器人传感器的输出值从初始状态(通常是 0)上升到其最终稳态值 63.2% 时所需的时间。

2) 延迟时间 t_y:一阶(或二阶)机器人传感器的输出值从开始响应到达到 50% 稳态值所需的时间。

3) 上升时间 t_s:一阶机器传感器的输出值从稳态值的 10% 上升到 90% 所需的时间;二阶机器人传感器的输出值从初始值上升到稳态值所需要的时间。

4) 峰值时间 t_f:机器人传感器在阶跃输入信号的作用下,其输出值从初始值开始首次达到峰值所需时间。由于二阶机器人传感器的输出响应存在振荡衰减现象,因此峰值时间可表示为输出响应第一次达到最高值的时间。

5) 超调量 δ:二阶机器人传感器的输出第一次达到峰值时,其超出稳态值的最大量与稳态值之比。超调量反映了机器人传感器的稳定性。

6) 响应时间 t_x:机器人传感器响应曲线衰减至稳态值附近 5%(或 2%)误差范围以内所需的时长。响应时间反映了传感器响应的快速性。

7) 稳态误差 $e(\infty)$:机器人传感器输出值进入稳定状态之后的实际值与期望值之间的差值。稳态误差反映了机器人传感器的精度。

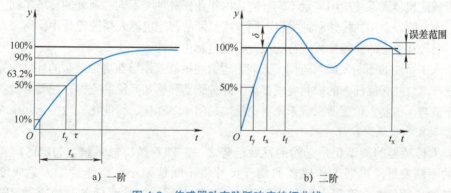

图 4-8 传感器动态阶跃响应特征曲线

机器人传感器的指标体系包含的内容很多,每种类型的传感器都有各自独特的指标。对于不同应用场景的机器人传感器,需要考虑应用场景对传感器的具体需求,结合应用场景的需要选择适应的机器人传感器,才可能满足机器人感知任务的要求。

4.1.4 机器人传感器信号处理

为使机器人传感器输出的信息能准确反馈所处的环境,需要对传感器的原始输出(即敏感元件的输出)进行一系列的预处理。常见的预处理包括传感器输出信号的零漂补偿、放大、过滤、线性化等。

机器人传感器直接输出的电信号具有以下特点:

1) 非线性。机器人传感器的输入与输出曲线难以形成完美的线性关系。

2）输出信号微弱。机器人传感器转换后的原始信号在放大前非常微弱，如力传感器的惠斯通电桥的输出信号为毫伏（mV）级别。

3）易衰减。通常机器人传感器的输出阻抗较大，导致信号容易衰减。

4）易受干扰。机器人传感器的输出容易受温度和电磁等干扰，如光纤光栅式传感器除了对应变敏感外，对温度的变化也非常敏感。

鉴于机器人传感器的以上特点，其直接输出信号很难直接用于机器人控制、保存和分析，需要对输出信号进行相应的预处理。

1）滤波。通过滤波电路滤除传感器输出信号的噪声以及非被测量的频率成分。

2）阻抗变换。当机器人传感器的输出阻抗与后续的处理电路不匹配时，输出信号将出现失真和衰减现象。因此需要调整机器人传感器的输出阻抗，以减少信号的衰减，并保证信号高效、准确的传输和处理。

3）信号放大：将机器人传感器毫伏甚至微伏级别的输出信号放大。

4）线性化：借助数据处理（如多元线性回归、逐点线性化等）手段，调整机器人传感器的输入-输出曲线更趋向线性关系。

为了提升机器人传感器输出信号的质量，常使用放大器、电桥、调制解调器和滤波器等元件将传感器输出的信号转换成适合的信号，并为后续应用的做好准备。

4.1.5　机器人传感器系统展望

由于智能机器人系统应用场景不同、完成的作业任务种类不同、所处的环境不同、要求的精确度不同，所以采用的传感器种类也不同。在实际的智能机器人系统设计中，需要对传感器的种类、型号和对应的性能指标进行选型分析或定制化设计。

随着人工智能的不断发展与应用，人们希望智能机器人能够在更加复杂的环境中完成更加复杂的任务。这些智能任务的顺利完成都离不开传感器和感知系统的支撑，需要多种类型的传感器协作参与。机器人传感器系统未来将会更加趋向于多样化、智能化、微型化和集成化。

1. 微型化和生物兼容性

机器人传感器的微型化是必然的发展趋势之一。随着微机电系统（MEMS）和纳米材料技术的不断发展，机器人传感器的物理尺寸将不断地缩小。智能机器人集成度高，要求其配备的传感器能在有限空间和资源条件下实现高性能的检测任务。如通过 MEMS 技术研制阵列式的触觉感知系统，通过超薄的微型化单元模拟人类的皮肤实现高性能的力触觉感知。在医疗手术机器人领域，还要求机器人传感器具有生物兼容性，即能直接与组织或生物机体直接接触。

2. 高精度等高性能

机器人的应用场景日益复杂，对机器人配备的感知手段要求也越来越高。高性能的智能机器人系统对传感器提供的高精准信息的依赖性越来越高，高性能传感器能提供更高精度、更快响应速度、更稳定可靠的数据，满足智能机器人系统在复杂环境中高效和稳定工作的要求。

3. 多样化

常见的机器人传感器大多是模仿人体的视觉、触觉和听觉。随着智能机器人在各个应用场景的需求不断变大，要求机器人传感器能够具有更多的功能，如模仿人的嗅觉和味觉。同时由传统的单一功能感知变成多样化的集成感知,让传感器的信息能为更多的感知功能实现提供支撑。

4. 集成化和多功能

随着具身智能的提出和发展,智能机器人传感器不再是简单的数据检测手段,还体现在其强大的分析、处理和与物理世界深度交互的过程。多功能是指传感器能同时测量多种被测量,提供更加完备的环境感知能力。另外,随着机器人传感器微型化和智能化的发展,机器人传感器获取信息的方式不再局限于某些固定的传感器,而是真正像人一样,处处能够反馈与外界交互的各种信息,实现多模态高性能环境感知。

5. 智能化和适应性

随着机器人感知系统智能化水平的不断发展,对机器人传感器的数据的处理与利用要求越来越高。机器人传感器除了能够具备基本的信号获取和处理能力外,还可以更加智能地完成一些数据分析与特征提取、自动补偿、自适应输出功能,甚至可以依据智能机器人的任务需求,为机器人控制系统提供更加精细化和有限特征的高级信息。

4.2 机器人位置姿态传感器

4.2.1 机器人位置传感器

智能机器人获取位置信息的方式通常是通过多次测量本体与已知位置参照物之间的距离来实现的。机器人位置传感器(也称位移传感器)种类繁多,以下将介绍一些常见的位移传感器原理。

1. 电位器式位移传感器

电位器式传感器基于可变电阻器可实现位移与成比例关系电阻或电压输出的转换。电位器式传感器通常由一个滑动片和一个电阻体组成,电位器可以分为线性电位器和旋转电位器,分别可以用于线性和旋转位移的测量。电位器的工作原理基于电阻值的变化。导线的电阻方程为

$$R = \frac{\rho l}{s} \tag{4-5}$$

式中,R 为导体的电阻值,单位为 Ω;ρ 为导体材料的电阻率,单位为 $\Omega \cdot m$;l 为导体的长度,单位为 m;s 为导体的横截面积,单位为 m^2。

由电阻方程式(4-5)可知,电阻的阻值与导线长度成正比,因此可通过改变导线长度实现位移的测量。将被检测的目标物体连接到电位器的滑动片上,当目标物体移动时,会带动滑动片在导电体上移动,从而引起电阻值的变化。通过测量电阻值的变化,即可得到目标物体的位移信息。在实际应用中,大多数电路会测量电位器两端的电压而不是直接测量电阻值,如图4-9所示。线性电位器滑动片两端的电压 U 与位移量 l 成正比,即

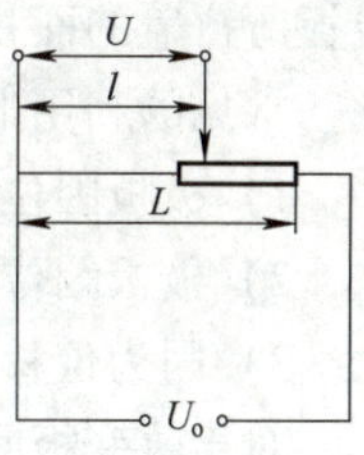

$$U = U_\circ \frac{l}{L} \tag{4-6}$$

式中,$U_\circ$ 为电位器两端的激励电压,单位为 V;l 为位移量,单位为

图 4-9 线性电位器电路原理图

mm；L 为满量程时的位移，单位为 mm。

由于磨损、抗冲击能力弱、温度敏感性等缺陷，电位器式位移传感器正向新型材料和结构等方向发展。

2. 电阻应变式位移传感器

电阻应变式传感器是一种基于电阻应变计为转换单元的传感器，当敏感元件发生机械变形时，其电阻值会发生改变，通过检测阻值的变化实现物理量的检测。应变是变形的度量，机械形变可以改变公式（4-5）中的电阻率或几何因子从而导致其阻值发生改变，这种电阻的应变敏感性就称作"压阻效应"。电阻应变计通常由金属丝、金属箔或半导体材料带组成，可以粘贴在敏感元件的表面上。

当应变片受到载荷作用发生形变时，电阻的变化 $\Delta R/R$ 与应变 ε 成正比。通过电桥等方式可以将电阻的变化转化为电压等电信号的形式输出，通过测量输出电信号的变化，可以得知待测物体产生的应变情况，从而实现对机械变形的测量和监测。如图 4-10 所示，电阻丝应变片首先将高电阻率的金属丝绕成栅网状（或者通过腐蚀工艺制成很薄的金属箔制栅）的敏感栅。将敏感栅粘贴在绝缘基片上，然后在电阻丝的两端焊接镀锡铜线作为引线。为了保护敏感栅，在其表面覆有一层保护膜。

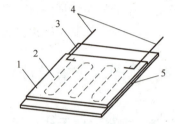

图 4-10　典型金属丝应变计结构组成
1—盖层　2—敏感栅　3—基底
4—引线　5—黏结剂

将位移通过弹性敏感元件转换为应变，就可利用应变片高精度测量位移。应变片式传感器具有灵敏度高、误差小、测量范围宽、使用方便、结构简单等优点。

电阻应变式位移传感器存在需要结构复杂的敏感元件、线性误差大、动态响应性能差、分辨率和敏感性有限等问题，正朝集成化和模块化等方向发展。

3. 电容式位移传感器

电容式位移传感器基于非接触式电容式原理，将微小位移转换为电信号。常见的结构由固定电极和与移动目标上固定的移动电极组成，当被测量位移发生变化时，会导致电容器的电容发生变化，从而引起输出电信号的变化。它具有结构简单、成本低廉、灵敏度高、适应性强、分辨率高、动态响应好等优点。

如果不考虑边缘效应，平行板电容器电容量 C 为

$$C = \varepsilon_0 \frac{\varepsilon_r A}{d} \tag{4-7}$$

式中，ε_0 为真空介电常数，$\varepsilon_0 = 8.854\times 10^{-12}$ F/m；ε_r 为极板间介质的介电常数；A 为两平行极板所覆盖的面积，单位为 m²；d 为两平行板间的距离，单位为 m。

常见的利用电容式传感器来检测线性位移有以下三种方式（图 4-11）：

1）极板因位移导致板间距 d 发生变化。
2）极板因位移导致重叠面积 A 发生变化。
3）因为位移导致极板间介质发生变化。

对于改变板间距的位移，如果间距 d 增加位移 Δd，电容变化 ΔC 与初始电容 C 的比值为

$$\frac{\Delta C}{C} = -\frac{d}{d+\Delta d} + 1 = \frac{\frac{\Delta d}{d}}{1+\frac{\Delta d}{d}} \tag{4-8}$$

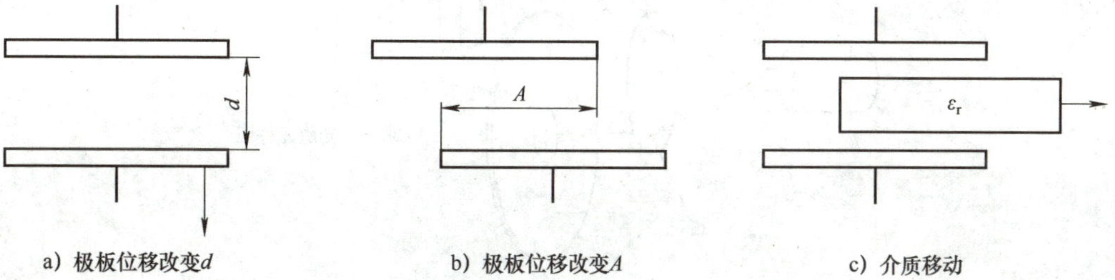

a) 极板位移改变d　　　b) 极板位移改变A　　　c) 介质移动

图 4-11　电容式传感器检测线性位移的三种方式

由此可知，电容变化 ΔC 与位移 Δd 之间存在非线性关系。非线性是影响传感器性能的重要因素，可以通过差动式结构解决，如图 4-12 所示，它由三个极板构成，上极板与中央板形成一个电容器，下极板与中央板也形成一个电容器。当发生位移时，中央板的移动造成两个电容值同时发生改变，如中央板向下移动时，与上极板的间距增加，与下极板的间距减小，即两个电容值 C_1 和 C_2 同时发生改变。

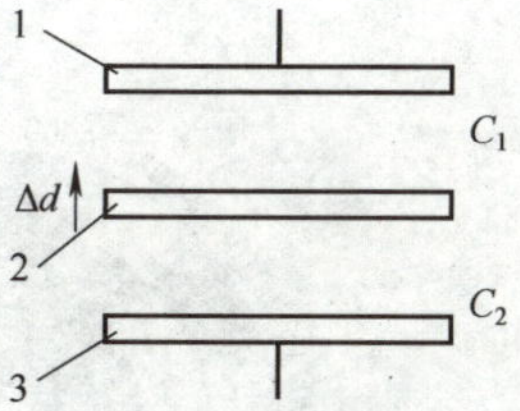

图 4-12　电容式传感器的差动结构
1—上极板　2—中央板　3—下极板

因此有

$$C_1 = \varepsilon_0 \frac{\varepsilon_r A}{d+\Delta d} \tag{4-9}$$

$$C_2 = \varepsilon_0 \frac{\varepsilon_r A}{d-\Delta d} \tag{4-10}$$

电桥的布置是将 C_1 布置在交流电桥的一条臂上，而将 C_2 布置在另一条臂上，产生的不平衡电压与 Δd 成正比。

电容式位移传感器受温湿度等环境因素影响大，如极板表面凝结的水珠可能影响电容的参数。此外电容式位移传感器还存在测量范围不大、成本高等问题。电容式位移传感器正朝着小型化、高精度、多功能集成等方向发展。

4. 光电编码器式位移传感器

光电编码器基于光电转换原理，将目标物体的几何位移量转换为脉冲或数字量。光电编码器可分为增量式和绝对式两类。增量式编码器输出与几何位移量相关的脉冲数，无法直接得到编码器的绝对位置。绝对式编码器能够在任意位置输出唯一编码值，直接得到编码器的绝对位置。

增量式编码器将刻有规律黑色条纹的圆盘放置在光源前，当圆盘转动时，这些交变的光信号变换为一系列电脉冲，通过光敏元件检测这种光信号变化。码盘式编码器结构如图 4-13 所示，它由光源、透镜、码盘、窄缝、光敏元件组等组成。与增量式编码器不同的是码盘上的线条图形。

如图 4-14 所示，码盘由光学玻璃基板和刻在基板上的同心圆形轨道码道构成，码道按照一定编码规律（二进制、十进制、循环码等）分布亮区和暗区，光敏元件组在亮区和暗区的作用下输出"1"和"0"信号。根据角度对应的特定编码可以确定旋转角位移。盘上的道数决定了编码器的分辨率，10 道数可以达到 2^{10} 分辨率，约为 0.352°。

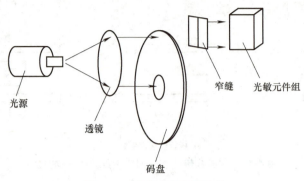

图 4-13　码盘式编码器结构

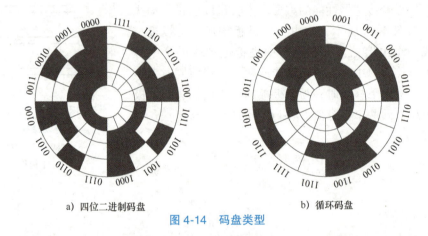

a) 四位二进制码盘　　　　　　　b) 循环码盘

图 4-14　码盘类型

如图 4-14a 所示，两个连续的二进制编码可能存在多个位数的变化，如从 1100 到 1011。因为有多个位数的变化，错位的概率增大，可以通过格雷码来解决这一问题。格雷码也称为循环二进制码或反射二进制码编码，其特点是相邻的两个二进制数目之间只有一位会发生变化，如图 4-14b 所示。普通二进制码与格雷码的区别如图 4-15 所示。

光电编码器式位移传感器已被广泛应用于机器人领域，但其成本相对较高，需要较高的环境保护等级，信号处理较为复杂。光电编码器式位移传感器正朝着高可靠、高稳定、智能化等方向发展。

5. 感应同步器

感应同步器是一种电磁式位置检测元件，基于两个平面类型绕组的互感随位置不同而变化的原理实现位置检测。按感应同步器的结构特点可以将其分为直线式和圆盘式（旋转式）两种。直线式感应同步器用于测量直线位移，由定尺和滑尺组成。圆盘式感应同步器如图 4-16 所示，主要由定子和转子组成，用于测量角位移。当感应同步器在磁场中移动时，绕组会产生感应电流，该感应电流将在感应同步器中产生相应的感应电动势。机器人系统可以根据感应电动势的值获取转角位移量。其中，两两导体组之间的距离 τ 称为极距，导体组组成了转子-连续绕组。

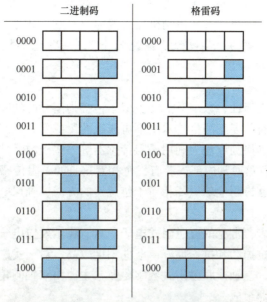

图 4-15 普通二进制码与格雷码的区别

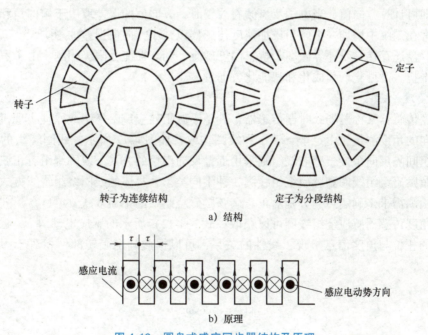

a) 结构

b) 原理

图 4-16 圆盘式感应同步器结构及原理

感应同步器容易受环境和外力的干扰,造成精度下降,且价格较高,安装和维护难度大。感应同步器正朝高性能、智能化、集成化等方向发展。

4.2.2 机器人姿态传感器

机器人姿态传感器常用于检测机器人本体及其相关部件与地面之间的相对关系,在自主导航、平衡控制和精确操作等应用中起着举足轻重的作用。例如,移动式机器人在作业过程中，位置和姿态都会随时间不断变化，为防止机器人本体与环境和目标发生碰撞，必须实时检测机器人本体及其部件的姿态，并控制机器人能够及时进行必要的姿态调整。机器人姿态的感知可以结合机器人位置传感器实现。除此之外，还包含电子罗盘和磁角度传感器等传感器。

1. 电子罗盘

电子罗盘又称电子指南针、数字罗盘，类似于传统指南针的功能，是一种用于指示方向的传感器，是机器人导航和姿态测量技术中不可或缺的组成部分。配备电子罗盘的机器人能获得方向或姿态信息，其检测原理为利用磁阻传感器等一些磁敏元件测量地球磁场强度和方向。例如，MEMS 电子罗盘通常内部安装有三个相互垂直的磁阻传感器，以确保即使在传感器非水平放置时，仍能够检测地球磁场相对于传感器的方向，确保电子罗盘能够在任意姿态下指示方向。

电子罗盘的类型很多，常见的有磁阻式电子罗盘、霍尔效应电子罗盘等，其中三轴捷联磁阻式数字磁罗盘因其抗摇动和抗振性好、航向精度较高、对干扰磁场有电子补偿等优点而广泛应用于机器人领域。三轴捷联磁阻式数字磁罗盘主要由双轴倾角传感器、三个互相垂直的磁阻传感器和微控制器组成。

当电子罗盘水平放置时，即俯仰角和倾斜角均为零时，只需使用地磁场在 X 轴和 Y 轴上的分量即可计算方向值；当电子罗盘倾斜放置时，方向值的误差取决于俯仰角和倾斜角的大小。通常在系统中增加一个倾角或加速度传感器以减小方向值误差的影响。

电子罗盘还存在易受外界磁场干扰、温度敏感、动态性能受限等问题。电子罗盘正朝高性能、抗干扰、微型化、集成化和智能化方向发展。

2. 磁角度传感器

磁角度传感器又称磁场式时栅传感器，其基于磁阻效应或磁场感应原理实现机器人相对于参考方向的角度测量，由定子、转子和线圈构成，如图 4-17 所示。线圈绕组的绕线多采用励磁绕组间隔反向串接，感应绕组则采用逐槽反向串接的方式。线圈绕组有正弦励磁绕组线圈、余弦励磁绕组线圈和感应绕组线圈 3 种不同类型。具体的线圈绕组绕线方式选择应根据实际的检测需求来确定。当分别对正、余弦励磁绕组线圈中通入式（4-11）形式的励磁电流时，磁角度传感器感应绕组线圈可以获取如式（4-12）所示的感应电动势 e。磁角度传感器信号中的相位与角度信息呈现了线性的关系，可以据此确定旋转部件相对于固定部件的角度。

$$\begin{cases} i_s = i_A \sin\omega t \\ i_c = i_A \cos\omega t \end{cases} \tag{4-11}$$

$$e = -N_0 \frac{d(N_1 i\Lambda \cdot \sin\alpha)}{dt} = -N_0 N_1 \Lambda \frac{di}{dt} \cdot \sin\alpha \tag{4-12}$$

式中，i_s 和 i_c 分别为正弦激励绕组的激励电流和余弦激励绕组的激励电流，单位为 A；i_A 为励磁电流幅值，单位为 A；ω 为励磁电流角频率，单位为 rad/s；N_0 与 N_1 分别为定子与转子的绕组匝数；Λ 为励磁绕组的磁阻系数，单位为 Ω；i 为两项激励电流之和；α 为偏差角度，单位为 rad。

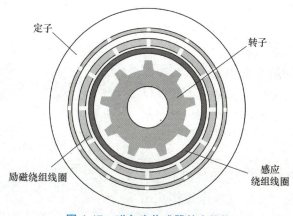

图 4-17 磁角度传感器基本结构

4.3 机器人运动传感器

智能机器人感知自身在空间中的速度、加速度等运动信息是依靠运动传感器实现的。运动传感器通过测量这些信息为智能机器人的精确控制提供了数据支持，通过对自身运动状态以及周围环境的实时运动感知，帮助智能机器人做出相应的实时动作调整和规划。

根据被测量不同，机器人中的运动传感器可以分为速度传感器、加速度传感器和姿态传感器等；根据其测量原理不同，运动传感器可以分为光学传感器、磁学传感器、惯性传感器、声学传感器等；根据检测方式不同，运动传感器可以分为接触式传感器和非接触式传感器；根据传感器的配备位置的不同，运动传感器可以分为机体固定型传感器和环境固定型传感器等。

4.3.1 机器人速度传感器

机器人速度传感器是机器人系统中不可或缺的感知手段，其将运动部件的转速或线速度转换成电信号，帮助机器人实现高精度的速度控制，以及机器人关节控制、运动规划、速度控制、安全防护等功能。

1. 光电编码器式机器人速度传感器

如上节所述，光电编码器能有效地检测位移和角度等信息，结合时间信息可以进一步检测速度等信息。这种类型的传感器具有较高的分辨率和精度，能够用更小的脉冲数（编码单位）检测机器人速度的变化。

2. 测速发电机式机器人速度传感器

测速发电机是一种基于电磁感应和动能转换原理的速度传感器。测速发电机的励磁绕组产生脉动磁场，当机器人的旋转关节或轮式机构带动测速发电机的转子机械旋转运动时，会带动转子切割脉动磁场，产生与转速成正比的感应电动势。因此，机器人的转速可以通过检测测速发电机的输出绕组产生的电动势获得。测速发电机可以分为可变磁阻测速发电机和交流发电机型两大类。

1）可变磁阻测速发电机主要由缠绕在永磁体上的铁磁材料齿轮和拾波线圈（与被测的

旋转轴相连接）组成，如图4-18所示，基于电磁感应定律实现速度的测量。当被测旋转轴旋转时，铁磁材料齿轮的齿经过拾波线圈时，拾波线圈和齿轮之间磁路的磁阻发生变化，拾波线圈所处磁场的磁通量也发生变化。转速越快，在拾波线圈中产生交变电动势越大。可以通过整形电路实现交变电动势转化为脉冲信号，并结合脉冲计数等处理方法实现速度的准确测量。

2）交流发电机型的测速发电机类似于感应电机，主要由处在固定永磁体（或电磁体）磁场中的转子线圈组成。转子线圈与被测的旋转轴连接，当转子线圈旋转时，切割磁力线会感应出交变电动势。通过测量交变电动势的振幅或频率实现转速的检测。

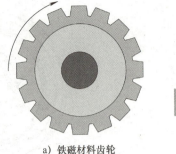

a）铁磁材料齿轮　　b）拾波线圈

图4-18　测速发电机结构示意图

测速发电机式机器人速度传感器存在结构复杂、体积大、精度不高等问题。测速发电机式机器人速度传感器正朝智能化和数字化等方向发展。

4.3.2　机器人加速度传感器

加速度有多种测量方法。例如，可以不采用专用的加速度传感器，由速度测量进行推演，但由于信噪比的下降，这种方法很难获得满意的测量结果。基于牛顿第二定律，当机器人受到加速度作用时，传感器内部的质量块受到力的作用发生位移，通过位移传感器可以实现质量块位移的测量，从而实现加速度的测量。

机器人加速度传感器是用于测量物体加速度的器件，通常由质量块、弹性元件、敏感元件、阻尼器和调节电路组成。目前应用最多的是电容式加速度传感器，它基于电容极距变化原理通过MEMS工艺制成，具有功耗小、集成度高等优点。电容加速度传感器采用两个极板，其中一个极板为固定极板，另一个极板为弹性膜片构成的活动极板。当机器人受到加速度作用时，加速度传感器的活动极板发生位移，使得两个极板之间的电容值发生变化。通过信号处理电路将这种电容的变化转换为电压信号输出，此电压输出信号的变化反映了加速度的变化。

加速度传感器的种类很多，按照检测的轴数可以将加速度传感器分为单轴式、两轴式和三轴式；按照工作原理可以将加速度传感器分为压电式、电阻应变式、电感式、电容式、伺服式等；按照检测方式可以将加速度传感器分为振弦式、振梁式、摆式积分陀螺式、振动式等；按照支承方式可以将其分为挠性支承式、气浮式、液浮式、磁悬浮式、静电悬浮式等。

随着微电子技术的发展，MEMS加速度传感器已经得到了广泛的应用。这种传感器具有体积小、重量轻、成本低、功耗低、可靠性高等特点，适合在智能机器人各个领域中使用。MEMS加速度传感器存在容易受地磁干扰影响、温度灵敏度高、稳定性不佳等问题。机器人加速度传感器正朝着多功能化、高性能、高稳定和智能化方向发展。

4.3.3　机器人角速度传感器

陀螺仪是一种常见的角速度传感器，它利用高速旋转体的动量矩来检测相对惯性空间的角运动，常用于智能机器人系统中实现旋转速度和方向检测，帮助机器人实现精准的姿态控制。常见的陀螺仪可以分为压电式、微机械式、光纤式和激光式等。

陀螺仪基于角动量守恒定律，当其高速旋转时，旋转轴可在不受外力影响时保持稳定，如图4-19所示。陀螺仪中心的转子保持高速旋转，在未受外力影响时转子上的旋转轴会保持稳定不变，陀螺仪依靠这种稳定性感知方向。陀螺仪外部的万象坐标系与机器人本体固连，并随着机器人本体姿态的变化而随时改变方向，因此机器人本体的旋转状态可以通过检测旋转轴在万象坐标系中的姿态获得。

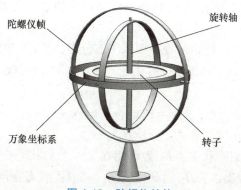

图 4-19 陀螺仪结构

角动量守恒使得陀螺仪可维持其旋转轴稳定定向，而进动现象是陀螺仪能够用于测量和维持方向的基础。当机器人的姿态变化导致陀螺仪的支架倾斜时，由于转子角动量守恒，转子将绕着垂直于旋转轴和倾斜方向的轴进行旋转，即转子会相对于支架产生进动。由牛顿旋转定律可知，任何给定角动量随时间的变化率等于施加在该轴上的转矩。设输入轴施加转矩为 T，转子的速度 ω 保持不变，则旋转轴相对于输出轴的转速与施加的转矩之间的关系可以表示为

$$T = I\omega\Omega \tag{4-13}$$

式中，Ω 为相对输出轴的角速度，单位为 rad/s；I 为陀螺仪转子相对于旋转轴的转动惯量，单位为 $kg \cdot m^2$。

实际的应用中，陀螺仪常与加速度计和磁力计结合使用，实时感知机器人的旋转速度和方向，以此实现更准确的姿态控制，保证机器人准确感知环境。陀螺仪还常与GPS、里程计等传感器组合使用，使得机器人能够精准感知自己的位置和方向，为精准定位和导航做好信息准备。陀螺仪因其高精度、高稳定性和可靠性等优点在机器人领域广泛应用。机器人系统中的陀螺仪还存在对外部环境中的温度和振动敏感、存在漂移和累计误差等问题。陀螺仪正朝着高性能、微型化、智能化、多传感器融合等方向发展。

4.3.4 基于卡尔曼滤波的运动学传感器抗噪应用案例

噪声无处不在，且在信息获取过程中噪声不能完全被消除，只能最大限度地消除噪声的干扰。在机器人运动学传感器测量过程中，常见的噪声包括固有噪声和外部噪声两种。其中，固有噪声是指由信号处理电路自身引起的噪声，而外部噪声则是因为电路外部原因产生的噪声。

1. 卡尔曼滤波原理

卡尔曼滤波是一种高效、适应性强的动态系统状态估计的算法，是鲁道夫·E·卡尔曼

(R. E. Kalman）针对阿波罗计划中的轨迹预测问题提出的一种滤波理论。卡尔曼滤波在处理传感器含噪声的输出数据时表现突出，被广泛应用于传感器的抗噪，对感知系统中的扰动噪声进行实时在线处理。卡尔曼滤波基于线性动态系统的状态空间表示法，假设过程噪声和观测噪声均为高斯分布，通过不断的迭代，对目标状态量的预测值和状态值进行分析和处理，以消除噪声。卡尔曼滤波使用上一次迭代得到的最优结果来预测本次输出值，并利用本次的观测值对预测值进行修正。其基本步骤主要为预测和更新，预测是指使用先前的状态来推测当前状态，而更新是指使用新的测量值来修正更新，再重新估计状态和估计的不确定性。

假设机器人传感器检测过程中的噪声服从正态分布，且每一时刻的噪声相互独立，第 k 时刻的真实状态根据第 $k-1$ 时刻状态预测获得，第 k 时刻的状态 x_k 和第 k 时刻真实状态观测值 z_k 可以分别表示为

$$x_k = F_k x_{k-1} + B_k u_k + w_k \tag{4-14}$$

$$z_k = H_k x_k + v_k \tag{4-15}$$

式中，x_{k-1} 为第 $k-1$ 个时刻的状态；F_k 为作用在 x_{k-1} 上的状态变换矩阵；B_k 为控制矩阵；u_k 为控制向量；w_k 为过程噪声；H_k 为观测模型（将真实状态空间映射到观测空间）；v_k 为检测过程中存在的噪声。

考虑已经确定的外部控制因素，通过调整先前的传感器估计获得当前时刻的最优估计，并考虑原始的不确定性及外部环境的不确定性因素计算新的不确定性。设卡尔曼滤波器状态变量 $\hat{x}_{k|k-1}$ 和 $P_{k|k-1}$ 分别表示第 k 时刻的状态估计和后验估计误差协方差矩阵（度量估计值的精确程度），Q_k 是符合多元正态分布的过程噪声 w_k 的协方差矩阵。

其预测过程可以表示为

$$\hat{x}_{k|k-1} = F_k \hat{x}_{k-1|k-1} + B_k u_k \tag{4-16}$$

$$P_{k|k-1} = F_k P_{k-1|k-1} F_k^{\mathrm{T}} + Q_k \tag{4-17}$$

更新阶段通过传感器测量的观测值来获得更加精确的估计值。由于预测状态量和观测量的维度可能不完全相同，因此将它们同时转换到同一个向量空间中。假设观测值的分布均值为 z_k，测量残差协方差为 S_k。基于预测得到的分布与观测得到的分布，可以得到其重叠部分的高斯分布均值是 $F_k \hat{x}_k$，协方差为 $F_k P_k F_k^{\mathrm{T}}$，因此更新过程可以表示为

$$\hat{x}_{k|k} = \hat{x}_{k|k-1} + K_k y_k \tag{4-18}$$

$$P_{k|k} = (I - K_k H_k) P_{k|k-1} \tag{4-19}$$

$$K_k = P_{k|k-1} H_k^{\mathrm{T}} S_k^{-1} \tag{4-20}$$

$$y_k = z_k - H_k \hat{x}_{k|k-1} \tag{4-21}$$

式中，I 为单位矩阵；K_k 为最优卡尔曼增益；y_k 为测量残差。

在机器人传感器信号处理中，卡尔曼滤波可以用于估计物体的姿态和运动状态（如倾斜、旋转和方向等）。例如，通过卡尔曼滤波算法估计传感器的偏差和噪声，以校准机器人加速度计和陀螺仪等传感器的输出信号，从而提高传感器测量的准确性。

2. 基于卡尔曼滤波的传感器抗噪实现

定义机器人方位角传感器的状态变量 x 为方位角 θ 和角速度 ω，A 是方位角传感器上一个状态的状态变量到下一个状态的状态变量的状态变换矩阵。P 是初始误差协方差矩阵，在

预测和更新阶段会和状态变量 x 一样不断地进行迭代。Q 是过程噪声协方差矩阵。假设机器人传感器系统为时不变系统,不存在控制变量 u_k。测量噪声为高斯噪声,且不同的噪声之间相互独立。

如图 4-20 所示,在卡尔曼滤波的预测阶段,输入为上一时刻的方位角传感器的状态变量 x、初始的初始误差协方差矩阵 P,以及 Q 和 A(系统为时不变系统,故为恒定常量)。根据系统的动态模型预测,建立方位角 θ 和角速度 ω 之间简单的线性关系。根据上一时刻的方位角传感器的状态变量预测出下一个状态的状态变量,同时针对新的状态,对初始误差协方差矩阵 P 进行预测。

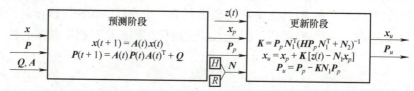

图 4-20 单次卡尔曼滤波器工作流程图

在卡尔曼滤波的更新阶段中,用到了方位角传感器的实际观测值来校准预测过程得到的状态变量和初始误差协方差矩阵。更新过程输入为预测过程得到的 x_p 和 P_p,恒定常量观测模型 H 和测量噪声协方差矩阵 R 组成了矩阵 N,$z(t)$ 为方位角传感器的实际测量值。K 为卡尔曼增益,卡尔曼增益的计算基于预测误差协方差矩阵、观测矩阵以及测量噪声协方差矩阵,它决定了测量值对最终的状态估计的影响程度。基于最优的卡尔曼增益对状态变量进行最后的更新,参考式 (4-18),最终得到一次迭代过程中的较为精确的状态变量。在多次的迭代过程中,卡尔曼滤波器可以递归地处理方位角传感器每一个状态的观测值,并提供更为精确的方位角传感器状态变量,有效地减少了传感器噪声的干扰。

在了解卡尔曼滤波的基本原理之后,便可以在 MATLAB 中设计一个具体的函数来实现卡尔曼滤波的功能。

```
%定义卡尔曼滤波 MATLAB 函数
function [x_pre, P_pre, x_upd, P_upd] = kalman_filter(A,H,Q,R,x_init,P_init,z)

    % 卡尔曼滤波的预测过程
    x_pre = A * x_init;
    P_pre = A * P_init * A'+ Q;

    % 卡尔曼滤波的更新过程
    K = P_pre * H'/ (H * P_pre * H'+ R);
    x_upd = x_pre + K * (z - H * x_pre);
    P_upd = (eye(size(A)) - K * H) * P_pre;
end

% 定义多次迭代的卡尔曼滤波 MATLAB 函数
function [x_pre, P_pre, x_upd, P_upd] = kalman_filter_iterative(A, H, Q, R, x_init, P_init, z)
    x_pre = A * x_init;
    P_pre = A * P_init * A'+ Q;
```

```
K = P_pre * H'/ (H * P_pre * H'+ R);
x_upd = x_pre + K * (z – H * x_pre);
P_upd = (eye(size(A)) – K * H) * P_pre;

% 迭代过程,使用上一步的状态估计作为新的初始状态估计
x_init = x_upd;
P_init = P_upd;
end
```

随着时间的推移,为了继续提供 x_u 和 P_u 的丰富估计(后验),这个函数需要递归地执行。从一个迭代得到的 x_u 和 P_u 作为 x 和 P 前馈到下一个迭代的预测阶段。虽然第一次迭代的执行没有"以前的" x_u 和 P_u 可用,但是第一次迭代必须提供根据所考虑的情况定义的初始值。

4.4　机器人测距传感器

机器人测距传感器是一种用于测量物体与机器人之间的距离或位置的检测设备。常见的机器人测距传感器有超声波测距传感器、激光测距传感器、红外线测距传感器和毫米波雷达测距传感器等。这些传感器具有非接触测量、快速响应、易于集成和高度可定制性等多重优势,在机器人的导航、定位、避障和抓取等工作中起着关键作用。由于测距传感器种类和型号繁多,在实际的选型时应结合智能机器人的应用场景和任务类型,综合考虑测量范围、精度要求、响应速度、环境适应性和性价比等因素。

4.4.1　超声波测距传感器

1. 超声波简介

超声波是频率超过 20kHz 的特殊的声波,其波长短(在几毫米到几厘米之间)、能量集中(在小范围内产生较强的声压),在空气中由于吸收和散射衰减迅速,但是在固体或液体传播过程中具有很好的方向性和穿透力,传播距离较远,在军事、农业、工业以及日常生活中有广泛的应用,常用于测速、测距、消毒杀菌、清洗以及焊接等应用场景。例如,在医学领域中,超声波在 B 超、超声心动图、碎石和杀菌消毒等方面发挥重要作用;在工业领域中,超声波被广泛应用于工件探伤、非接触式测量、焊接、清洗、切割等工作。此外,超声波还具有反射特性,能引发干涉、叠加和共振现象。它在液体介质里传播时,液体界面上易发生空化现象。

2. 超声波测距原理

超声波测距传感器常用的超声波测距方法包括相位检测、声波幅值检测、脉冲计数法以及时间差检测等方法。在这些方法中,时间差测距法因其稳定性和适用性成为超声波测距传感器中广泛应用的方法。相位检测法精度高,但测量范围和实时性相对有限。脉冲计数法对硬件设计和实时性要求较高。声波幅值检测法会因介质特性的不同而产生不同的效果。在实际的应用中应结合具体的应用场景进行选择。

超声波传感器基于声波发射接收信号的时间差和声波的传播速度恒定实现距离的探测。

如图 4-21 所示，超声波传感器发射器发出超声波，这些声波遇到环境中的障碍物时会发生反射，反射回来的声波被传感器接收器捕捉并转化为电信号，通过精确记录发送和接收声波的时间间隔，可以利用声波在介质中的传播速度计算出目标物体与测量设备之间的距离为

$$L = \frac{vt}{2} \tag{4-22}$$

式中，L 为目标物体与测量设备之间的距离，单位为 m；v 为声波在空气中的传播速度，$v \approx 340 \text{m/s}$；t 为发送和接收声波的时间间隔，单位为 s。

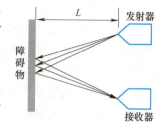

图 4-21　超声波测距原理图

常见的机器人超声波传感器工作频率为 20kHz～1MHz 之间。超声波传感器原理简单、技术成熟、性价比高，被机器人系统广泛应用。但超声波传感器存在波束角较大，难以保证位置检测精度，以及性能受环境温湿度影响、存在测距盲区等问题。机器人超声波测距传感器正朝着数字化、集成化、智能化和网络化等方向发展。

3. 超声波测距传感器的应用

在智能机器人系统中，由于超声波传感器传送不受光线和色彩等环境因素的影响，适用性强，作为一种非接触式检测手段常被机器人系统用于障碍物探测、距离检测、避障导航和环境建模等。

超声波传感器在家居服务机器人、巡检机器人、物流机器人（AGV）、地面清扫机器人、移动机器人中的主要应用是测距和避障。这些机器人配备超声波传感器可以获取其在环境中与障碍物的距离信息，如在机器人前面和双侧配备超声波传感器组成测距系统，从而实时感知所处的周围环境，获得可以通行的安全路径，结合避障和路径规划算法在未知环境中有效地行走。在工业机器人领域，超声波传感器可以安装在流水线上检测工件的数量、尺寸和位置，为自动分拣或装配等机器人作业任务做好准备工作。Sonair 公司 2024 年发布了一款基于新型 3D 超声波传感器的物流自主移动机器人，基于波束成形和相应的障碍物识别算法，将超声波传感器的测距从二维扩展到三维，能够检测机器人环境 180°×180° 视野范围内障碍物的距离和方向，分辨率达 1cm（最大范围 5m），3D 超声波传感器能以高性价比代替激光雷达传感器在三维空间检测障碍物，结合 2D 相机和智能算法，实现三维环境空间信息的实时获取。

超声波测距传感器在智能机器人系统中的运用提高了智能机器人的环境适应性、自主性和灵活性，为智能机器人在复杂非结构化环境中智能自主工作提供了保障。

4.4.2　激光测距传感器

1. 激光简介

1917 年，爱因斯坦提出受激辐射理论，为激光的产生奠定了基础。1960 年，梅曼研制了第一台红宝石激光器，获得了第一束激光，标志着激光技术的正式诞生。随后，氦氖激光器和砷化镓半导体激光器被研制出。2013 年，南非国家激光中心研究人员开发出首台数字激光器，标志着激光应用进入了新的发展阶段。

激光是一种基于受激辐射原理产生的高度一致光子束（光频辐射），其亮度高、单色性好、方向性好、相干性好，被广泛应用于材料加工、医学诊疗、激光扫描、激光雷达、激光

制导和武器等诸多应用领域。

光的本质在于它是由一系列具有明确能量和动量的微小物质粒子（光量子或光子）构成的。这些光量子或光子不仅定义了光的特性，还承载着光的能量和动量。激光可以看作是一种具有高光子简并度的光频辐射。光子的能量和动量与其所对应的特定光的频率或波长紧密相连，这一特性使得光子既呈现出粒子的性质，又展现出波动的特性。在与物质相互作用的情境中，光子的粒子性质尤为显著；而在光的传播过程中，其波动性质则更加突出。这种粒子性与波动性的对立统一，正是光的波粒二象性所揭示的深刻物理原理。

2. 激光测距原理

激光测距技术作为一种高精度测量技术在机器人领域中广泛应用。典型的激光测距系统由激光发射部件、接收部件、电源以及控制系统等关键组件构成。它利用激光发射部件向环境目标发射脉冲或连续波激光，同时测量激光从发射到接收的时间差或其他特征信号来准确计算机器人与环境目标之间的距离。常用的激光测距技术包括相位式激光测距、脉冲式激光测距以及三角法激光测距。这些技术的应用使得激光位移传感器在智能机器人领域发挥着重要作用，为距离测量提供了精确、可靠的数据支持。

（1）相位式激光测距 相位式激光测距技术利用幅度调制技术对激光束进行精细的调制，并通过精确测量调制激光在往返机器人与环境目标中所产生的相位差来获得两者之间的距离。如图4-22所示，相位式激光测距技术通过计算相位变化推算激光从发射到接收的时间差，进而得出目标物体与测量仪器之间的距离，实现机器人与障碍物之间距离的高精度测量。相位式激光测距技术能够达到毫米甚至微米级别的测量精度，在机器人系统中被广泛应用于中短距离的测量。

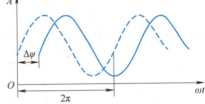

图4-22 相位式激光测距原理图

设光在空气中传播的速度为 c，调制信号的周期时间为 T，发射与接收激光波形的相位差为 $\Delta\psi$，机器人与障碍物之间的距离可以表示为

$$2D = \Delta\psi c \frac{T}{2\pi} \tag{4-23}$$

（2）脉冲式激光测距 脉冲式激光测距传感器通常由激光器、光学透镜、光电探测器、信号处理电路和其他部件组成。激光器发出短且具有高度方向性和单色性的激光脉冲，这个激光脉冲通过光学透镜照射到环境中的目标上，激光脉冲在目标上发生漫反射后，被目标物体反射回来，反射回来的激光脉冲经接收光学透镜被捕获在激光接收系统的光电探测器内，该探测器负责将接收到的光信号转换成相应的电信号。通过精细测量激光发射瞬间与回波信号被接收瞬间之间的时间间隔，结合光速这一已知数值，可以准确计算出目标物体与激光发射源之间的具体距离。

脉冲式激光测距方法测量距离远、速度快，但也受多种因素影响，如激光脉冲的上升时间、接收器的带宽、时间测量的精确度等，直接关系到机器人系统最终距离测量的准确性。

（3）三角法激光测距 三角法激光测距是一种基于激光束的直线传播特性（空间中传播很远的距离而不发生明显的散射和衰减）和三角形的几何关系来实现障碍物距离测量的方法。激光器发射出的激光束首先通过透镜进行聚焦，然后发射到待测障碍物上。待测障碍物反射回来的光线接着由透镜捕获，并被投射至CCD（电荷耦合器件）阵列传感器上。

CCD 阵列上的光斑位置由微处理器进行分析，由于物体的距离不同，反射回来的激光束投射在 CCD 线性传感器上的角度也不同，微处理器利用三角函数关系计算出 CCD 阵列上光斑的位置变化，进而获得障碍物的精确距离。

三角法激光测距的测量精度高，适用于远距离测量，但也存在工作距离较小、对目标表面条件敏感、数据处理较复杂等问题。激光测距传感器正朝高实时性、高精度、智能化等方向发展。

3. 激光测距传感器在机器人系统中的应用

激光测距传感器在智能机器人系统中获得了广泛的应用，如机器人室内导航和避障、姿态控制、无人巡检、物料定位、安全监控、智能物流等。相较于其他测距技术，激光测距技术具有以下优点：

1）精度高。激光具有高度的单色性和方向性，其激光束为短脉冲（纳秒级）使其能测量较远距离的物体，所以测量结果误差小，可以实现毫米级别甚至更高精度的测量。

2）分辨率高。激光束极其狭窄且脉冲距离短，使得激光测距仪在各个方向上都能实现极高的目标分辨率。这种高分辨率的特性使得机器人能精确捕捉目标物体的细节，为各种应用场景下的导航和避障提供了可靠的数据支持。

3）抗干扰能力强。由于采用激光束作为测量介质，激光测距的光束具有极高的方向性和单色性，能够在复杂环境中稳定传播，保证测量结果不易受到外界光线的干扰，即使在光照强烈或照明复杂的环境中也能保持高精度测量结果。

4）可靠性高。激光测距仪在恶劣天气条件下的表现更为出色。激光测距传感器具备激光功率控制等多种安全防护措施。

5）功能多。除距离测量外，激光测距技术还可以实现面积、容积、间距等连续测量功能，使得激光测距能满足机器人领域中的不同需求。

大多数机器人通过配置了激光测距传感器，结合相应的智能算法，实现机器人周围环境感知（障碍物的位置、距离和形状检测）、地图构建（利用激光测距传感器构建环境的二维或三维地图）、定位与导航（利用激光测距传感器进行自身定位，并规划最佳路径）、障碍物检测与避障（激光测距传感器实时检测机器人前方的动态障碍物，并根据障碍物的位置和距离进行避障）、目标跟踪和路径跟随等功能。

4.4.3 红外测距传感器

红外测距传感器是一种利用红外线反射原理对障碍物距离进行测量的测量装置，它通过红外线的传播特性来实现对目标距离的精确测量。按照探测原理，红外测距传感器可以分为光子探测器和热探测器两大类。光子探测器的工作原理是通过捕捉和感知红外辐射中的光子，从而识别和探测目标物体的。由于其精度和灵敏度高，这类传感器在光谱分析和目标识别领域得到了广泛的应用。热探测器则是基于测量目标物体发出的热量实现目标探测的，即利用物体温度的变化转化为电信号，从而实现对目标物体的探测。热探测器在热成像和热识别领域中发挥着关键作用，尤其在需要快速检测和识别温度变化的应用中表现突出。

常见的红外测距传感器由红外发射器、红外接收器和信号处理模块组成，如图 4-23 所示，红外发射器发射特定频率的红外光线，当这些光线接触到目标物体后发生反射，红外接收器接收这种频率反射回来的红外光线，经信号处理模块计算光线发射与接收之间的时间间隔，获得机器人与目标物体之间的距离。这种传感器适用于各种表面，具有可远距离测量和高频率响应的优点，适用于恶劣的环境。

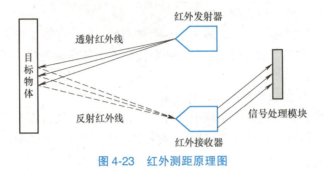

图 4-23 红外测距原理图

由于红外测距传感器具有非接触式检测、测量范围广、响应速度快等优点，在机器人系统中获得了较好的应用。然而，红外测距传感器也存在缺点，如受天气、气候等环境因素的影响，难以穿过玻璃、水等光学材料完成深度探测，价格较高等。红外测距传感器正朝着高灵敏、高精度、微型化、智能化等方向发展。

4.4.4 其他测距传感器

除了上述常见的机器人测距传感器外，智能机器人系统还广泛采用其他多种测距传感器以满足不同场景的需求。如基于视觉感知的测距传感器以其独特的优势备受瞩目。基于毫米波雷达的测距传感器也是重要的测距手段，它通过发射和接收毫米波信号来精确测量目标与机器人之间的距离，为机器人提供可靠的导航和避障能力。

多样化的测距传感器共同构成了智能机器人系统的"眼睛"，使其能够更加可靠地感知周围环境，实现更高级别的地图重建、自主导航和任务执行。传感器技术和信息获取技术的进步使测距传感器在精确性、小型化和性价比等方面得到了不断提升。未来的发展趋势包括：

1）提升测量精度，通过算法优化和传感器原理的突破提升检测的性能。

2）拓宽应用范围，将测距传感器应用到更多的场景中，结合机器人与环境中各个目标的距离信息，进一步获得更多的环境信息。

3）智能化集成，通过与人工智能算法和大模型等新技术的结合，提高智能机器人自主和决策的能力。

4.5 视觉传感器

4.5.1 视觉传感器分类及工作原理

人体约83%的信息是依靠视觉获取的，机器人视觉传感器作为人体视觉在机器人系统上的延伸，是机器人众多感知手段中最重要的之一。作为机器人的"眼睛"，视觉传感器能实时获取机器人工作环境中的视觉信息，辅助机器人完成目标检测、目标跟踪以及路径规划等一系列任务。

随着视觉技术的不断发展,视觉传感器的类型也愈加丰富。按照传感器上感光元件的数量,可以分为单目视觉传感器和多目视觉传感器;按照获取视觉信息的维度特性,可以分为 2D 视觉传感器和 3D 视觉传感器;按照传感器的布局方式,可以分为线阵式视觉传感器和面阵式视觉传感器等。常用的视觉传感器主要有二维图像传感器和 RGB-D 深度图像传感器。此外,随着视觉技术与测量技术的结合,红外传感器、超声成像传感器以及激光雷达等也可以呈现可视化图像。

二维图像传感器是指通过感光元件以图像形式获取外界视觉信息的设备。在图像采集的过程中,最重要的是要把实物尽可能真实地反映到成像芯片上去。选择合适的光源照射到需要拍摄的物体上,充分体现相应的视觉任务所需要的图像特征。CCD 是在机器视觉领域中被广泛使用的一种传感器芯片,通常以百万像素作为单位。CCD 作为一种捕捉图像的感光半导体芯片,被广泛应用于图像采集场景。类似于胶片工作的原理,物体本身的光线通过光路穿过镜头,并将其中包含的图像信息投射到 CCD 芯片上。CCD 成像的过程包含了光电转换、电荷贮存、电荷转移和读取信号四个过程。CCD 已经成为最为常用的成像器件之一。

如图 4-24 所示,当有光子射到 CCD 的光电转换层时,CCD 表面会产生电荷。每个 CCD 单元都是一个电容器,因此它能储存电荷。但当有电荷注入时,势阱深度将会因此变浅,因为它始终要保持极板上的正电荷总量恒等于势阱中自由电荷加上负离子的总和。

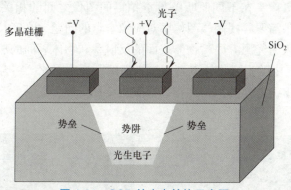

图 4-24 CCD 的光电转换示意图

CMOS(complementary metal oxide semiconducto)指的是互补金属氧化物半导体,CMOS 图像传感器从 20 世纪 70 年代初开始开发,其大规模使用约在 20 世纪 90 年代初期。将光敏元阵列、图像信号放大器、模/数转换电路以及图像信号处理器和控制器都集成在一块芯片上,构成了 CMOS 图像传感器。此种成像芯片在高分辨率和高速场合被广泛使用。

CCD 和 CMOS 两种图像传感器的光电转换原理相同,都是利用光电二极管进行光电转换,两者的区别在于读出信号的过程不同。两者相比,各有优劣。CCD 成像质量好,但速度慢、功耗大、价格高。CMOS 相对于 CCD 传感器功耗非常小,速度非常快,而且价格低廉。在手机、数码等行业,对图像传感芯片的需求量巨大,而 CMOS 的生产成本低,供应稳定,受到生产厂家的一致青睐,致使其生产制造技术得到不断改进和更新。随着 CCD 和 CMOS 图像传感器技术的不断进步,两者的性能差距越来越小。

目前通过图像传感器采集到的视觉图像一般有三种形式:二值图像、灰度图像和 RGB 图像。采集到的视觉图像通常是以 8 位二进制的形式存储,一些特殊领域也采用 16 位、

32位甚至更高位的形式存储。其中二值图像中指图像中的像素点只有两种类型，视觉表现为非黑即白，黑色像素点的数值为0，白色像素点的数值为255。灰色图像的像素值可取0~255，代表不同的灰色阴影程度。RGB图像的像素在取值上与灰色图像相同，但是它是一个三通道的，视觉表现为彩色的。

RGB-D深度图像传感器是在二维图像传感器的基础上，增加了一个深度图像。该图像的像素上包含了对应环境到相机平面的距离，通过结合RGB图像与深度图像，可以实现环境的三维点云重构。这类传感器一般有多个摄像头；单个摄像头用于采集二维图像，通过立体视觉（视差技术）的方法，计算多摄像头拍摄同一物体的图像之间的相关性获取深度图。以双目视觉为例，深度图像的构建通常包括三个步骤：

1）确定两幅图像上的对应点，即需要知道RGB图像中的某一点，对应到深度图像上是哪一个点。该过程的计算代价通常很高，并且一幅图像中的一些点在另一幅图像上可能不可见。

2）将两幅图像中相应的两个点进行平移，获取视觉差，即计算两幅视觉图像上对应点的像素坐标差。

3）使用三角测量法确定目标点到成像设备的距离，该过程需要事先测定两成像设备之间的相对位置与方向。

光度技术基于单摄像头在不同照明条件下拍摄的图像之间的相关性来实现深度图的构建，解决了视差方法中需要寻找两幅图像中对应像素点的问题。光度技术的核心在于图像上的像素点强度，它与入射光源方向、物体表面的反射率和物体表面的法向量有关。深度图像重点在于获取图像像素中的实际物体点到相机平面的距离，因此，结合现有的一系列测距技术，同样可以实现RGB-D深度相机的构建，目前主要有红外、超声、激光等方法。图4-25所示为RGB-D深度相机使用案例。

a) RGB图像

b) 深度图像

图4-25　RGB-D深度相机使用案例

4.5.2　标定方法

由于机器人依靠视觉传感器实现物体定位、识别、轨迹规划与避障等一系列任务，因此需知晓视觉传感器获取的空间信息相对于机器人而言的具体位置与姿态，这就需要对相机进行标定，即计算相机的内参矩阵和外参矩阵。

常用的标定方法有传统相机标定法、主动视觉相机标定法和相机自标定法。

1)传统相机标定法。这类方法一般需要依靠标定物(立体或平面)完成标定,目前常用的平面标定物主要有棋盘格、AprilGrid 等,如图 4-26 所示。这类方法主要有直接线性法、Tsai 两步标定法和张氏标定法等。

a)棋盘格

b)AprilGrid

图 4-26 各类平面标定板展示

2)主动视觉相机标定法。该方法通过在控制相机进行特定运动时拍摄多幅图像,并根据相机的运动信息与拍摄的图像信息求解相机的内外参数。这类方法通常是让相机做稳定平移或绕固定轴旋转等简单且信息已知的运动,鲁棒性好,但对实验条件要求比较高。

3)相机自标定法。这类方法主要包括分层逐步标定法和基于 Kruppa 的自标定法。前者通过射影重建和非线性优化逐步求得相机参数,而后者则利用二次曲线约束方程和至少三对点对来标定相机。这类方法比较灵活,但稳定性有待提高。

当获取了多张标定板的图像后(通过仅移动相机或仅移动标定板的方式),标定的计算过程可通过 MATLAB 或 OpenCV 调用相关代码实现。

图 4-27 所示为基于传送带的分拣系统中用到的五个坐标系。其中 F_C 为建立在相机标定棋盘格中的相机坐标系,XOY 平面与传送带平面重合;F_B 为传送带坐标系,传送带坐标系由相机坐标系绕 Z 轴旋转至 X 轴与传送带运行方向相同而来,并且不随传送带运动而移动,即世界坐标系;F_U 为相机坐标系沿传送带平移至上游线的上游线坐标系,只有过了上游线的物体才会被机器人拾取;F_D 为下游线坐标系,为保证操作安全,超过下游线的物体将不再被机器人拾取;F_R 为机器人基坐标系。

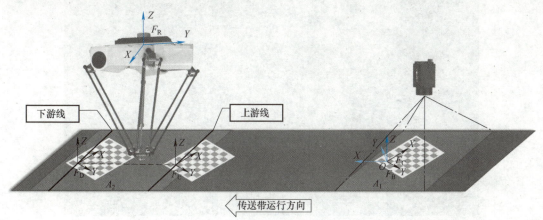

图 4-27 基于传送带的分拣系统中用到的五个坐标系

在分拣系统运行时,传送带以一个恒定速度将物体从右端传送至左端,此过程中传送带上的物体先后经过相机拍摄区域 A_1 和机器人工作区域 A_2，这两个区域是通过传送带联系而相互不重叠的，同时该系统安装了一个编码器在传送带上，用于测量传送带的移动距离。相机以固定帧率拍摄传送带上的图像，先进行处理得到图像中以像素坐标表示的物体位置点 P^*，然后经过式（4-24）~式（4-26）的变换得到机器人坐标系下的表示，最后机器人对目标进行抓取或吸附。

$$P = H(P^*) \tag{4-24}$$

$$R = \begin{bmatrix} \cos\beta & -\sin\beta & 0 \\ \sin\beta & \cos\beta & 0 \\ 0 & 0 & 1 \end{bmatrix} \tag{4-25}$$

$$P_R = T_B^R T_C^B(\Delta E) \begin{bmatrix} R & P \end{bmatrix} \tag{4-26}$$

式中，P_R 为传送带上物体在机器人坐标系下的坐标；T_B^R 为传送带坐标系到机器人坐标系的齐次变换矩阵；T_C^B 为相机坐标系到传送带坐标系的齐次变换矩阵；ΔE 为编码器测量的位移量；$H(P^*)$ 为图像坐标系到相机坐标系的转换函数；β 为物体在相机坐标系下的偏转角度。

因此标定目标就是获得 T_B^R、$T_C^B(\Delta E)$ 和 $H(P^*)$。标定目标的流程如下：

1) 校准相机。如图 4-28a 所示，将校准棋盘格平放在传送带上的摄像机视场中并拍摄一张照片，然后改变棋盘格的位置并拍摄另一张照片，重复该过程直到拍摄了 10 张不同的照片。为确保相机像差得到良好校准，棋盘格应尽可能覆盖整个视场（field of view，FOV）。同时将当前的编码器计数值记录为 E_0。

2) 标定机器人。起动传送带，将上一步最后拍摄的棋盘格传送到机器人操作区，当棋盘格中确定的点 1（棋盘格首点）与人工划定的上游线重合时，传动带停止。然后用演示器操作机器人的末端依次触碰棋盘格中确定的 4 个点。如图 4-28b 所示，分别得到机器人坐标系和摄像头坐标系下 4 个点的值 P_{R_i}，$P_{U_i}(i=1,2,3,4)$，在此过程中传送带上的棋盘格应保持不动。同时将当前的编码器计数值记录为 E_1。

a) 标定操作界面

图 4-28 校准操作

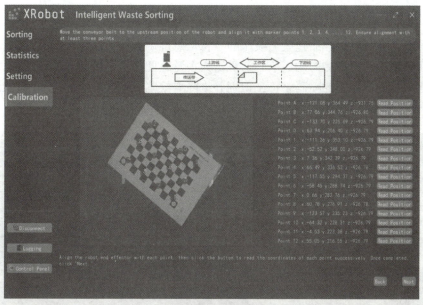

b）校准上游线对准的4个点

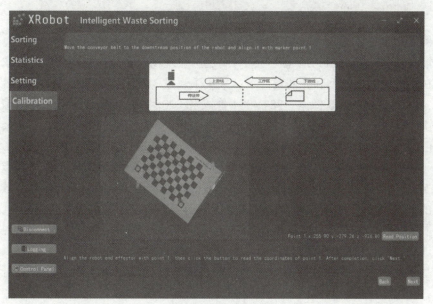

c）校准下游线对准的点1

图 4-28　校准操作（续）

3）标定传送带。再次起动传送带，让棋盘格继续向下游移动，直到棋盘格中确定的点 1 与人为划定的下游线重合，然后停止传动带。如图 4-28c 所示，使用示教器操作机器人末端，使其接触到棋盘格中确定的点 1，以获得在机器人坐标系中的值 P_d，同时将当前编码器计数值记录为 E_2。

4.5.3　基于视觉 YOLOv5 的喷码识别应用案例

喷码识别任务是确保产品包装上喷印的字符信息准确无误,以便于产品追踪、核对和查询,同时保障消费者对产品的购买信心。机器人视觉在此任务中扮演着关键角色,通过视觉检测技术自动检测产品上的喷码字符,识别并剔除有缺陷或错误喷涂的产品,从而维护企业声誉并提升产品质量。图 4-29 所示为带有喷码字符信息的产品外观。

图 4-29　带有喷码字符信息的产品外观

该案例使用了工业相机 VLG-02C,具备 656×490 像素的分辨率,支持彩色与黑白两种模式,其最大帧率达到 160FPS(帧/s),可满足工业现场对实时检测性能的高要求。

首先在不同时间、瓶型和光照条件下,采集了超过 3 万张样本图片。样本图片经过随机裁剪处理,生成了 448×448 像素、384×384 像素和 320×320 像素三种尺寸的图像,并使用 LabelImg 软件,对 1533 张图像进行了精确标注,构建了有标签的数据集 L,其余数据集为 U。提出了一种改进自训练方法的半监督学习策略,包括:①使用有标签数据集 L 训练基础模型 M0;②利用模型 M0 对无标签数据集 U 进行预测,将预测结果与 L 合并,重新训练以生成模型 M1;③使用模型 M1 再次预测 U,且只选择预测结果中 Bounding Box 数量恰好为 15(喷码的字符类型是 15)的样本,将这些样本加入 L 中,训练得到模型 M2;④使用模型 M2 对 U 进行预测,通过某种选择机制筛选出可信度高的预测结果,并将这些结果加入 L 中,最终训练得到优化后的模型 M3。

然后基于此训练了多种目标检测模型,并将训练的模型用于实际工程,实时检测喷码质量。

对于每个检测到的喷码,各类模型都可以预测喷码的实际位置和相应类别的置信度。例如,图 4-30 中的一小段连续喷码字符"4813e",使用训练好的 YOLOv5 模型进行预测获取相应结果后,其中"8"对应预测框的起始位置,以及框的高度和宽度为 $(x, y, w, h) = (0.473958, 0.645833, 0.0416667, 0.0625)$,预测喷码所属类型的结果为:预测为"3"的置信度为 0.439209,预测为"8"的置信度为 0.564453。因此,最终判断喷码为"8"。

	类别	置信度	x	y	w	h
1	3	0.439209	0.473958	0.645833	0.0416667	0.0625
2	8	0.564453	0.472656	0.645833	0.0442708	0.0625
3	0	0.737305	0.574219	0.571615	0.0390625	0.0546875
4	3	0.754883	0.575521	0.647135	0.0416667	0.0598958
5	T	0.76416	0.523438	0.644531	0.0364583	0.0598958
6	9	0.782227	0.423177	0.571615	0.0442708	0.0546875
7	e	0.788574	0.626302	0.653646	0.0390625	0.046875
8	4	0.813477	0.420573	0.647135	0.0390625	0.0598958
9	2	0.832031	0.259115	0.575521	0.0442708	0.0625
10	1	0.834961	0.522135	0.571615	0.0338542	0.0546875
11	9	0.836914	0.630208	0.572917	0.0416667	0.0572917
12	0	0.838379	0.471354	0.571615	0.0364583	0.0546875
13	4	0.848145	0.311198	0.64974	0.0442708	0.0598958
14	0	0.851562	0.252604	0.652344	0.0416667	0.0598958
15	0	0.856445	0.3125	0.572917	0.0364583	0.0572917
16	1	0.884277	0.363281	0.572917	0.0338542	0.0572917

图 4-30 基于 YOLOv5 的喷码识别检测结果

4.6 力触觉传感器

4.6.1 力触觉传感器分类与工作原理

机器人工作精度与安全性要求的提高增加了力触觉传感器的普及。例如，当机器人依靠视觉技术等方法识别并定位了目标物体后，希望可以依靠夹持器抓取物体并执行移动、拖放等相应操作时，应该以多大的力度抓住物体，才能保持物体在被抓取和移动等过程中不会在夹持器上滑动或掉落，同时不会对物体造成损伤；当机械臂在运动过程中与人或其他物体发生触碰时，机器人能否检测出并紧急停止正在执行的操作。机器人在这些情况下就需要力触觉的感知，而力触觉传感器正好可通过测量物体表面和机器人之间接触产生的力或力矩实现以上的功能。

力触觉传感器通过模拟人类的触觉交互，如按压、滑动、抓握、推动和轻触等，为机器人提供在视觉受限或缺失时完成任务的能力。这些传感器能够产生与触觉交互相对应的力触觉信号。然而，单独的力触觉信号，通常信息量有限，机器人无法像人类那样利用丰富的先验知识来理解这个信号并做出决策。为了克服这一限制，力触觉传感器通常需要收集力触觉信号的时间序列数据，这意味着需要连续监测力触觉信号的变化，以获得更丰富的信息，从而帮助机器人理解与物体交互的复杂性，获得更精确和智能的任务执行能力。

按照工作原理，力触觉传感器一般分为压阻式、压电式、电容式和光学式力触觉传感器四类。此外，近年来摩擦电式力触觉传感器和基于视觉的力触觉传感器成为新的研究热点。

1. 压阻式力触觉传感器

压阻式力触觉传感器是基于压阻效应设计的，即当某些固态材料在受到外力的作用时，其电阻率会发生变化。电阻变化率可表示为

$$\frac{\Delta R}{R} \approx \frac{\Delta \rho}{\rho} = \pi_{ij}\sigma \tag{4-27}$$

式中，R 和 ΔR 分别为电阻与电阻变化量，单位为 Ω；ρ 和 $\Delta \rho$ 分别为电阻率与电阻率变化量，单位为 $\Omega \cdot m$；σ 为外部应力，单位为 Pa；π_{ij} 为固态材料压阻效应的特性系数，单位

为 Pa^{-1}，π_{ij} 不仅与材料有关，而且同一材料在不同方向上的数值一般也有差异。

由式（4-27）可知，压阻材料可以将对外部应力的变化转为内部电阻的变化，且这种关系是正相关的，因此可利用压阻材料制作传感器实现对外部应力的感知。目前常用的压阻材料有金属纳米颗粒、金属纳米线、碳纳米管以及石墨烯等。压阻式力触觉传感器因其结构简单、可靠性强、灵敏度高而被广泛应用。然而，它们也存在较高的电磁干扰误差和温度敏感性问题。

2. 压电式力触觉传感器

压电式力触觉传感器是基于压电效应设计的，即某些电介质在机械力的作用下会产生极化现象，其内部的正负电荷转移导致两个相对表面上出现电性相反的电荷，当外力变化时，电荷量会随之改变，进而实现机械能与电能之间的转换。压电式力触觉传感器通常由两个平行的电极和中间的压电材料（电介质）组成。当受到外部应力时引发压电效应，进而在两个平行电极之间产生电压。电荷量的大小取决于外部应力，即

$$Q = \sigma A d_{ij} \tag{4-28}$$

式中，Q 为电荷量，单位为 C；σ 为外部应力，单位为 Pa；A 为压电材料的受力面积，单位为 m^2；d_{ij} 为压电材料受力方向上的压电系数，单位为 C/N。

因此，可通过产生的电压检测出施加的应力大小。常用的压电材料包括聚偏氟乙烯、氧化锌和锆钛酸铅等。压电式力触觉传感器的测量范围大，并且表现出高固有频率、高稳定性以及优越的再现性和线性度。然而，它一般只适用于动态力的测量，并且存在漏电行为，长期使用可能需要重新校准。

3. 电容式力触觉传感器

电容式力触觉传感器通常是在两个平行电极之间设置一个介电层，其相应的电容 C 的理论计算部分与常用的电容式传感器一致。当其用于测量二维力时，如当传感器外部受到切向力时，A 发生变化；受到法向力时，d 发生变化，如图 4-31 所示，进而实现外部应力的感知。新型研发的电容式传感器甚至还实现了依靠介电常数 ε_r 的改变感知外部应力。电容式力触觉传感器以其高分辨率、宽频率响应和出色的耐用性在多种应用中受到青睐。然而，这种传感器的设计和使用也面临挑战，比如需要管理寄生电容的影响，以及采用复杂的信号处理技术（如差分测量和滤波）以减少噪声和边缘效应的干扰。

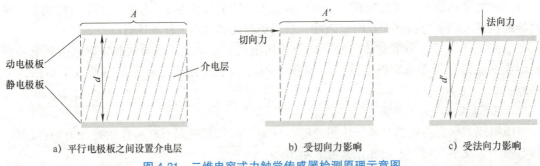

图 4-31 二维电容式力触觉传感器检测原理示意图

4. 光学式力触觉传感器

光学式力触觉传感器是根据光学原理设计的，其中光纤光栅作为光传输载体之一，具有体积小、无电磁干扰、耐高低温、无零点漂移等优点。光纤布拉格光栅（FBG）作为光纤光

栅的典型代表，不仅损耗低、可靠性高，而且用作敏感元件时，可使传感器信号通过波长编码，不受光能变化的影响和连接或耦合损耗问题的干扰。如图 4-32 所示，在 FBG 传感器中，特定波长的光遇到光栅时会被反射，而其他波长的光则继续沿光纤传输。当传感器受到导致光栅周期性结构变形的外力时，反射光的波长就会发生变化。通过精确测量反射光波长的变化，可以准确地感知作用在传感器上的力的大小。其中，反射光光谱的中心波长 λ 可表示为

$$\lambda = 2n_{\text{eff}}\Lambda \tag{4-29}$$

式中，λ 为反射光光谱的中心波长，单位为 nm；n_{eff} 为光纤的折射率；Λ 为光栅的空间周期，单位为 nm。

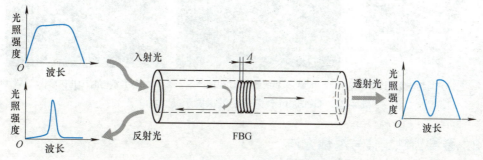

图 4-32　光在光纤光栅中的传输原理

假设环境温度恒定，当光纤光栅受到轴向力时，其反射光谱的中心波长发生变化，且

$$\frac{\Delta\lambda}{\lambda} = K_\varepsilon \varepsilon \tag{4-30}$$

式中，λ 和 $\Delta\lambda$ 分别为反射光光谱中心波长以及波长的变化量，单位为 nm；ε 为应变量；K_ε 为应变的灵敏度系数。

该方法实现了材料应变量到反射光中心波长变化量的映射，因此同样可以对外部压力进行感知。当然，光纤光栅本身也受到温度的影响，并且有着类似式（4-30）的关系，因此，在设计 FBG 传感器时，通常会额外添加一根光纤光栅用于温度补偿。

5. 摩擦电式力触觉传感器

摩擦电式力触觉传感器是一种利用摩擦电效应实现机械能向电能转换的传感器。其传感机理是将两层电极性质不同的薄层材料各自覆盖在平行电极板的两个极板上，当两个极板发生接触和分离时，由于摩擦效应产生电荷，且电荷在两个电极上发生转移，从而形成了电位差。常用的材料包括聚四氟乙烯、聚二甲基硅氧烷等聚合物，以及水凝胶、纺织物等。所产生电荷的大小与外部激励呈正相关性，因此，可借助这类材料性质，制作相应的力触觉传感器。这类传感器与压电式力触觉传感器有着类似的地方，即都能够自供电，功耗较低，因此有着广泛的应用前景。

6. 基于视觉的力触觉传感器

基于视觉的力触觉传感器通过视觉成像手段来检测和量化外部施加的力和接触信息。这类传感器系统一般包括一个或多个高分辨率相机、光源以及一个表面带有特定标记的弹性体。与常规的力触觉传感器相比，基于视觉的传感器不直接测量力的数值，而是通过捕获弹性体表面的触觉图像来间接获取力的信息。通过先进的图像处理和模式识别算法，精确地跟

踪触觉图像上标记点的变化，包括它们的形变和位移，从而推断出作用在传感器上的力。此外，这类传感器还能够以高分辨率重建接触区域的三维几何形状，其三维几何形状的重构方法主要是光度立体法与神经网络法。现有的基于视觉的力触觉传感器主要包括 GelSight、GelSlim 和 Digit 等，能够在不同的应用场景中提供高对比度和高分辨率的触觉图像。图 4-33 所示为 GelSight 传感器的效果展示，其中的深度图像是通过多层感知机（MLP）和二维泊松方程获取的。

a) 与物体发生接触　　　　b) 采集的触觉RGB图像　　　　c) 重构的3D几何形状

图 4-33　GelSight 传感器的效果展示（无标记点）

4.6.2　多维力触觉信号解耦方法

多维力传感器的耦合性是指当传感器的某一维度受力时，其余维度也有一定的输出，即不同维度之间存在相互作用。多维力传感器的维间耦合误差主要是由其弹性元件的结构设计、制造误差、传感原理的复杂性和信号处理方法的局限性等因素造成的，这些因素共同导致了传感器在测量时轴间的相互作用。对这种现象加以抑制或消除的过程称为解耦，即降低各维度轴之间的相互作用，以确保每个轴的测量是独立的。

多维力传感器中的解耦方法主要有结构解耦合算法解耦。

1) 结构解耦。该方法通过设计传感器的机械结构来减少甚至消除不同轴之间的耦合效用，主要依靠巧妙的弹性体结构设计、合理的布线和精密的加工。然而，结构解耦面临诸多挑战。例如，设计弹性体结构使得测量的各维度力信息独立是一件相当复杂的工程，且对机械加工提出了很高的精度要求。因此，这类方法的应用受到一定的限制。

2) 算法解耦。这类方法主要通过数据处理技术和数学模型来校正各测量轴之间的耦合效用。与结构解耦相比，算法解耦具有成本低、易于实现和灵活性高等优点，特别适合于高精度测量的需求。然而，该方法的应用效果在很大程度上取决于训练数据的质量和数量，而人工获取高质量的带标记数据是一件耗时耗力的工作。

下面以基于极限学习机（ELM）的解耦方法为例，说明六维力/力矩的解耦过程。ELM 的网络结构如图 4-34 所示，它由输入层、隐含层和输出层组成，各层之间的神经元全连接。对于 N 个训练样本 $(\boldsymbol{u}_i, \boldsymbol{f}_i)$，其中任意一个输入 $\boldsymbol{u}_i = [u_{i1} \quad u_{i2} \quad u_{i3} \quad u_{i4} \quad u_{i5} \quad u_{i6}]^{\mathrm{T}}$ 表示传感器检测电路获取到的输出电压，输出 $\boldsymbol{f}_i = [f_{i1} \quad f_{i2} \quad f_{i3} \quad f_{i4} \quad f_{i5} \quad f_{i6}]^{\mathrm{T}}$ 表示传感器输出电压对应的施加到传感器上的六维力，那么一个含 L 个隐含层神经元的 ELM 网络的输出可表示为

$$\boldsymbol{o}_i = \begin{bmatrix} o_{i1} \\ o_{i2} \\ \vdots \\ o_{i6} \end{bmatrix}_{6\times 1} = \begin{bmatrix} \sum_{j=1}^{L}\beta_{j1}g(\boldsymbol{w}_j \cdot \boldsymbol{u}_i + b_j) \\ \sum_{j=1}^{L}\beta_{j2}g(\boldsymbol{w}_j \cdot \boldsymbol{u}_i + b_j) \\ \vdots \\ \sum_{j=1}^{L}\beta_{j6}g(\boldsymbol{w}_j \cdot \boldsymbol{u}_i + b_j) \end{bmatrix}_{6\times 1} = \sum_{j=1}^{L}\boldsymbol{\beta}_j g(\boldsymbol{w}_j \cdot \boldsymbol{u}_i + b_j),\; i=1,\cdots,N \quad (4\text{-}31)$$

式中，$\boldsymbol{w}_j$ 为第 j 个隐含层神经元的输入权值，$\boldsymbol{w}_j = [w_{1j}\ \ w_{2j}\ \ \cdots\ \ w_{6j}]^{\mathrm{T}}$；$\boldsymbol{\beta}_j$ 为第 j 个隐含层神经元的输出权值，$\boldsymbol{\beta}_j = [\beta_{1j}\ \ \beta_{2j}\ \ \cdots\ \ \beta_{6j}]^{\mathrm{T}}$；$b_j$ 为第 j 个隐含层神经元的输入偏置；$g(u)$ 为隐含层激活函数。

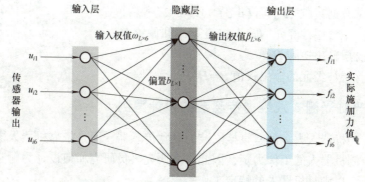

图 4-34 基于极限学习机结构的网络结构

训练的最终目的是希望 ELM 的输出 $\boldsymbol{o}_i$ 与实际施加的力值 $\boldsymbol{f}_i$ 满足

$$\sum_{i=1}^{N}\|\boldsymbol{o}_i - \boldsymbol{f}_i\| = 0 \quad (4\text{-}32)$$

进而表示存在 $\boldsymbol{w}_j$、$\boldsymbol{\beta}_j$ 和 b_j 使得

$$\sum_{j=1}^{L}\boldsymbol{\beta}_j g(\boldsymbol{w}_j \cdot \boldsymbol{u}_i + b_j) = \boldsymbol{f}_i,\; i=1,\cdots,N \quad (4\text{-}33)$$

式（4-33）可改写为矩阵形式，即

$$\boldsymbol{H}\boldsymbol{\beta} = \boldsymbol{F} \quad (4\text{-}34)$$

其中，

$$\boldsymbol{H}(\boldsymbol{w}_1\ \boldsymbol{w}_2\ \cdots\ \boldsymbol{w}_L\ b_1\ b_2\ \cdots\ b_L\ \boldsymbol{u}_1\ \boldsymbol{u}_2\ \cdots\ \boldsymbol{u}_N) =$$
$$\begin{bmatrix} g(\boldsymbol{w}_1\cdot\boldsymbol{u}_1+b_1) & g(\boldsymbol{w}_2\cdot\boldsymbol{u}_1+b_2) & \cdots & g(\boldsymbol{w}_L\cdot\boldsymbol{u}_1+b_L) \\ g(\boldsymbol{w}_1\cdot\boldsymbol{u}_2+b_1) & g(\boldsymbol{w}_2\cdot\boldsymbol{u}_2+b_2) & \cdots & g(\boldsymbol{w}_L\cdot\boldsymbol{u}_2+b_L) \\ \vdots & \vdots & & \vdots \\ g(\boldsymbol{w}_1\cdot\boldsymbol{u}_N+b_1) & g(\boldsymbol{w}_2\cdot\boldsymbol{u}_N+b_2) & \cdots & g(\boldsymbol{w}_L\cdot\boldsymbol{u}_N+b_L) \end{bmatrix}_{N\times L} \quad (4\text{-}35)$$

$$\boldsymbol{\beta} = \begin{bmatrix} \boldsymbol{\beta}_1^{\mathrm{T}} \\ \boldsymbol{\beta}_2^{\mathrm{T}} \\ \vdots \\ \boldsymbol{\beta}_L^{\mathrm{T}} \end{bmatrix}_{L\times 6},\ \boldsymbol{F} = \begin{bmatrix} \boldsymbol{f}_1^{\mathrm{T}} \\ \boldsymbol{f}_2^{\mathrm{T}} \\ \vdots \\ \boldsymbol{f}_N^{\mathrm{T}} \end{bmatrix}_{N\times 6} \quad (4\text{-}36)$$

式中，$\boldsymbol{H}$ 为隐含层输出矩阵。

在极限学习机算法中，$\boldsymbol{w}_{L\times 6}=[\boldsymbol{w}_1 \quad \boldsymbol{w}_2 \quad \cdots \quad \boldsymbol{w}_L]^T$ 和 $\boldsymbol{b}_{L\times 1}=[b_1 \quad b_2 \quad \cdots \quad b_L]^T$ 可通过高斯分布等方法随机给定，因此对于固定的训练数据，$\boldsymbol{H}$ 是一个确定的矩阵。于是该网络的训练便转化为一个求取隐含层神经元输出权值 $\boldsymbol{\beta}_{L\times 6}$ 的过程。

当隐含层的传递函数 $g(u)$ 无限可微时，输出权值 $\boldsymbol{\beta}_{L\times 6}$ 可表示为

$$\hat{\boldsymbol{\beta}} = \underset{\boldsymbol{\beta}}{\arg\min} \|\boldsymbol{H}\boldsymbol{\beta}-\boldsymbol{F}\| \tag{4-37}$$

其最小二乘范数解为

$$\hat{\boldsymbol{\beta}} = \boldsymbol{H}^+ \boldsymbol{F} \tag{4-38}$$

式中，$\boldsymbol{H}^+$ 为隐含层输出矩阵 $\boldsymbol{H}$ 的广义逆。

根据以上分析，ELM 解耦的训练步骤归纳如下：
1) 准备训练数据集 $(\boldsymbol{U},\boldsymbol{F})=\{(\boldsymbol{u}_i,\boldsymbol{f}_i)|i=1,2,\cdots,N\}$。
2) 随机产生隐含层神经元的输入权值 $\boldsymbol{w}_{L\times 6}$ 和偏置 $\boldsymbol{b}_{L\times 1}$。
3) 计算隐含层输出矩阵 $\boldsymbol{H}$。
4) 计算隐含层神经元的输出权值 $\hat{\boldsymbol{\beta}}=\boldsymbol{H}^+\boldsymbol{F}$。

4.6.3 基于光纤光栅式六维力传感器的设计案例

目前市场上的机器人大多没有直接安装力触觉传感器，而是依靠机器人电机控制器的电流等参数间接控制机器人的工作力矩，因此许多研究人员研究如何设计力触觉传感器并将其应用在机器人上，以满足机器人的特定工作需求。

如图 4-35 所示，本案例给出了一个在协作机器人腕部安装光纤光栅式多维力/力矩测量装置的系统。安装于腕部的光纤光栅式六维力传感器是基于十字梁结构设计，使用了 10 根光纤光栅，如图 4-36 所示。使用一种非线性的算法解耦，将稀疏最大类间方差算法（SPA-Otsu）与极限学习机（ELM）结合，实现多维力传感器少样本情况下的解耦计算，以提高解耦性能，实现协作机器人腕部的六维力感知。

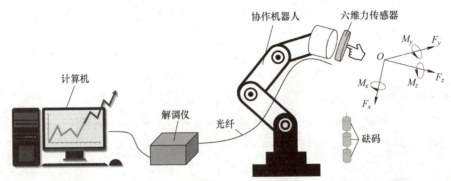

图 4-35　协作机器人腕部安装光纤光栅式多维力/力矩测量装置示意图

在实验过程中，研究人员采用细绳悬挂了 3 个 500g 的双钩砝码，并执行拉升与下放动作，期间传感器的 x 轴与协作机器人施力方向保持一致，每组动作重复 3 次，每次操作间隔 5s。这一系列测试有效验证了传感器对外界作用力变动的敏锐捕捉能力，其在 F_x、F_y、F_z 三个轴向的测量精确度分别达到了 1.25% F.S.、0.71% F.S. 和 0.53% F.S. 的误差（F.S.

指传感器满量程），凸显出在机器人操作端执行精密力测量任务时的高准确度与高效性。

随后，实验人员借助手持式教导器对手动引导的协作机器人进行教学演示，在此过程中，机械臂末端部署了商业六维力传感器与所设计的光纤光栅式六维力传感器，以同步监控交互过程中的作用力。实验结果显示，上述的六维光纤光栅式力传感器在 F_x、F_y、F_z、M_x、M_y 及 M_z 六个维度上的平均相对误差分别为 1.23% F.S.、0.7871% F.S.、0.98% F.S.、0.81% F.S.、0.91% F.S. 和 1.62% F.S.，所有误差均维持在满量程的极小比例内，强有力地证明了这款专为协作机器人腕部设计的力传感器在促进人机互动场景中的杰出性能，所获得的测量数据高度可靠。

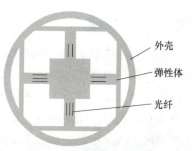

图 4-36　光纤光栅式六维力传感器的十字梁结构示意图

4.7　机器人其他传感器

除了以上提到的传感器，智能机器人系统还应用了许多其他传感器，如应用环境传感器检测环境条件，应用听觉传感器捕捉环境声音等。

环境传感器主要用于感知智能机器人系统的工作环境与交互物体的一系列物理和化学参数情况。温度传感器根据工作原理可以分为接触式温度传感器与非接触式温度传感器，前者需要直接与被测物体进行接触，而后者则通过捕捉被测物体发出的热辐射来测量温度。通常情况下，非接触式温度传感器常用于机器人检测工作环境的温度，以确保整机处于一个相对适宜的工作环境。接触式温度传感器通常用于与物体交互时检测目标物体的温度，以便于对目标的属性有进一步了解。

湿度传感器、气体传感器等也可归属于机器人领域环境传感器。湿度传感器检测机器人工作环境的湿度，为监测、控制等任务提供参数依据。根据使用材料不同传感器可以分为电解质型、陶瓷型、高分子型和单晶半导体型等。由于机器人内部有大量信号处理电路，为提高防水防潮等级，可以通过配备湿度传感器帮助机器人监测机器人内部的湿度，防止因湿度过高导致电子设备故障。

气体传感器用于检测机器人工作环境空气中特定气体的成分和含量，以确保该环境是否安全；或对存储着特定气体的工作空间进行测量，以检测气体是否泄露。常见的气体传感器可分为半导体式、FET 式、固体电解质式、接触燃烧式以及电化学式等。

听觉传感器将机器人环境中声波振动转化为电压或电流输出，实现收集机器人工作环境中音频信号，并辅助机器人完成语音识别、声源定位与人机交互等功能。听觉传感器常用的转换元件为压电陶瓷和驻极体传声器。压电陶瓷灵敏度高、结构简单且价格便宜，而驻极体传声器拥有体积小、性能好等优点。听觉传感器在目前的智能机器人上应用较多，同时，在机器人内嵌入相关大模型可以实现机器人更加自主的人机交互。

随着传感器技术和信号获取方法的不断发展，以及智能机器人领域的不断延伸，机器人传感器类型也在不断增加，并且其智能化、集成化的程度也越来越高。智能化、集成化、多功能化传感器的不断应用将持续推动机器人技术的发展，为打造具身智能机器人提供技术力量。

本章小结

机器人传感器是现代智能机器人不可或缺的设备，机器人可以借助各类传感器，实现自身内部的检测和外部环境的感知，以更准确、更安全地完成各项任务。本章简要介绍了机器人传感器的定义、分类、性能指标以及信号处理等，指明了传感器微型化、集成化、智能化的未来发展趋势；详细阐述了位置姿态、运动、测距、视觉和力触觉等各类机器人传感器的工作原理，以及它们在机器人上的一些应用实例；展示了传感器技术在提升机器人性能和智能化水平方面的重要性。随着具身智能以及具身智能机器人等概念的提出，机器人传感器将会不断创新发展，未来将会有更多的机器人传感器投入使用。

习　题

一、填空题

（1）机器人传感器内部通常涉及一种形式的能量转换为另一种形式的能量，因此有时也被称为＿＿＿＿。

（2）机器人传感器按照输出信号的类型，可以分为＿＿＿＿和＿＿＿＿。

（3）电容式位移传感器用于检测线性位移的方式有＿＿＿＿、＿＿＿＿和＿＿＿＿。

（4）常用的激光测距技术包括＿＿＿＿、＿＿＿＿和＿＿＿＿。

（5）三角法激光测距是一种基于激光束的＿＿＿＿和＿＿＿＿来实现障碍物距离测量的方法。

（6）视觉传感器中常用的感光元器件主要是＿＿＿＿和＿＿＿＿。

（7）按照工作原理，现有的力触觉传感器一般分为＿＿＿＿、＿＿＿＿、＿＿＿＿和＿＿＿＿四类。

二、简答题

（1）机器人传感器的组成部分有哪些？各有什么作用？

（2）机器人内部传感器与外部传感器的主要区别是什么？

（3）传感器的性能指标有哪些？对于需要实时反馈信号的机器人传感器而言，哪些性能指标更为重要？

（4）常用的位置姿态传感器主要是依靠什么原理进行物理量测量的？

（5）运动传感器测量的主要物理量有哪些？这些物理量对应的传感器主要依靠什么方法测量？

（6）机器人视觉系统的标定方法有哪些？它们的区别在哪里？

（7）多维力传感器的解耦方法主要有哪些？它们的优缺点各是什么？

（8）具身智能与机器人传感器之间有什么联系？要想实现具身智能，目前还存在哪些挑战？

三、设计题

针对机器人目标抓取与识别任务，可以借助哪些机器人传感器采集任务过程中的相关数据，为目标抓取和识别任务提供可靠信号？设计相关传感器布置与数据采集流程示意图，简要说明各传感器的作用。

参考文献

[1] RUOCCO S R. Robot sensor and transducers [M]. New York：Halsted Press, 1987.

[2] USHER M J, KEATING D A. Sensors and transducers：characteristics, applications, instrumentation, interfacing [M]. 2nd ed. London：Red Globe Press, 1996.

[3] 强锡富. 传感器 [M]. 北京：机械工业出版社, 1989.

[4] 郑华耀. 检测技术 [M]. 北京：机械工业出版社, 2004.

[5] 刘亚欣, 金辉. 机器人感知技术 [M]. 北京：机械工业出版社, 2022.

[6] 季顺宁, 聂佰玲. 传感器与自动检测技术 [M]. 北京：机械工业出版社, 2018.

[7] 苑会娟, 周真, 吴海滨, 等. 传感器原理及应用 [M]. 北京：机械工业出版社, 2017.

[8] 秦毅, 王阳阳, 彭东林, 等. 电感式角位移传感器技术综述 [J]. 仪器仪表学报, 2022, 43 (11)：1-14.

[9] 关晓成, 刘忠富. 陀螺仪在无人机惯性导航系统中的应用 [J]. 传感器世界, 2023, 29 (7)：6-10.

[10] BARRETO A, ADJOUADI M, ORTEGA F, et al. Intuitive understanding of Kalman filtering with MATLAB [M]. Boca Raton：CRC Press, 2020.

[11] 张青春, 纪剑祥. 传感器与自动检测技术 [M]. 北京：机械工业出版社, 2018.

[12] 宋丽梅, 朱新军, 李云鹏, 等. 机器视觉原理及应用教程 [M]. 北京：机械工业出版社, 2023.

[13] 梁桥康, 秦海, 项韶. 机器人智能视觉感知与深度学习应用 [M]. 北京：机械工业出版社, 2023.

[14] LIANG Q K, ZOU K L, LONG J Y, et al. Multi-component FBG-based force sensing systems by comparison with other sensing technologies：a review [J]. IEEE Sensors Journal, 2018, 18 (18)：7345-7357.

[15] 龙建勇. 面向机器人腕部力觉感知的多维力/力矩测量方法研究 [D]. 长沙：湖南大学, 2022.

[16] 梁桥康, 王耀南, 孙炜. 智能机器人力觉感知技术 [M]. 长沙：湖南大学出版社, 2018.

[17] HUANG G B, ZHU Q Y, SIEW C K, et al. Extreme learning machine：a new learning scheme of feedforward neural networks [C]// 2004 IEEE International Joint Conference on Neural Networks, July 25-29, 2004, Budapest, Hungary. New York：IEEE, 2004：985-990.

[18] 王俊峰, 孟令启. 现代传感器应用技术 [M]. 北京：机械工业出版社, 2006.

第 5 章 机器人微控制器

导 读

微控制器又被称为嵌入式芯片或单片机,它是机器人的控制核心。机器人微控制器可以理解为是控制机器人的小型计算机系统,通常具有处理能力、存储器、输入/输出接口,以及与传感器和执行器通信的能力。它可以执行各种任务,包括控制电机来实现机器人运动控制、通过集成的传感器来感知环境、处理传感器数据并做出决策、通过有线/无线方式与其他设备或控制系统进行通信,以及根据编程指令执行特定的任务或动作。

本章知识点

- 机器人微控制器概述
- 微控制器原理
- 机器人微控制器接口
- Arduino 微控制器

5.1 机器人微控制器概述

微控制器在机器人运动控制中扮演着核心角色,它是机器人的"大脑",负责处理和执行所有关键的指令。微控制器通过接收来自传感器的数据,如位置、速度和加速度等信息,来理解机器人的当前状态和环境条件。基于这些数据,它会运行预设的算法或程序,计算出最佳的运动路径和动作策略,然后将这些指令转化为具体的电机控制信号,驱动机器人的各个关节或轮子进行精确的移动。此外,微控制器还可以集成高级功能,如自主导航、避障、目标识别和抓取等,使机器人具备更高的智能性和自主性。

5.1.1 微控制器的定义

在了解微控制器定义之前,首先要区分微处理器(microprocessor unit,MPU)和微控制器(microcontroller unit,MCU)两个不同的概念。微处理器和微控制器是现代电子技术中两种核心的计算组件,它们在设计和功能上有很多相似之处,但是在用途、性能和价格方面也有着较大的区别。

1. 微处理器

微处理器通常指的是通用微处理器,它是一种设计用于执行广泛计算任务的中央处理单元，也就是通常的计算机芯片。它具备强大的数据处理能力，能够运行复杂的操作系统和应用程序。微处理器的设计注重计算性能和灵活性，允许处理各种不同的任务。例如，Intel 的 x86 系列和 Motorola 的 6800 系列微处理器，它们被广泛应用于个人计算机、服务器、工作站等设备中。

微处理器的主要特点包括：

1) 高性能。它通常具有较高的时钟频率和先进的指令集，能够快速处理大量数据。

2) 配备外部存储器和 I/O。微处理器需要配备外部 RAM 和 ROM 来存储数据和程序，同时需要 I/O 接口与外部设备进行通信。

3) 可进行多任务处理。它能够同时运行多个程序和任务，这得益于它复杂的操作系统和多任务处理能力。

4) 具有可扩展性。微处理器系统通常设计有多个扩展槽，允许用户根据需要增加硬件组件。

2. 微控制器

微控制器是一种单芯片计算机，它将处理器核心与存储器、I/O 接口和其他功能模块集成在一起。微控制器专为嵌入式系统设计，用于执行特定的控制任务。与微处理器相比，微控制器的计算能力较低，但它在成本、功耗和空间方面具有优势。

微控制器的主要特点包括：

1) 集成度高。所有必要的组件，如 CPU、RAM、ROM、I/O 接口和定时器等，都集成在单一芯片上。

2) 具有专用性。它通常针对特定的应用或一组功能进行优化，如汽车电子控制单元、家用电器的智能控制等。

3) 功耗低。如设计用于电池供电的设备，微控制器的功耗远低于微处理器，这使得它非常适合便携式设备。

4) 成本低。由于其专用性和集成度，微控制器通常成本较低，适合大规模生产。

微处理器和微控制器的应用场景反映了它们各自的设计特点。微处理器由于其高性能和灵活性，在服务器、个人计算机等领域广泛使用。相反，微控制器由于其低成本、小尺寸和低功耗的特性，非常适合用于嵌入式系统和控制应用，在汽车电子、家用电器、消费电子、医疗设备、工业自动化设备、机器人等领域广泛应用。

总而言之，微控制器虽然和微处理器都是计算设备，但微控制器注重成本、专用性和集成度。对于机器人运动控制而言，微控制器显然更适合。

5.1.2 微控制器的发展历史

微控制器的发展历史可以追溯到 20 世纪 70 年代，经历了从最初的简单概念到今天高度集成、功能强大的演变过程。

1. 起源阶段（20 世纪 70 年代）

微控制器的起源与微处理器的发展紧密相连。1971 年，Intel 公司推出了 4004 微处理器，这是世界上第一款商用微处理器。虽然它不是微控制器，但为后续微控制器的诞生奠定了基础。4004 微处理器的问世标志着计算机技术从大型机向个人计算机和嵌入式系统发展的重大转变。

2. 微控制器诞生（20 世纪 70 年代后期）

1976 年，Intel 公司推出了 8048 微控制器，这是历史上第一款真正意义上的微控制器。它用于电话交换系统，集成了 CPU、存储器和 I/O 接口。8048 的成功推出，不仅展示了将多种功能集成在单一芯片上的可行性，也使微控制器在各种应用领域中开始广泛应用。

3. 技术成熟与多样化（20 世纪 80 年代）

20 世纪 80 年代，微控制器技术得到了显著发展。Intel 公司推出了 8051 系列微控制器，它集成了 4KB 的 ROM、128B 的 RAM、4 个 I/O 接口和两个定时器，成为当时最流行的微控制器之一。8051 系列以其高可靠性、丰富的外设接口和灵活的编程特性，迅速占领了工业控制和消费电子市场。它被广泛应用于各种电子产品中，包括家用电器、汽车电子、工业控制系统、医疗设备等。由于其广泛应用并长期占据市场，8051 系列微控制器已成为微控制器历史上的一个标志性产品。除了 Intel 公司外，许多其他公司也获得了授权生产与 8051 兼容的微控制器，这也进一步增加了其总销量。据统计截至 2023 年，8051 微控制器家族已经累计销售了数十亿颗芯片。

同时期，其他半导体公司也推出了自己的微控制器产品，如 Motorola 的 6800 系列、Zilog 的 Z80 系列和 Microchip Technology 的 PIC 系列。这些产品各有特点，满足了不同应用场景的需求，推动了微控制器技术的多样化发展。

4. 低功耗与专用化（20 世纪 90 年代）

20 世纪 90 年代，随着便携式电子设备的普及，低功耗微控制器的需求日益增长。半导体制造商开始注重微控制器的能耗优化，推出了一系列低功耗产品。其中有代表性的是由德州仪器（Texas Instruments，简称 TI）设计和生产的 MSP430 系列微控制器，功耗超低、成本低。MSP430 系列以其高效能、灵活性和易用性而受到市场的欢迎，特别适用于电池供电的便携式设备和需要严格能耗控制的应用。当年"一颗电池用十年"的广告语迅速帮助该芯片打开了市场。MSP430 系列微控制器具有多种低功耗模式，能够在不同的工作状态下最大限度地减少能耗，延长电池寿命。

同时，微控制器开始向专用化发展，出现了针对特定应用领域的微控制器，如汽车电子、工业控制和消费电子产品。飞思卡尔半导体公司（现为恩智浦半导体公司 NXP Semiconductors 的一部分）的微控制器在汽车工业中扮演着重要的角色，尤其是在汽车电子系统的设计与实现方面。

5. 集成度提高与性能增强（21 世纪初）

21 世纪初，随着半导体制造技术的进步，微控制器的集成度不断提高。32 位微控制器开始普及，它不仅提供了更高的处理速度，还集成了更多的外设和功能模块，如 ADC、DAC、通信接口等。这使得微控制器能够满足更加复杂的应用需求。其中，德州仪器公司的 MSP430 系列、Microchip 公司的 PIC32 系列、恩智浦公司的 LPC 系列都取得了不错的市场反响，不过表现最突出的还是 ARM 公司的系列芯片。

ARM（Advanced RISC Machines）公司成立于 1990 年，最初专注于开发降低功耗的精简指令集（RISC）处理器。ARM 架构以其高效能和低功耗的特性迅速受到市场的青睐。与传统的复杂指令集计算（CISC）架构相比，ARM 的 RISC 架构在执行效率和能耗控制方面具有显著优势。同其他微控制器厂商不同，ARM 公司只卖设计，不卖芯片。ARM 公司通过授权其处理器架构给其他半导体公司，从而间接参与微控制器市场。ARM Cortex 系列处理器，特别是 Cortex-M 系列，成为微控制器领域的明星产品。其中最有代表性、在国际市场占有率最高的是 STM32 系列微控制器。STM32 是意法半导体（STMicroelectronics）推出的一系列基于 ARM Cortex-M 内核的 32 位微控制器。自 2007 年首次推出以来，STM32 系列微控器因其高性能、低成本、丰富的外设支持和良好的生态系统，迅速在全球范围内受到关注。在我国，STM32 系列微控制器因其出色的性价比和广泛的社区支持，成为电子爱好者和工程师的首选。STM32 系列微控制器也是机器人上最广泛使用的微控制器。ARM 公司和 STM32 系列微控制器的成功，不仅在于它们的技术优势，还在于它们构建了一个强大的生态系统，包括开发工具、软件库、社区支持和教育资源。这种生态系统的建立，为全球的开发者提供了广阔的创新平台，推动了整个微控制器行业的发展。

6. 智能化与网络化（21 世纪 10 年代）

随着物联网（IoT）概念的兴起，微控制器开始集成更高级的处理能力，支持网络连接和智能化功能。微控制器不仅可以处理本地数据，还可以通过互联网进行远程通信和控制，实现智能化的家居、工业自动化和智慧城市等应用。随着物联网（IoT）、5G 通信和人工智能（AI）技术的发展，微控制器预计将在未来的技术革新中扮演更加关键的角色。

当代微控制器具有以下特点：

（1）安全性与可靠性　在现代社会，安全性和可靠性已成为微控制器设计需要考虑的重要因素。微控制器开始集成安全功能，如加密模块、安全启动等，以保护数据安全和防止未授权访问。同时，为了满足工业和汽车领域的高可靠性要求，微控制器的设计也更加注重容错和稳定性。

（2）开源与定制化　近年来，开源硬件和定制化需求推动了微控制器技术的进一步发展。开源微控制器平台，如 Arduino 和 Raspberry Pi 等，使得开发者和爱好者能够更容易地访问和定制硬件，推动了创新和教育的发展。

（3）人工智能　随着人工智能和机器学习技术的融合，微控制器将能够处理更加复杂的算法，实现更加智能的决策和控制。

5.1.3　微控制器的性能指标

微控制器由于集成度高、专用性强，所以微控制器的产品线和种类是非常多的。在选择微控制器时，需要充分了解微控制器的性能指标，根据使用场景和功能需求，做出合理的选择。微控制器的性能指标如下：

1. 核心架构

微控制器的核心架构对其性能有决定性影响。常见的架构包括 8 位、16 位和 32 位微控制器，以及基于 ARM、MIPS、PIC 等不同 IP 核的微控制器。32 位微控制器因其高处理能力和广泛的外设支持，在复杂应用中越来越受欢迎。

2. 处理速度

主频是衡量微控制器处理速度的关键指标，单位通常是 MHz 或 GHz。主频越高，微控制器执行指令的速度越快。高级微控制器可能具有流水线技术和多核架构，以进一步提高处理能力。

3. 存储器

RAM 和 ROM 是微控制器的重要组成部分。RAM 用于临时存储数据，而 ROM 用于存储固件代码。高端微控制器可能配备数十 KB 到数 MB 的闪存和数 KB 的 RAM，以满足复杂应用的需求。

4. 外设集成

微控制器通常集成了多种外设，如定时器、模拟到数字转换器（ADC）、数字到模拟转换器（DAC）、串行通信接口（如 UART、SPI、I^2C、USB）等。这些外设的集成度和功能丰富性会直接影响微控制器的适用范围和灵活性。

5. 功耗

功耗是考量微控制器性能的重要指标，特别是对于电池供电的设备。低功耗模式和休眠功能有助于延长电池寿命。

6. 封装和引脚

封装类型和引脚数量会影响微控制器的物理尺寸和可用 I/O 接口的数量，进而影响其在特定应用中的适用性。

7. 开发支持和生态系统

开发工具、编程语言、库和框架的支持程度，以及社区和制造商提供的资源，都是选择微控制器时需要考虑的因素。

8. 成本

成本效益比是选择微控制器时的一个重要参考量。高端微控制器虽然性能强大，但价格也可能更高。微控制器由于用量大，所以对成本尤其敏感。

总之，微控制器的性能决定了其在不同应用场景下的效率、可靠性和功能性，这些性能指标是选择和设计基于微控制器产品的关键因素。微控制器的售价和性能并不总是正相关的，即性能越好的微控制器不一定价格就越高，这和微控制器的定价机制有关。微控制器的成本主要由芯片制造成本、研发成本和销售成本构成，其中研发成本分摊是其成本的重要方面。销量越好的芯片研发成本分摊就越低，同时销量越大的芯片销售成本也越低。所以微控制器会出现几个"爆款"，其价格比性能更差的型号反而更低。同时这类芯片的技术资料和使用案例也更丰富，所以"爆款"微控制器是通常是更优的选择。

5.1.4 微控制器的发展趋势

微控制器作为嵌入式系统的核心部件，随着科技的进步和市场需求的变化，其发展趋势也在不断演变，以适应技术进步和市场需求。以下是微控制器的一些主要发展趋势。

1. 高性能与高集成度

微控制器的高性能不仅体现在更高的主频和更先进的处理器架构上，还包括了更大的内存容量和更丰富的外设集成。例如，32 位和 64 位的微控制器可提供更强大的计算能力和更高效的指令集。此外，集成的外设如高速 ADCs（模/数转换器）、DACs（数/模转换器）、USB、以太网控制器，以及高级通信协议支持（如 CAN、LIN），使得微控制器可以更好地服务于复杂的应用场景，如工业自动化、汽车电子和智能家居设备。

2. 低功耗

随着物联网（IoT）的发展和可穿戴设备市场的快速增长，低功耗成为微控制器发展的关键驱动力。这要求微控制器在不牺牲性能的情况下，能够长时间运行在电池供电的环境中。低功耗特性包括深度睡眠模式、快速唤醒时间和智能电源管理策略，这些特性可以显著降低设备的整体功耗,延长电池寿命。

3. 安全性与加密

随着设备连接性的增强,网络安全和个人隐私保护成为不容忽视的问题。微控制器开始集成安全功能,如加密引擎、安全启动、硬件信任根和安全存储区,以防止未经授权的访问、数据篡改和恶意攻击。这些安全特性确保了设备在执行关键任务时的可靠性和数据的完整性。

4. 智能化与 AI 支持

微控制器正逐步集成 AI 和机器学习能力,以实现在边缘设备上的智能决策。通过内置的神经网络加速器或数字信号处理器,微控制器能够处理复杂的算法,如图像识别、语音识别和预测维护,从而减少对云服务的依赖,提高数据处理的实时性和隐私保护。

5. 无线连接能力

无线连接是现代微控制器的必备功能之一。集成的无线通信模块,如蓝牙、Wi-Fi、Zigbee 和 LoRa,使微控制器能够无缝地与其他设备和云平台通信。这不仅促进了物联网应用的发展,也使得设备能够进行远程监控和更新,增强了设备的互联性和便捷性。

这些趋势共同推动着微控制器技术的革新,使其在各种新兴应用中扮演着越来越重要的角色,从消费电子产品到工业控制系统,再到智慧城市基础设施,微控制器都在其中发挥着核心作用。

5.2 微控制器原理

对于微控制器使用者来说,虽然不需要详细了解其内部结构中的具体线路,但是需要理解微控制器的组成和工作原理。

5.2.1 微控制器的组成

在 1936 年,艾伦·图灵开创性地提出了计算机的通用逻辑模型——图灵机模型。这一理论深刻地影响了第一代计算机科学家,更多能够实现计算功能的计算机被制造出来,图灵也因此被誉为"计算机科学之父"。但当时计算机的硬件结构并没有一个合适的构架或体系,其性能和可靠性都非常差。1945 年,由匈牙利数学家和物理学家约翰·冯·诺依曼首次详细阐述了程序存储计算机(stored-program computer)的概念,这就是后来人们所说的冯·诺依曼结构(Von Neumann architecture)。自 1948 年第一台基于冯·诺依曼架构的通用计算机问世到现在,所有的单片机、个人计算机、智能手机、服务器依然在遵循这一计算机架构。现代计算机科学的发展都是在软件和硬件能力上做优化,根本上的计算机架构依然没有改变。冯·诺依曼也因而被誉为"电子计算机之父"或"计算机硬件之父"。

1. 冯·诺依曼结构

冯·诺依曼结构是冯·诺依曼和其他人提出的电子计算机通用架构。冯·诺依曼结构将通用计算机定义为符合以下三个基本原则:

1)采用二进制。指令和数据均采用二进制格式。

2)存储程序。一个计算机程序由成千上万条指令组成,指令和数据均存储在存储器中,计算机按需从存储器中提取指令和数据。

3）计算机由五个硬件组成。计算机由运算器、控制器、存储器、输入设备和输出设备组成。这五个部件是围绕着运算器运转的。

冯·诺依曼结构图如图5-1所示。

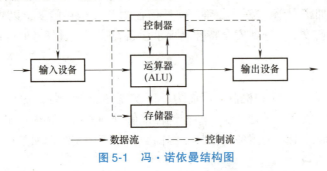

图 5-1　冯·诺依曼结构图

运算器通常指的是算术逻辑单元（arithmetic logic unit，ALU），是微处理器的核心组成部分，负责执行所有的算术和逻辑运算。ALU由组合逻辑电路组成，其构成核心是一个多位加法器，可以执行基本的算术运算，包括加法、减法、乘法和除法。其中，减法通过加补码实现，乘法和除法通过移位相加或相减实现。ALU也可以进行包括AND（与）、OR（或）、NOT（非）、XOR（异或）、移位等逻辑操作，以及比较操作。

输入设备和输出设备（input/output，I/O）是微控制器与外部世界交互的关键部分。I/O设备允许微控制器接收外部信号和向外部环境发送控制信号，这个信号通常是高低电平的数字信号。

存储器用于存储程序代码、数据以及中间运算结果，其从功能上主要分为两类：程序存储器（ROM）和数据存储器（RAM）。程序存储器存储预先编写的程序代码、常量数据以及不可更改的设置信息。这些代码和信息被一旦被烧录在ROM中，除非进行擦除操作，否则不会丢失，系统断电也不会影响。数据存储器用于存储变量、中间计算结果、输入输出数据等。RAM的特点是可读写，读写速度快，但断电后数据会丢失。通过断电或重启可以清除RAM中的数据，让系统重新工作，这样可以解决很多异常问题。

控制器是CPU中一个至关重要的组成部分，负责指挥和协调整个计算机系统的操作。控制器的作用包括：指令获取与解码、时序与控制信号生成、指令执行控制、状态跟踪与异常处理、数据路径管理等功能。

在代表所有计算机组成的冯·诺依曼结构图中，不仅要注意到五个基本的构成模块，还要注意数据流和控制流的数据方向。数据流由输入设备进入微控制器内部，首先到达运算器，随后数据和存储器进行交换、计算、保存，最后由输出设备输出。而控制流信息由控制器向每一个模块发出，协调它们在不同时序下进行数据的交换和控制。

冯·诺依曼结构很好地说明了微控制器是如何工作的。以空调为例，空调的核心目的是控制室内的温度，空调的控制系统主要由微控制器、温度传感器、制冷压缩机、遥控器、显示器等组成。温度传感器获得室内的实时温度值，通过输入设备将数据送入微控制器内部。在存储器中保存有用户设定的期望温度值，运算器将输入的温度值和期望温度值进行比较运算，获得两者大小关系。运算器将比较的结果通过输出设备输出到空调的制冷压缩机上，如果室温高于设定温度，空调将进行制冷，反之空调不制冷。通过这样的反馈控制实现了室内温度的自动控制。这就是一个由微控制器构成的温度反馈控制系统,通过微控制器内各模块的工作,实现了数字式、智能化的控制效果。

冯·诺依曼结构是如此的经典,经过了数十年的发展,该结构图的原理依然被用于计算机芯片结构上,几乎没有什么改动。只是在 20 世纪末,为了解决数据传输需要经过运算器的缺点,提出了 DMA 技术,即直接存储器访问,相当于是在原结构图上,在存储器和输入输出设备之间增加了两根数据流的线。多年的发展仅仅是增加了两根数据传输线,这一点也从侧面说明,冯·诺依曼结构图是计算机硬件的核心基础,对于我们理解微控制器的工作原理有非常重要的价值。

2. 8051 微控制器硬件结构

在冯·诺依曼结构的基础上,经过几十年的发展,8051 微控制器由 Intel 公司在 20 世纪 80 年代初期推出。它凭借高可靠性、丰富的外设接口和灵活的编程特性,已经成为微控制器历史上的一个标志性产品,有广泛的应用和深远的影响。8051 微控制器(图 5-2)通常包括以下几个主要部分:

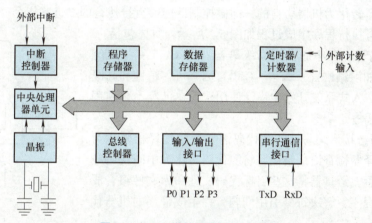

图 5-2　8051 微控制器硬件结构图

1)中央处理器单元(CPU):8051 微控制器的 CPU 是一个 8 位的处理器,能够执行各种指令和处理数据。

2)程序存储器(ROM):存储微控制器的固件或启动代码。

3)数据存储器(RAM):用于临时存储数据和程序变量。

4)输入/输出(I/O)接口:通常有 4 组 8 位的 I/O 接口,标记为 P0、P1、P2、P3,用于与外部设备进行数据交换。

5)定时器/计数器(timer/counter):8051 微控制器通常包含两个定时器/计数器,用于测量时间间隔或计数事件。

6)中断控制器(interrupt control):包括中断向量和中断服务程序的存储位置,允许微控制器响应外部或内部中断。

7)总线控制器(bus control):是实现微控制器内部各部件之间以及与外部设备通信的关键。总线主要包括数据总线、地址总线和控制总线。

8)晶振和时钟电路(OSC):用于控制指令的执行和时钟信号的生成。

9)串行通信接口(serial port):通过异步串行通信方式和其他计算机、微控制器进行通信。

同冯·诺依曼结构相比，8051 微控制器采用地址分开的程序存储器和数据存储器构架（哈佛结构），允许指令和数据的并行传输，减少了等待时间，从而可以实现更高效的指令执行。同时 8051 微控制器集成了丰富的外设，如定时器/计数器、串行通信接口、中断系统等，这些都是直接集成在芯片内的，极大地提高了微控制器的集成度，为其带来了更丰富的功能；降低了系统的功耗和尺寸，提高了系统的运行速度；简化了设计，降低了成本。

5.2.2 微控制器的工作过程

微控制器的工作过程实际上是执行程序的过程，用户编写的程序存放在 ROM 中，微控制器工作过程就是不断从 ROM 中取出指令并执行的过程。

1. 程序与指令

微控制器程序是为了实现某个功能而编写的，它由一系列指令组成，通过这些指令可使微控制器执行特定的操作。程序是用编程语言（如 C、C++、汇编语言等）编写，然后通过编译器或汇编器转化为机器语言的，即微控制器能够直接执行的二进制指令。

微控制器可执行程序生成过程如图 5-3 所示，具体包括：

1) 程序编写。程序通常用高级语言（如 C、C++语言）或低级语言（如汇编语言）编写。C 语言因其可移植性和高级抽象能力而在嵌入式系统开发中广泛使用，现在已经不再使用汇编语言编写程序。

2) 编译与链接。编写好的源代码需要通过编译器转化为机器语言。编译器检查语法错误，将源代码转化为中间代码或目标代码。之后，链接器将这些目标代码文件和库文件组合成一个可执行的程序，解决符号引用问题，并生成最终的机器代码（hex 文件）。

3) 下载。经过编译与链接后的程序以二进制格式存储在微控制器的 ROM 中，这样即使断电，程序也不会丢失。

4) 执行。微控制器上电或复位后，会从存储器的特定地址开始执行程序。程序的执行是一个连续的过程，通常会在循环指令中重复运行。

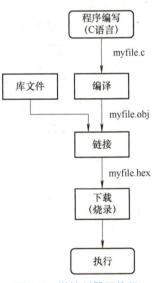

图 5-3 微控制器可执行程序生成过程

微控制器的指令是可执行的最小单元，任何复杂的程序都是由各类指令构成的。不同的微控制器具有不同的指令架构，决定了它可以执行的指令类型和操作。以常见的 8051 微控制器指令为例，主要包括以下指令：

1) 数据传输指令：用于将数据从一个位置传输到另一个位置，如 MOV 指令。

2) 算术运算指令：用于执行加法、减法、乘法、除法等算术运算，如 ADD、SUBB 指令。

3) 逻辑运算指令：用于执行逻辑运算，如 AND、OR、XOR 指令。

4) 分支指令：用于根据条件跳转到不同的程序地址，如 SJMP、LCALL 指令。

5) 循环指令：用于执行循环操作，如 DJNZ 指令。

6) 位操作指令：用于进行位操作运算，如 SETB 指令。

微控制器程序通过将这些指令按照特定的顺序组合在一起，来实现特定的功能和操作。程序员需要了解微控制器的指令集架构和编程规范，以编写有效的微控制器程序。

程序的开发通常需要一个集成开发环境（IDE），如 Keil μVision、IAR Embedded Workbench 或 Arduino IDE，这些工具提供了编辑、编译、调试和下载代码到微控制器的功能。

在实际应用中，编写微控制器程序需要对硬件有深入的理解，包括其内部结构、引脚功能以及与之交互的外围设备。此外，良好的编程习惯和算法设计也是确保程序稳定性和效率的关键。

2. 指令执行过程

微控制器的指令执行过程遵循指令周期序列，这个过程在所有基于冯·诺依曼架构的微处理器中都是相似的。指令周期可以分为三个主要阶段，具体如下：

1）取指令（fetch）：程序计数器（PC）指向要执行的下一条指令的地址，CPU 从 ROM 中读取该指令字节序列，并将其送入指令寄存器。

2）解码（decode）：指令寄存器中的指令被送入指令解码器进行解析。解码器确定指令的类型（如算术运算、逻辑运算、数据传输或控制转移）以及任何相关的操作数位置（如寄存器、内存地址等）。

3）执行（execute）：根据解码结果，执行单元执行指令。这可能涉及算术逻辑单元（ALU）进行计算，数据总线上传输数据，或者更新某些状态寄存器（如程序计数器或标志寄存器）。

上述过程是循环的，一旦一条指令完成，微控制器就会开始取下一条指令，重复上述过程。值得注意的是，现代微控制器采用指令流水线技术来加速指令执行，这意味着多个指令的不同阶段可以同时进行，从而提高处理速度。指令流水线执行过程如图 5-4 所示。

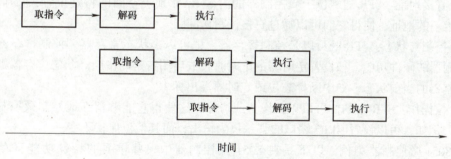

图 5-4　指令流水线执行过程

在流水线架构中，指令周期的不同阶段可以重叠执行，即在执行第一条指令的同时，第二条指令正在被解码，第三条指令正在被取出。指令能按照流水线执行的主要原因是取指令、解码和执行这三个步骤需要用到的微控制器内部的资源是不冲突的，所以可以错开执行。这种并行处理使得微控制器能够以比单个指令周期更快的速度执行代码。然而，流水线也可能因为数据相关性、分支预测错误等因素而受到阻碍，导致性能下降。但总体而言，指令流水线的使用大大提高了指令执行速度。

3. 内部总线

微控制器内部总线是连接其各部分的关键基础设施，它使得数据和控制信号能够在这些组件之间传递。内部总线系统包括三个主要部分：

1) 地址总线（address bus）：地址总线用于传输存储器地址信息，以指示数据应当从哪个位置读取或写入。总线的宽度决定了微控制器能够直接寻址的存储器空间大小。例如，一个 8 位地址总线可以寻址 $2^8=256$ 个地址，而 16 位地址总线则可以寻址 $2^{16}=65536$ 个地址。8051 微控制器使用 16 位地址总线。

2) 数据总线（data bus）：数据总线用于实际传输数据。数据总线的宽度（如 8 位、16 位）决定了每次传输的数据量，更宽的数据总线意味着更高的数据传输速率。8 位微控制器指的就是该微控制器数据总线的宽度为 8 位。

3) 控制总线（control bus）：控制总线携带控制信号，如读/写信号（RD、WR）、存储器选通信号、中断请求（IRQ）、复位信号等。这些信号配合数据总线和地址总线完成数据传输，以及协调微控制器内部各部件工作。

在微控制器中，总线系统的设计和组织方式对性能有重大影响。例如，哈佛架构的微控制器（如 8051）使用独立的地址和数据总线分别处理程序存储器和数据存储器，这允许同时访问代码和数据，从而提高执行效率。微控制器内部总线的设计还需要考虑功耗、成本和复杂性。在一些低功耗和低成本的微控制器中，可能会使用更窄的总线宽度来节省电力和减少芯片面积，但这可能会影响数据处理速度。

4. 特殊功能寄存器（SFR）

特殊功能寄存器（special function registers，SFR）用于直接控制微控制器的各种硬件功能，如定时器、串行通信接口、ADC（模/数转换器）、DAC（数/模转换器）等。这些寄存器可以直接通过地址访问，用于配置和监控硬件外设。特殊功能寄存器是非常独特的一类存储器，其存放的数值通常代表着特定的功能，如中断的开启或关闭、定时器的工作模式等。特殊功能寄存器具有以下特征：

1) 直接地址：SFR 通常位于微控制器的内部 RAM 地址空间的特定位置，每个 SFR 都有一个唯一的地址，使得它们可以通过直接读写访问。

2) 控制与状态：SFR 既可以是控制寄存器，也可以是状态寄存器。控制寄存器用于配置微控制器的硬件功能，如设置定时器的定时时长或启用特定的中断。状态寄存器则用于反映微控制器的当前状态，如中断标志位或定时器溢出标志。

3) 位操作：SFR 中的位可以单独设置或清除，这使得它能够精细地控制微控制器的硬件功能。例如，可以设置 GPIO 端口的某一位为输出，而其他位保持不变。

以 8051 微控制器为例，以下是在 8051 微控制器中一些重要的特殊功能寄存器及其功能：

1) 累加器（ACC）：它是算术和逻辑运算的主要寄存器。大部分算术和逻辑运算都需要 ACC 的参与，同时运算的结果也通常保存在 ACC 中。

2) 程序状态字（PSW）：它包含各种标志位，用于反映微控制器当前的运算状态和控制某些内部操作。具体包括：Cy（进位/借位标志）、Ac（辅助进位标志）、P（奇偶校验标志）、F0 和 F1（用户标志位）、RS0 和 RS1（寄存器组选择位）、OV（溢出标志）。PSW 寄存器的状态在执行算术和逻辑指令时自动更新，程序员可以通过读取 PSW 来检查运算结果的状态，也可以通过设置或清除特定的标志位来控制程序的流程，如条件跳转很多都和进位标志 C 有关。

3) 堆栈指针（SP）：它用于指示内部堆栈（stack）的顶部位置。堆栈是一种"后进先出"的数据结构,主要用于存储函数调用的返回地址、局部变量、函数参数,以及保存和恢复寄存器的值等。当有新的数据压入堆栈时,SP 的值会增加;而当数据从堆栈弹出时,SP 的值会相应地减少。

4)程序计数器(PC):它用于保存下一条指令的地址。PC 是一个 16 位的寄存器,它指示微控制器下一步将要执行的指令地址。应特别注意,是下一条即将执行的指令,不是正在执行的指令。PC 的值随着程序的执行而自动递增,确保指令能够按照既定的顺序执行。在遇到跳转指令(如 LJMP、SJMP)时,PC 的值会被更新为跳转目标的地址,从而改变程序的执行流程。调用指令(如 ACALL、LCALL)除了更新 PC,还会将当前 PC 的值压入堆栈,以便在子程序执行完毕后通过返回指令(如 RET)恢复并继续执行。当 8051 微控制器上电或复位时,PC 被初始化为 0x0000,这意味着程序将从程序存储器的起始地址开始执行。

这些 SFRs 提供了对 8051 微控制器内部硬件功能的直接控制,是编程和控制微控制器行为的基础。熟悉这些寄存器的使用是开发基于 8051 微控制器的嵌入式系统的关键。在实际编程中,通常使用汇编语言、C 语言中的特定指令或宏来访问和修改这些寄存器。

5.3 微控制器模块与接口技术

微控制器的接口技术允许它们与其他外部设备进行通信和交互。这些接口可以是数字的,也可以是模拟的。正是由于这些接口模块的存在,使得微控制器的功能大大加强,下面详细介绍一些常见的微控制器接口。

5.3.1 通用输入/输出

通用输入/输出(general purpose input/output,GPIO)模块是微控制器(MCU)中一个重要的组成部分,它提供了一组可以编程的引脚,用于与外部设备进行数字信号的交互,也就是高低电平。这些引脚可以输出高低电平,用来控制外部设备或和其他设备进行通信。也可以作为输入引脚,将其他设备的信息(如传感器信息)读入微控制器中。这些管脚的数据变化频率可以达到 1MHz 甚至更高。比较而言,8051 微控制器的输入/输出接口功能比较简单,而 STM32 系列微控制器中,GPIO 模块功能得到了大大的提升。常见的 GPIO 功能有:

1. 引脚配置

1)输入模式:引脚可以配置为浮空输入、上拉输入或下拉输入,这决定了当没有外部信号作用于引脚时其默认状态。

2)输出模式:引脚可以配置为推挽输出或开漏输出,前者可以直接输出高低电平,后者则需要外部上拉电阻才能输出高电平。

3)复用功能:除了基本的输入输出功能,引脚还可以复用为其他外设的功能,如 SPI、USART 等。

2. 速度配置

可以设置引脚的开关速度,比如低速(2MHz)、中速(10MHz)、高速(25MHz)或更高,这影响了引脚的响应时间和功耗。

3. 内部上拉/下拉电阻

在输入模式下，可以选择启用内部的上拉或下拉电阻，以确定无外部信号时的引脚状态。

4. 输出类型

1）推挽输出：引脚可以输出高电平或低电平。

2）开漏输出：引脚仅能输出低电平或高阻态，高电平需要外部上拉电阻。

5. 中断能力

GPIO 引脚可以配置为触发中断，当引脚状态变化时，可以唤醒微控制器执行特定的中断服务程序。

6. 模拟输入

部分 GPIO 引脚可以配置为模拟输入，用于连接 ADC（模/数转换器），读取外部模拟信号。

5.3.2 定时器/计数器

微控制器中的定时器/计数器是一种多功能硬件组件，能够执行与时间相关的任务，如定时、外部事件计数、产生精确延时、测量频率或周期，以及生成脉冲宽度调制（PWM）信号等。这些功能对于实现微控制器的实时控制和处理非常重要。

1. 定时器与计数器的异同

定时器/计数器的本质是一个累加器，就是不断+1 计数。如果累加器的输入是一个周期确定的标准方波，如通过晶振振荡产生，那么得到的结果就是特定的时间。如果累加器的输入是外部的事件，得到的结果就是事件的次数。

1）定时器：定时器通常使用内部时钟信号进行计数，用来测量固定的时间间隔。例如，可以配置定时器在特定的时间段后触发中断，以便执行某个操作，如控制 LED 闪烁、采样传感器数据或更新 LCD 显示。

2）计数器：计数器则可以对来自外部事件的脉冲进行计数。它可以用于测量频率（单位时间内事件的数量）、周期（两个连续事件之间的时间间隔），以及记录外部事件的发生次数。例如对流水线上生产的工件进行计数，每满足一定数量就进行自动打包处理。

2. 定时器/计数器的组成

典型的定时器/计数器结构如图 5-5 所示，它包括以下部分：

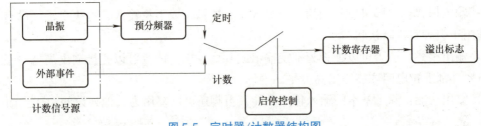

图 5-5 定时器/计数器结构图

1）计数信号源：分别来自内部的晶振分频信号（计时模式）或外部的计数引脚（计数模式）。

2）预分频器：用于减慢计数速度，使得定时器可以覆盖更广的时间范围。

3）启停控制：控制开关，用于定时/计数的启动或暂停。

4）计数寄存器：用于记录计数结果的累加器，该计数器结果会循环计数，溢出后从 0 开始继续计数。

5）溢出标志：当累加器计数溢出后会产生溢出标志，这代表定时时间到或计数结果溢出。这个标志可以触发中断响应。

3. 操作模式

同传统的微控制器相比，新型微控制器的定时器/计数器模块有多种操作模式，可以提供更强大的定时和计数能力。具体操作模式有：

1）自由运行模式：计数器持续计数，直到达到最大值后重新开始。

2）正常模式：计数器达到预设值后，计数值被重置到 0，并可能触发中断。

3）捕获/比较模式：计数器的值与比较寄存器的值进行比较，当两者相等时，可能触发中断或更新输出引脚状态。

4）输入捕获模式：当检测到外部信号变化时，捕获当前计数器的值。

5）输出比较模式：用于产生 PWM 信号，当计数器值与预设值匹配时，改变输出信号的状态。

应用定时器模块可以很容易实现 LED 闪烁、ADC 采样控制、电机控制（PWM 输出）等功能。不同的微控制器架构（如 8051、AVR、ARM Cortex-M 系列等）会有自己特有的定时器/计数器结构和配置方法，但基本的概念和原理是相通的。

5.3.3 中断

微控制器的中断是一种允许微控制器在执行当前任务时响应外部事件的重要机制。中断使得微控制器能够及时处理紧急或突发的事件，而不必一直轮询这些事件，从而提高了系统的效率和响应速度。

中断是一种硬件机制，正是由于通过硬件电路来检测特殊的触发条件，使得中断的响应能够非常及时。同样由于中断需要硬件检测电路的支持，使得早期的微控制器中断源数量非常有限，但在新型的微控制器中，中断数量有了很大的提升，如 STM32 中断源数量接近 256 个。

当外部设备（如传感器、通信接口、定时器等）需要立即处理某个事件时，它会向微控制器发送一个中断请求。接收到中断请求后，微控制器会暂停当前正在执行的程序，转去执行与该中断请求相关的中断服务程序（interrupt service routine，ISR），处理完中断事件后，再返回到被打断的程序处继续执行。

微控制器的中断响应和返回流程如图 5-6 所示，具体包含以下步骤：

1）中断请求：外部设备或内部硬件产生中断信号，请求微控制器处理。

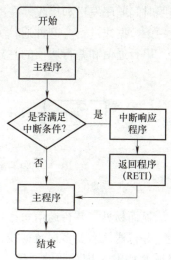

图 5-6　中断响应和返回流程

2）中断识别：微控制器检测到中断请求后，会识别中断的来源，并检查中断使能和优先级。

3）中断响应：如果中断被使能且优先级足够高，微控制器将保存当前程序的上下文环境（如程序计数器 PC 和寄存器的值），并跳转到相应的中断服务程序入口地址。执行中断响应需要对当前的程序状态进行保护。

4）执行中断服务程序：在 ISR 中，微控制器执行特定的代码来处理中断事件，包括读取传感器数据、更新显示、控制外部设备等。

5）中断返回：ISR 执行完毕后，执行中断返回指令 RETI，微控制器返回到中断前的程序位置，继续执行被打断的程序。

中断通常具有优先级，以确保高优先级的中断能够优先得到处理。当多个中断同时发生时，微控制器会先处理优先级最高的中断。中断优先级可以在微控制器的中断优先级寄存器中设置。

常见的微控制器的中断源有定时器中断、外部引脚中断、串行通信中断、ADC 转换中断、电源管理中断等。

熟练使用中断来实时处理各类事件意味着微控制器从单进程执行变成了多进程执行，程序的结构和性能都获得了很大的提升，所以熟练使用中断也是微控制器使用进阶的重要标志。

5.3.4 串行通信

随着微控制器性能的提高，整个嵌入式系统的智能化水平也在不断提高。以机器人系统为例，无论是诸如摄像头、激光雷达、姿态传感器这样的传感器，还是电机驱动器这样的执行机构，内部都有微控制器负责信号的采集或指令的执行。所以整个系统通常由核心的微控制器向其他智能设备进行信息和指令的传递，其中串行通信承担着核心的角色。

5.3.4.1 串行通信的定义

串行通信（serial communication）是一种数据传输方式，其中数据的比特（bit）被逐个按照时间顺序发送和接收。在串行通信中，信息流是连续的，每次只传输一个比特，通常通过一条数据线进行。这种通信方式与并行通信相对，后者同时通过多条数据线传输多个比特。串行通信和并行通信的差异如图 5-7 所示。

a）串行通信　　　　　　　　b）并行通信

图 5-7　串行通信与并行通信的差异

显而易见，并行通信每次可以传输多个比特，其通信速度比串行通信快。但是在物理上，并行通信需要多根数据线，而串行通信仅需要一根数据线。所以在短距离通信时，如线路板上 CPU 和内存间的通信，通常采用并行方式。随着传输距离的增加，传输信号变得不可靠，需要增加屏蔽层，线的成本变得越来越高，所以长距离传输通常使用串行通信。串行通信虽然看上去较慢,但如果再增加一根线传输时钟信号,就可以达到较高的速度。常见的有线通信方式,如 USB、网线都是串行通信方式,其速度都可以达到 100Mbit/s 以上。

5.3.4.2 机器人上常见的串行通信接口

机器人上通信的主要需求是主控制器和各传感器、执行器之间的通信,以及多个主控制器之间的通信。由于机器人通常体积不大,所以一些远距离的通信方式较少使用,主要用到的是中短距离的有线和无线通信方式。

1. 通用异步串行通信(UART)

这是一种最基本的串行通信接口,8051 微控制器即采用该接口方式。UART 是异步串行通信方式,使用 2 根数据线分别发送(TX)和接收(RX)串行数据,无共享时钟信号。UART 将并行数据转换成串行数据进行传输,然后在接收端将串行数据重新转换为并行数据。在发送数据时,UART 将数据的每一位(通常为 8 位)加上起始位、停止位和可能的奇偶校验位后依次发送出去。接收端 UART 根据相同的协议和波特率接收并解析数据。由于没有时钟信号,这意味着发送和接收双方需要事先约定好数据的传输频率,也就是波特率,通常以每秒位数(bit/s)来表示。UART 通信的双方必须设置相同的波特率才能正确通信。常见的波特率有 9600bit/s、19200bit/s、57600bit/s 等。

UART 是微控制器最基本的通信接口,广泛应用于各种场合。很多其他的通信模块,如蓝牙、Wi-Fi、USB 等也会通过 UART 和微控制器进行通信。不过 UART 因为是异步通信方式,所以速度太慢,将会逐步淘汰。

2. I^2C(inter-integrated circuit)

I^2C 总线是一种两线式串行总线标准,由飞利浦半导体公司(现在的恩智浦半导体公司)在 1982 年开发。I^2C 总线是一种短距离的同步串行通信方式,主要用在微控制器、传感器、存储器和其他外围设备之间。它比较适合在线路板上的通信,一旦通信线要离开线路板,其通信可靠性将大大下降。I^2C 的主要特点是使用两条双向总线:一条数据线 SDA(serial data)和一条时钟线 SCL(serial clock)。I^2C 的设计目标是简化电路板布线,降低成本,两根线就可以实现多个设备之间的相互通信。I^2C 总线支持多个设备挂接在同一总线上,每个设备都有一个唯一的 7 位或 10 位地址,允许主设备寻址并与其通信。同 UART 通信相比,I^2C 的通信复杂了很多,在同样的物理条件下(都是两根线),I^2C 不仅实现了多个设备的双向通信,而且通信速率也大大提高。I^2C 使用专门的通信协议,采用主从架构,主设备启动和终止数据传输,控制时钟信号,并寻址从设备。数据传输以开始条件开始,以停止条件结束。I^2C 数据传输速率支持从标准模式的 100kbit/s 到超快速模式的 5Mbit/s。I^2C 虽然有很多优点,但它是一种用于线路板上的短距离通信方式,信号没有经过调制解调,也没有增加屏蔽层,所以它不适合用于离开线路板的数据通信,不适合机器人不同位置模块之间的通信。

3. CAN(controller area network)

CAN 总线是一种用于实时应用的串行通信协议,最初由 Bosch 公司为汽车工业设计,但现在已广泛应用于各种行业,包括航空航天、航海、工业自动化、医疗设备以及建筑自动化等领域。CAN 总线的特点是其多主结构和高可靠性,使其非常适合在需要快速响应和高数据完整性的环境中使用。

CAN 总线支持多主节点,这意味着网络中的任何节点都可以在任意时刻发起数据传输。如果两个或更多节点同时尝试发送消息,它们将通过仲裁过程确定哪个节点优先发送,优先级高的设备将先发送。CAN 总线具备强大的错误检测机制，包括 CRC 校验、位填充和位定时。一旦检测到错误，网络可以自动恢复并继续运行。CAN 总线支持高达 1Mbit/s 的数据传输速率（在短距离情况下），这在实时控制应用中非常重要。在降低数据速率的情况下，CAN 总线可以支持长达 10km 的通信距离。CAN 总线使用两条差分信号线 CAN_High（CANH）和 CAN_Low（CANL）。差分通信方式非常适合长距离通信，因为两根互相缠绕（双绞线）的数据线在传输过程受到的干扰基本一致，所以它们的差分信号可以维持不变。数据通过这两种信号线的电平差异进行传输。网络中的节点通过监测这两条线的电压差来接收数据。

CAN 总线最早使用在汽车电子通信上，而机器人和汽车在空间尺寸、通信数据量、数据类型、实时响应要求上都非常相似，所以 CAN 通信方式在机器人上也非常适合。目前机器人上大量的电机控制器采用 CAN 通信，锂电池的电源管理芯片（BMS）采用 CAN 通信，一些传感器（如卫星定位模块、姿态传感器）也采用 CAN 通信。

新型的微控制器（如 STM32）都包含 CAN 通信接口。CAN 通信和 I^2C 通信类似，都需要特殊的硬件支持，也包含比较复杂的通信协议，所以一定要微控制器自带 CAN 通信接口才可以正常使用。

4. 以太网（Ethernet）

以太网是一种广泛使用的局域网（LAN）技术，用于在计算机网络中进行数据传输。自 20 世纪 70 年代末以来，以太网已成为最普遍的网络通信标准之一，几乎所有的现代网络设备和计算机都支持以太网。以太网线虽然有 8 根线，但其实是 4 对双绞线，所以它也采用串行通信技术。以太网的通信协议包含物理层、数据链路层和网络层，可以实现大规模设备的相互通信。

在机器人应用中，以太网主要用来满足数据量大的通信需求。比如，摄像头、激光雷达通常采用以太网和微控制器或者工控机进行通信。虽然以太网和 USB 都可以进行高速传输，但是 USB 的接口数量通常有限，不像以太网可以通过交换机扩充接口。而且机器人工作通常会伴随着振动和晃动，以太网的物理接口比 USB 要更可靠，某些高振动的场景还可以采用螺纹接口来连接网线。

5. 无线通信

机器人通信大部分采用有线连接，因为有线通信更可靠，速率更高，抗干扰能力更强。但是在某些运动的部件上有线连接很困难，或者在后期的改动中需要增加临时的数据通信，或者在多机器人之间进行协同通信，这些情况下采用无线通信技术会更方便。常见的无线通信方式有：

（1）蓝牙（bluetooth） 蓝牙是一种短距离无线技术，适用于音频传输、数据同步和设备控制。它使用 2.4GHz ISM 频段，提供低功耗（bluetooth low energy，BLE）和传统蓝牙两种模式，适用于多种应用场景。

（2）Wi-Fi Wi-Fi（wireless fidelity）基于 IEEE 802.11 标准，用于提供无线局域网（WLAN）连接。它支持高速数据传输，通常用于连接到互联网，使微控制器能够成为云连接设备的一部分。

（3）Zigbee Zigbee 是一种低功耗、低数据速率的无线网络技术，基于 IEEE 802.15.4 标准。它适用于传感器网络、家庭自动化和智能能源管理，以其低功耗和网络拓扑的灵活性而著称。

（4）LoRa　LoRa（long range wide area network）是一种为低功耗广域网（LPWAN）设计的协议，特别适用于远距离、低带宽、低功耗的物联网应用。它使用Sub-GHz频段，能够覆盖几公里至几十公里的范围。

（5）UWB（ultra-wideband）　UWB是一种高速无线技术，使用极宽的频谱进行通信，可提供高数据速率和精确的定位能力，适用于高速数据传输和高精度定位应用。

（6）4G/5G通信　4G/5G指的是第四代和第五代移动通信技术标准，也就是手机的通信技术。通过手机通信模组，机器人可以经过手机基站连接到互联网，和云端的服务管理平台进行通信。手机通信信号覆盖广、通信速度高。

5.4　Arduino 微控制器

Arduino是一款开源的微控制器平台，广受业余爱好者、艺术家、设计师和专业工程师的欢迎，自2005年推出以来，已发展成为电子和嵌入式设计领域最知名的品牌之一。Arduino结合了硬件（各种型号的Arduino微控制器板卡）和软件（Arduino IDE），为用户提供了一个易于使用、快速原型开发和个性化定制的平台。

5.4.1　Arduino 微控制器概述

Arduino项目始于意大利的伊夫雷亚交互设计学院（IDII），项目开发的初衷便是创建简单、低成本的工具，使非工程师也能轻松创建嵌入式项目。与大多数可编程开发板不同，Arduino不需要单独的硬件（仿真器）来将新代码加载到存储器中，只需要使用USB线就可以实现加载，同时USB线还兼有串口通信的功能，方便开发者在代码调试阶段将中间变量发送到串行监控器。

Arduino是一款极易上手的微控制器，不仅编程语言使用的是简化版的C/C++，还将复杂的底层寄存器操作封装成了抽象的接口（API），因此只需要短短几行代码就可以实现让LED闪烁。

Arduino的一个显著优势是其成本效益。Arduino的设计理念之一就是保持低成本，这使得它成为教育、业余爱好者以及初创企业的理想选择。硬件的低成本也意味着它们可以大量部署于各种应用中，让更多的人能够接触并学习嵌入式系统和电子工程的基础知识。

Arduino的另一个强大之处在于其建立了庞大的全球社区。这个由开发者、教育工作者、艺术家和业余爱好者组成的社区为Arduino提供了丰富的资源和支持。社区成员通过在线论坛、社交媒体、博客和开源项目共享代码、教程、项目示例和技术指导，形成了一个活跃的知识交流网络。这种社区支持意味着初学者可以轻松找到入门指南和解决方案，而更有经验的用户则可以分享他们的项目，推动Arduino技术的发展。许多流行的库和框架都是由社区成员开发和维护的，这些库和框架极大地扩展了Arduino的功能。

5.4.2　Arduino 微控制器接口

Arduino开发板如图5-8所示，其拥有SPI（ISCP）、USB、UART等通信接口，还有5V和3.3V输入输出、7~12V直流输入的电源接口，能满足大多数的工程项目需要。下面将介绍 Arduino 最常用的两个与外界交互的接口，即输入输出引脚和串行通信接口。

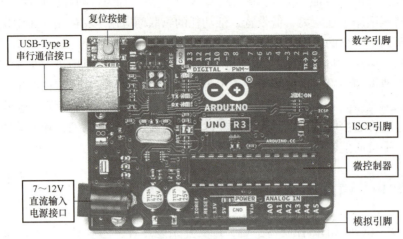

图 5-8　Arduino 开发板

1. 通用输入/输出（GPIO）引脚

Arduino 微控制器凭借其丰富的通用输入输出（GPIO）引脚，成为连接物理世界与数字世界的桥梁。这些引脚不仅数量众多，功能也极其灵活，能够满足从基础到复杂的各种工程需求。

所有 GPIO 引脚默认配置为输入模式，此时引脚处于高阻抗状态，如同串联了极大的电阻，这意味着它们几乎不消耗电流，非常适合用于读取传感器或按钮的状态。然而，这种状态下的引脚若未连接任何电路，即"悬空"，将易受电噪声影响，产生不确定的读数。为解决这一问题，Arduino 内置了 20kΩ 的上拉电阻，通过编程可启用，确保引脚在未连接时保持高电平，从而稳定信号。

当引脚配置为输出时，GPIO 变为低阻抗状态，能够提供最大 40mA 的电流，足以驱动 LED 或小型传感器，但不足以驱动高功耗设备，如继电器或电机。输出引脚的不当使用，如短路或超载，可能导致输出晶体管损坏，影响引脚功能，但通常不会影响微控制器的其他部分。

除了数字输入输出功能，模拟引脚 A0~A5 还配备了 6 路模/数转换器（ADC），能够将模拟信号转换为 10 位分辨率的数字值，即这些引脚会将 0~Vcc 的电压输入线性地映射到 0~1023 的整数区间。模拟引脚同样可以作为额外的数字输入输出使用，为需要更多数字引脚的项目提供便利。

还有一些特殊的数字引脚，其引脚标号前带有波浪（~）的丝印。这些引脚有支持 PWM 功能，通过调整高电平与低电平的持续时间比例，模拟出介于 Vcc~0 之间的电压，实现类似模拟信号的输出，适用于控制 LED 亮度或电机速度等场景。

2. 串行通信接口

串行通信是 Arduino 与其外围设备或主机系统之间进行数据交换的一种基本机制。Arduino 硬件内置了硬件串行功能，意味着它具备专门的引脚（标记为 RX 和 TX，即接收和发送）来实现这一功能。这种设计确保了 Arduino 能够高效地进行双向数据传输，而无需额外的软件去模拟串行通信。硬件串行通信的特性使其成为最强大、最可靠的通信方式之一，因为它能够同时发送和接收数据，提高了数据交换的效率；允许微控制器在通信的同时处理其他计算任务；能处理高波特率的数据，支持高速通信。

所有常见的 Arduino 开发板都至少装备了一个硬件串行通道，且如果开发板上带有 USB 连接器，那么该串行通道通常是通过一个 UART 到 USB 适配器芯片与 USB 相连的。并非所有的 Arduino 开发板或兼容板都有集成的 UART 到 USB 芯片，这意味着那些没有此芯片的开发板无法直接连接到计算机，需要外置适配器来实现通信。Arduino Uno 就利用了上述所说的串口到 USB 的硬件架构，使得用户能够直接通过 USB 接口与计算机通信，无需额外的适配器。ATmega16U2 作为 UART 到 USB 的转换芯片，不仅负责建立与计算机之间的连接，还管理着硬件流控制（RTS/CTS），从而保证数据传输的稳定性和完整性。这种设计让 Arduino IDE 可以直接通过 USB 接口上传代码到 Arduino，并且 Arduino 也能够通过同一接口发送数据给计算机，以供串行监视器读取数据流。值得注意的是，在部分产品（如 Uno Rev3）上，引脚 0 和 1 用于与计算机通信，将任何东西连接到这些引脚都可能干扰该通信，导致主板加载程序失败。因此，在加载新的程序时，如果在项目中使用了 RX 和 TX 引脚，需要暂时断开这些引脚的连接，以避免上传过程中的冲突。

5.4.3 Arduino 微控制器编程

Arduino 有自己强大的集成开发环境（IDE），可以用于管理软件库、编辑加载代码甚至串口调试。除了桌面端的离线 IDE，平台还提供了网页版在线 IDE，它允许开发者将草稿保存到云端，并且从任意设备进行访问和备份，方便开发者进行团队合作或者远程办公。

Arduino IDE 界面如图 5-9 所示，其主要功能如下：

图 5-9　Arduino IDE 界面

1）编译/加载：编译并上传代码至 Arduino 开发板。

2）选择设备：检测 USB 端口以及 Arduino 设备，选择设备进行代码加载或串口通信。

3）串口工具：包括串行监控器以及串行绘图。串行监控器可以查看 Arduino 与计算机串行通信的数据流，例如可以通过 Serial.print()命令由串口发送数据，并在串行监控器中看到这条数据。串行绘图工具（图 5-10）可以用曲线直观地表现数据，与监控器的数据不同，绘图工具的可视化功能可以帮助开发者更好地理解和比较数据，在测试校准传感器、微调参数等情况下十分有用。

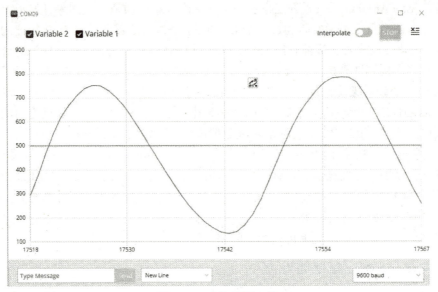

图 5-10　串行绘图工具

Arduino 编程语言可分为三个主要部分：函数、值（变量和常量）以及结构。这一系列预定义的 API 用来控制硬件和处理数据，大大简化了与各种功能的交互，使开发过程更为直观和高效。

如图 5-9 代码编辑区的代码所示，程序最基本结构就是由 setup()函数和 loop()函数构成的。这也是 Arduino 编程模型的核心，它们共同构建了一个既简单又强大的编程框架，使开发者能够专注于应用程序的逻辑，而不必担心底层硬件细节。

setup()函数是程序的起点，当 Arduino 开发板通电或复位时，控制权首先交给了这个函数。它的任务是在程序正式运行之前进行一系列的初始化操作。在 setup()函数内部，开发者可以设置引脚模式（如输入或输出）、配置串行通信、设定定时器、初始化外设或调用其他库函数，为后续的操作环境做好准备。setup()函数只会被执行一次，确保了初始化步骤不会被重复执行，避免了不必要的资源消耗。

setup()执行完毕后，程序的控制流将转向 loop()函数。loop()是一个循环执行的函数，它构成了程序的主体和逻辑中心。一旦 setup()完成其初始化任务，loop()将不断重复执行，直到 Arduino 开发板下电或被按下复位按键。在这个函数中，开发者可以编写程序的主要逻辑，处理传感器数据、控制电机、读写存储器、执行网络通信等。loop()相当于 C/C++中的无限循环 while(1)，它允许开发者构建动态、响应式的系统，能够持续监测外部事件并做出相应的动作。

setup()和 loop()的结合使用，为 Arduino 程序提供了一个清晰的结构化流程。在 setup()中完成的初始化，为 loop()提供了一个稳定可靠的运行环境，而 loop()则负责处理程序的实时性和持续性需求。这种设计不仅简化了编程复杂度，而且确保了 Arduino 程序的高效和可靠性。

下面介绍一些相关的 API。

（1）int digitalRead（int pin）　它用于读取指定数字引脚的状态。pin 参数是要读取的引脚编号。函数返回 HIGH 或 LOW 状态，分别代表 5V 和 0V。

（2）void digitalWrite（int pin, int value）　它用于向指定数字引脚写入 HIGH 或 LOW 电平。pin 是目标引脚编号，value 是想要设置的状态，可以是 HIGH（1）或 LOW（0）。例如，如果想点亮连接到数字引脚 13 的 LED，可以使用 digitalWrite（13, HIGH）；。

（3）void pinMode（int pin, int mode）　它用于设定指定引脚的工作模式。pin 参数是想配置的引脚，mode 参数可以是 INPUT（用于读取信号）、OUTPUT（用于发送信号）或 INPUT_PULLUP（用于读取信号并提供内部上拉电阻）。

（4）int analogRead（int pin）　它用于读取指定模拟引脚的电压值。返回一个 0~1023 范围内的数值，对应于 0~5V（或根据 Arduino 板的供电电压）的电压范围。

（5）void analogWrite（int pin, int value）　它以 8 位分辨率（0~255）将值写入 PWM 支持的引脚，输出占空比为 value/255 的方波。

（6）void delay（long milliseconds）　冻结程序执行指定的毫秒数。

（7）void Serial.begin（unsigned long baudrate）　初始化串口通信，baudrate 参数设置波特率，这是数据传输的速度。通常的波特率有 9600、19200、38400、57600、115200 等。

（8）size_t Serial.println（val, format）　它将变量 val 以字符串形式输出到串口。可以接受多种类型的数据，包括整数、浮点数和字符串。可选的第二个参数指定要使用的基数（格式），如 BIN（二进制）、OCT（八进制）、DEC（十进制）、HEX（十六进制）。println()会在输出后自动换行，方便在串口监视器中查看输出数据。

（9）int Serial.read()　从串口接收一个字节的数据。如果串口缓冲区中有数据，则返回该字节；如果没有数据，返回-1。

（10）int Serial.available()　检查是否有数据可从串口读取。如果有数据在缓冲区中等待被读取，返回的值为 true 或大于 0 的数量。

5.4.4　Arduino 微控制器应用

本节将使用 Arduino 开发板、直流电机、电机驱动器、超声波传感器等组件，构建一个能够自主避障的轮式移动机器人。

所需材料：Arduino Uno 开发板、直流电机（2 台）、L298N 双 H 桥电机驱动器模块、超声波传感器（如 HC-SR04）、面包板或焊接式电路板、杜邦线（若干）、电线（若干）、电池组（9V 或锂电池）、机器人底盘（包含两个车轮和支架）。

下面我们详细介绍主要模块的工作原理和接线方式。

1. 超声波传感器

超声波传感器是一种利用声波测量距离的装置，其工作原理与蝙蝠测距的原理类似，都是发射声波并接收反射的声波，因此其由两个主要部件组成：发射器和接收器。发射器负责发出高于人类听觉上限频率的超声波，当声波撞击到物体时会形成反向传播的回声，并由接收器接收到。Arduino 内部时钟会记录声音传播经历的时间，并且将这个时间乘以声速就可以得到声音传播的距离。超声波传感器接线示意图如图 5-11 所示。

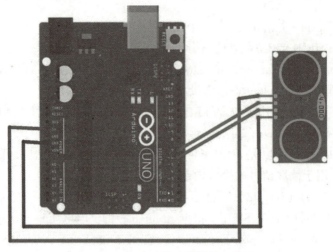

图 5-11　超声波传感器接线示意图

2. 电机驱动器

直流电机的原理和模型十分简单，其转速与有效电压成正比，因此调节输入 PWM 的占空比即可调节电机转速。此外电压的正负决定电机正反转，因此要实现能对电机调速并且控制正反转的功能，往往需要一个由晶体管组成的 H 桥电路。LM298N 是一款被广泛应用的经典的直流电机驱动芯片，其内部封装好了由晶体管组成的 H 桥电路，支持 PWM 控制两路电机，输出最高 3A 电流。由于市场上大量的电机驱动板都是以 LM298N 这款经典芯片来开发的，所以本小节也以 LM298N 为例讲解如何用 Arduino 控制直流电机。

图 5-12 所示为 LM298N 驱动板的原理图，其中与输出端口 OUT 并联的二极管 VD1～VD9 被称为续流二极管，作用是限制电机两端的电压。电机作为一个大线圈，其电压与电流存在微分关系。而电机的电流在加减速过程中常常会迅速变化，电压作为其导数也会突变。续流二极管便会让电流平缓变化，防止产生极端电压破坏其他器件。

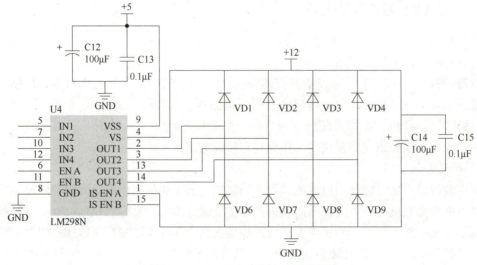

图 5-12　LM298N 外部电路原理图

将驱动器的 IN1~IN4 引脚连接到 Arduino 的数字输出引脚，用于控制两个电机的旋转方向，如图 5-13 所示。驱动器的 IS EN A 和 IS EN B 引脚通过 PWM 信号控制电机速度，可以连接到支持 PWM 的引脚。

3. 控制移动机器人

将直流电机固定在机器人底盘上（图 5-14），确保两个电机轴平行且对称。将超声波传感器安装在机器人前部，以便能够向前方发射和接收超声波信号。确保电机驱动器、超声波传感器以及 Arduino 的电源负极连接在一起（共地连接）。将电池组连接到驱动器的电源输入（Vcc 和 GND），并使用跳线将 Arduino 的 5V 和 GND 连接到面包板上，以便为传感器供电。

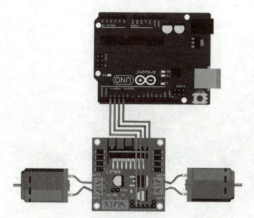

图 5-13　电机及驱动器接线示意图

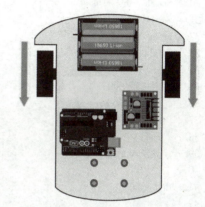

图 5-14　直流电机固定在机器人底盘上示意图

机器人的运动学模型可以参考两轮差速小车的运动学模型，建立以速度和角速度为状态的方程。但本小节重点内容并非是机器人的运动控制，因此只给出一个简单逻辑的避障代码如下。

```
1. const int trigPin = 6;     // 连接到 HC-SR04 的 Trigger 引脚
2. const int echoPin = 7;     // 连接到 HC-SR04 的 Echo 引脚
3. const int leftMotorForward = 2;  // 左电机正转
4. const int leftMotorBackward = 3; // 左电机反转
5. const int rightMotorForward = 4; // 右电机正转
6. const int rightMotorBackward = 5;// 右电机反转
7. void setup() {
8.   pinMode(trigPin, OUTPUT);
9.   pinMode(echoPin, INPUT);
10.  pinMode(leftMotorForward, OUTPUT);
11.  pinMode(leftMotorBackward, OUTPUT);
12.  pinMode(rightMotorForward, OUTPUT);
13.  pinMode(rightMotorBackward, OUTPUT);
14.  // 开启串口通信
15.  Serial.begin(9600);
16. }
17. void loop() {
18.   long duration, distance;
```

```
19.     // 发送超声波脉冲
20.     digitalWrite(trigPin, LOW);
21.     delayMicroseconds(2);
22.     digitalWrite(trigPin, HIGH);
23.     delayMicroseconds(10);
24.     digitalWrite(trigPin, LOW);
25.     // 计算距离
26.     duration = pulseIn(echoPin, HIGH);
27.     distance = duration / 58.2;
28.     // distance 单位 cm, duration 单位 us
29.     // 通过串口打印距离
30.     Serial.print("Distance: ");
31.     Serial.print(distance);
32.     Serial.println(" cm");
33.     if (distance < 30) {
34.         stop();
35.         delay(1000);
36.         turnRight();
37.         delay(1000);
38.     } else {
39.         goForward();
40.     }
41.     delay(50);
42. }
43. void goForward() {
44.     digitalWrite(leftMotorForward, HIGH);
45.     digitalWrite(leftMotorBackward, LOW);
46.     digitalWrite(rightMotorForward, HIGH);
47.     digitalWrite(rightMotorBackward, LOW);
48. }
49. void turnRight() {
50.     digitalWrite(leftMotorForward, HIGH);
51.     digitalWrite(leftMotorBackward, LOW);
52.     digitalWrite(rightMotorForward, LOW);
53.     digitalWrite(rightMotorBackward, HIGH);
54. }
55. void stop() {
56.     digitalWrite(leftMotorForward, LOW);
57.     digitalWrite(leftMotorBackward, LOW);
58.     digitalWrite(rightMotorForward, LOW);
59.     digitalWrite(rightMotorBackward, LOW);
60. }
```

本章小结

微控制器是机器人控制的核心，它将微处理器、存储器、输入/输出接口以及其他功能接口集成在同一块芯片上。传感器的信号输入到微控制器,控制命令由微控制器发往电机驱动器。通过运行程序和指令,微控制器实现了对机器人的控制。本章重点介绍微控制器的概念、原理和接口模块,并以 Arduino 控制器为代表介绍其在机器人控制中的应用。

习　题

一、填空题

（1）微控制器指令执行过程主要包括_____、_____和_____三个阶段。

（2）微控制器内部总线包括_____、_____和_____三类。

（3）运算器计算减法是通过_____方式实现的。

（4）特殊功能寄存器 SFRs 不同于一般的储存单元,它的数值代表着对应模块的_____。

（5）Arduino 延时函数 delay( ) 延时时间的单位是_____。

二、简答题

（1）简述微控制器的硬件体系结构。

（2）简述微处理器和微控制器的异同。

（3）简述微控制器的特点。

（4）简述指令流水线执行的原理和过程。

（5）如何区分微控制器的定时器/计数器模块是在定时功能,还是计数功能?

（6）对于一个走迷宫机器人小车,请画流程图说明其走出迷宫的原理,并分别编写其左转和右转核心子程序。

（7）简述 Arduino 语言中的 Setup( ) 函数和 Loop( ) 函数的功能。

（8）微控制器是通过什么方式控制 LED 灯亮度的?请使用 Arduino 程序子函数控制 LED 显示 40% 的亮度。该方法还可以用来控制什么模块?

（9）中断模块可以实现微控制器的实时响应,其中断条件的及时触发是通过什么机制实现的?简述中断响应程序的调用和返回流程。

（10）机器人上微控制器和各模块之间通过串行通信方式进行数据传输,请列举至少五种常见的通信接口方式,并重点阐述其中两种的优缺点。

参考文献

[1] 王晓萍. 微机原理与接口技术[M]. 杭州：浙江大学出版社,2015.

[2] 徐灵飞,黄宇,贾国强. 嵌入式系统设计：基于 STM32F4[M]. 北京：电子工业出版社,2020.

[3] MAZIDI M A, MAZIDI J G, MCKINLAY R D. The 8051 microcontroller and embedded systems［M］. 2nd ed. Upper Saddle River: Prentice Hall, 2005.

[4] MARTIN S, FERNANDEZ-PACHECO A, RUIPEREZ-VALIENTE J A, et al. Remote experimentation through Arduino-based remote laboratories［J］. IEEE Revista Iberoamericana de Tecnologias del Aprendizaje: IEEE-RITA, 2021, 16 (2): 180-186.

ID
第 6 章　机器人视觉

导　读

机器人要实现智能化作业，首先就需要对环境进行感知，这其中最常用的传感方式就是利用相机获取图像，从而模拟人类的眼睛。此外，在获取图像的基础上，为了充分理解图像中所包含的信息，还需要模拟人类的大脑，构建图像处理模块。因此，本章聚焦视觉信息的理解，以几何任务和语义任务两个需求作为牵引，从成像机理和建模开始，逐步介绍图像的三维建模、特征检测与匹配，以及语义理解方面的知识。

本章知识点

- 机器人视觉简介
- 图像及相机建模
- 三维建模
- 特征检测与匹配
- 物体语义理解

6.1　机器人视觉简介

人通过眼睛能够接收到外部环境的图像信息，对机器人而言，视觉要通过视觉传感器来获取环境的信息，如照相机、摄像机等。和人类的眼睛一样，机器人的眼睛是机器人获取外部环境信息最常见的传感器之一。本章将介绍机器人如何利用视觉传感器来获取对环境的三维和语义信息，从而为机器人的决策提供丰富的信息。

6.1.1　传感器及成像原理

最早的被动视觉传感器可以追溯到 1544 年，其原理就是小孔成像。如图 6-1 所示，在一个被称为暗室的房间中，通过在墙壁上打个洞，外部的光射进来，就会在暗室的墙壁上成像。当时虽然有了成像的方式，但没有办法把墙上的像保留下来。

为了解决这个问题，CCD 传感器被发明出来。CCD 上面有一个个能够感受光强的像素紧密排成阵列。这样就可以通过调整小孔和 CCD 的相对关系，使像成到 CCD 上，CCD 上的像素就能够保存入射到该位置的光强，通过多个像素保存各自的光强，就形成了数字图像，也就是照片。

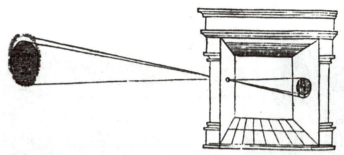

图 6-1 基于小孔成像的暗室

这套成像机理存在两个问题：

1）在外部光弱的情况下，可能反射到小孔的光很微弱，成像很暗，导致无法辨别内容，比如晚上拍照。解决这个问题的方式比较简单，就是通过加个人工光源来增强光照，比如闪光灯。

2）物体离像平面的远近，无法反映在图像上。简单说就是同样的物体，大一点远一点，和小一点近一点，所成的像是一样的，无法区分其深度，如图 6-2 所示。一个直观的解决方案是模仿人的双眼，通过两套相机来构建双目系统，从而获得对物体的深度感知。因为两套相机能够从不同位置和朝向去获取物体的成像，因为相机位姿的不同，物体在双目中的成像也会呈现差异，称为视差角。视差角是人脑获得物体深度信息的关键。

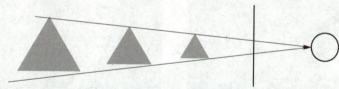

图 6-2 难以获取物体的深度

6.1.2 常见机器人视觉应用

了解了视觉传感器的基本工作原理，接下来简单介绍装备了视觉传感器的机器人能够实现的应用场景。图 6-3 所示为典型机器人视觉系统的应用场景。

1）划痕检测、土壤分析等识别检测类应用。划痕检测能够通过视觉的感知，发现手机外壳上的划痕瑕疵，这使得流水线上检测的工作能够自动化，大幅度提升效率和标准化程度。

2）工件建模、地形测绘等三维重构类应用。如工件的建模能够对实际加工的物体构建其三维模型，实现对零部件的数字化。

3）车辆预测、场景解析等应用。该类应用可以使机器人对周围环境中的障碍物，特别是动态障碍物的轨迹有所感知，基于这些感知，机器人能够做出更安全更高效的规划。

这些应用展现了视觉感知的不同功能。总体来看，视觉在应用中所表现出的角色，主要是提供了一种**几何测量**的工具，也提供一种**语义认知**的工具，因此从应用角度也体现了其在机器人上不可或缺的作用。从数据上来看，尽管人类有多个感官，比如听觉、味觉、触觉，但 80% 以上，乃至 90% 的信息都以视觉图像的形式被传递。所以，要构造出智能的机器人，显然视觉不可或缺，否则机器人会失去 80% 以上的信息来源。

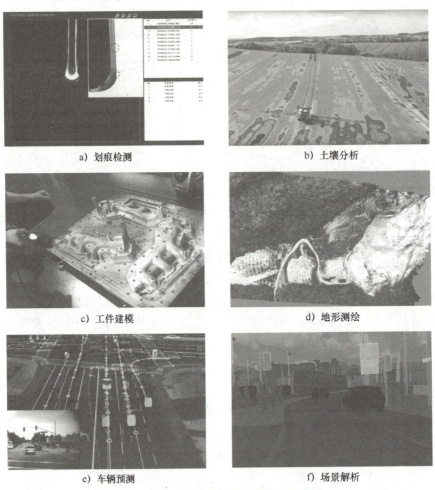

图 6-3 典型机器人视觉系统的应用场景

6.1.3 机器人视觉的挑战

在介绍机器人视觉的挑战前，先来了解一个视觉问题。如图 6-4 所示，在棋盘格上，A 和 B 格的颜色有明显的差异，一个对应棋盘的黑区，一个对应棋盘的白区，但当增加两条色带，并且采用 B 格的颜色赋予色带时，可以发现色带和 A 区的颜色是一致的。这说明让人脑反应出 A 是黑区，B 是白区的原因并不是两个区域的像素值本身，而是棋盘格黑白区相间的知识，默认让人脑认为两者颜色不同。这就意味着，像素值本身极易受到外界环境的影响，如遮挡、光影等，要正确实现识别类的任务，不光要考虑像素值本身，还要考虑大量先验知识，这也是机器人视觉面临的主要挑战。

在本章中，将介绍如何利用相机获得环境的三维信息，形成测量工具，同时获取环境、物体的语义信息，形成认知工具，最终使机器人具备三维的环境理解，为后续的决策提供依据。

图 6-4　图像灰度值受到严重的干扰

6.2　图像及相机建模

要利用相机获得对外部环境的理解，首先要理解相机本身。前文介绍了相机获得图像的原理，本节将详细介绍如何利用数学工具对相机进行建模，并构建三维世界和图像世界间的关系，为解决视觉问题提供理论基础。

6.2.1　图像

首先对图像进行建模，如图 6-5 所示，可以看到图像本质是一个自变量为像素坐标，因变量为像素值的函数。当图像是灰度图像时，函数的值域是一维的整数集合；当图像是彩色图像时，函数的值域是三维的整数集合；当图像能测量深度时，每个像素又可以对应一个正实数。从这个定义中就可以看出，视觉问题要处理的两大信息来源，就是图像函数的自变量和因变量，前者是像素位置，包含了几何信息，而后者是像素位置对应的像素值，包含了该位置的语义信息，这也很好地对应了视觉的两大功能，测量和认知。

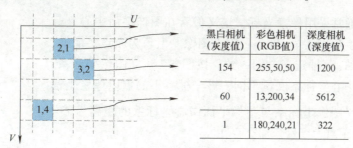

图 6-5　图像本质

6.2.2　相机建模

相机模型如图 6-6 所示。该模型是一个小孔成像模型，其中透镜中心被称为光心 C，垂直于图像平面且穿过光心的轴称为光轴。通常把图像平面转移到光心前进行分析，以避免成倒像，从而简化建模。以光心为原点，光轴为 z 轴，原点向右为 x 轴，向下为 y 轴，称为相机坐标系，x 轴和 y 轴决定了图像的横轴和纵轴。如图 6-6 所示，定义相机坐标系下的物体点为 $P=(x,y,z)$。以图像平面与光轴的交点为原点，与光心坐标系坐标轴平行的坐标系为图像平面中心坐标系，该坐标系下的物体点 P 投影为 $\bar{U}=(\bar{u},\bar{v})$，这就是物体点在图像上的成像点。根据相似三角形，存在如下几何关系

$$\frac{f}{z}=\frac{\bar{u}}{x} \tag{6-1}$$

$$\frac{f}{z}=\frac{\bar{v}}{y} \tag{6-2}$$

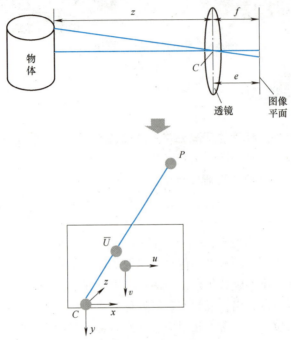

图 6-6 相机模型

考虑到图像通常采用像素坐标，定义像素在图像平面中心坐标系下的宽度和高度分别为 κ_x 和 κ_y；定义图像左上角为原点，横轴、纵轴和相机的 x 轴、y 轴定义方向一致，按图 6-7 建立图像坐标系。该坐标系与图像中心坐标系度量不同，该坐标系下的点以像素坐标度量。进一步定义图像坐标系与图像平面中心坐标系的距离为 $\bar{C}=(\bar{c}_x,\bar{c}_y)$，该值以距离为度量。那么存在

$$u\kappa_x=\frac{fx}{z}+\bar{c}_x=\frac{fx}{z}+c_x\kappa_x \tag{6-3}$$

$$v\kappa_y=\frac{fy}{z}+\bar{c}_y=\frac{fy}{z}+c_y\kappa_y \tag{6-4}$$

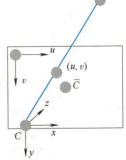

图 6-7 图像坐标系定义

式中，u、v、c_x 和 c_y 分别为图像坐标系下的物体投影成像点和图像中心点坐标。

对式 (6-3) 和式 (6-4) 两边同除 κ_x 和 κ_y，可得

$$u=\frac{fx}{\kappa_x z}+c_x\triangleq\frac{f_x x}{z}+c_x \tag{6-5}$$

$$v = \frac{fy}{\kappa_y z} + c_y \triangleq \frac{f_y y}{z} + c_y \tag{6-6}$$

式中，f_x 和 f_y 分别为用像素的宽度和高度度量的焦距。

整理式（6-5）和式（6-6），构成矩阵形式

$$z\boldsymbol{U} \triangleq \begin{bmatrix} zu \\ zv \\ z \end{bmatrix} = \begin{bmatrix} f_x & 0 & c_x \\ 0 & f_y & c_y \\ 0 & 0 & 1 \end{bmatrix} \boldsymbol{P} \triangleq \boldsymbol{KP} \tag{6-7}$$

式中，$\boldsymbol{K}$ 为内参矩阵；$\boldsymbol{U}$ 的前两个元素是 $\boldsymbol{P}$ 在图像中的坐标，第三元素为1。

该式描述了相机坐标系下一个三维点如何在图像中形成投影的过程，关联了一个点的像素位置和空间位置，对于通过相机测量点具有重要意义。通常物体点会定义在一个世界坐标系下，定义点 $\boldsymbol{P}$ 在某个世界坐标系 W 下的点为 $\boldsymbol{P}^W$，根据坐标系变换关系，存在

$$z\boldsymbol{U} = \boldsymbol{K}[\boldsymbol{R}_C^{W,\mathrm{T}}(\boldsymbol{P}^W - \boldsymbol{t}_C^W)] \tag{6-8}$$

式中，C 为相机坐标系；$\boldsymbol{R}_C^W$ 和 $\boldsymbol{t}_C^W$ 称为相机在世界坐标系下的位姿。这样，式（6-8）就构成了相机对世界坐标系中一个点的观测模型，也被称为相机模型或相机投影方程。

除了 $\boldsymbol{K}$ 以外，实际相机中因为透镜的存在，还有畸变问题，如图 6-8 所示。为了建模该效果，采用一个径向畸变函数，该模型的输入是 $\boldsymbol{U}$，输出是 $\boldsymbol{U}_d = (u_d, v_d)$，也就是从无畸变的投影图像点，到有畸变的实际图像点的过程。该函数可以表示为

$$\begin{bmatrix} u_d \\ v_d \end{bmatrix} = [1 + k_1 r^2 + k_2 r^4] \begin{bmatrix} u - c_x \\ v - c_y \end{bmatrix} + \begin{bmatrix} c_x \\ c_y \end{bmatrix} \tag{6-9}$$

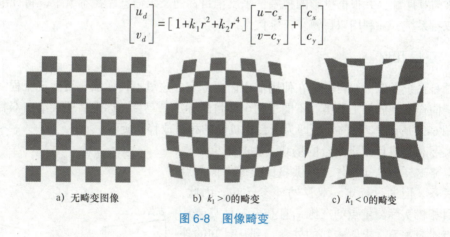

a) 无畸变图像　　　b) $k_1 > 0$ 的畸变　　　c) $k_1 < 0$ 的畸变

图 6-8　图像畸变

式中

$$r = \sqrt{\left(\frac{u - c_x}{f_x}\right)^2 + \left(\frac{v - c_y}{f_y}\right)^2} \tag{6-10}$$

畸变函数中的 k_1 和 k_2 被称为径向畸变参数，简单起见统一记为 k。在实际操作中，有些视野大的复杂镜头需要更高阶的多项式参数或其他畸变模型来建模镜头畸变的影响。

6.2.3　相机标定

在构建完相机的模型以后，就可以基于该模型来分析几何测量问题。但在分析之前，需要解决的核心问题就是如何获得 $\boldsymbol{K}$ 矩阵中的参数以及 k。针对一台相机，估计 $\boldsymbol{K}$ 和 k，甚至更多畸变参数的过程，称为相机内参标定。

张正友标定法是张正友博士在 1998 年提出的基于黑白棋盘格标定板的标定方法。该方法可以分为三个步骤：第一个步骤，需要在相机的视野中以不同的姿态摆放棋盘格标定板，形成多张图片，并从中提取棋盘格上的角点；第二个步骤，利用棋盘格角点分布求解相机的内参矩阵 K 和畸变参数 k；第三个步骤，利用非线性优化对 K 和 k 进行联合优化，进一步提升对 K 和 k 的估计精度，作为最终的标定参数。

基于该方法，目前已经有很多成熟的软件包能够通过十分友好的交互界面完成整套标定流程，输出标定结果，比如知名的计算机视觉软件包 OpenCV。

通过本节的讲述，读者可以从模型的层面来理解标定结果好坏的原因，进而能够有一定的手段来调整软件包的标定结果。比如，当畸变严重时，可以引入更多的畸变参数来减少误差；当结果方差较大时，可以采集更多图像，覆盖更多的标定板位置和姿态，来提升标定性能。

6.3 三维建模

在获得了相机的模型并标定了未知参数以后，需要利用该模型来测量物体和环境的三维信息。为了实现该目标，需要模拟人类的双眼，来构建一套由两台相机组成的双目系统。然后通过在双目系统中分别寻找同一个目标的两个投影，也就是给定左目一个像素，判断右目哪个像素与其匹配，并根据投影的视差，来反推目标的三维信息。在本节中，将详细介绍如何建模双目系统，并利用双目恢复三维信息。

6.3.1 双目几何

和单目系统类似，双目系统在使用前也需要标定，这里不再详细介绍标定流程，双目系统的标定同样有现成的工具箱。不同于两个单目的标定，双目在标定后还会给出双目间的外参。如图 6-9 所示，双目的外参即为两台相机间的相对位移和旋转。

在实际利用双目相机测量的场景下，并不会出现类似棋盘格这样的已知物体，提供双目图像中像素点的对应关系。但通过标定，双目的外参已知。因此，利用双目相机实际测量点的三维信息和标定信息，从已知的点对应关系，求解未知的外参，到从已知的外参，求解点的对应关系。

要求解对应关系，一个直观的求解思路是穷举左目中每个像素与右目每个像素的匹配可能性，但这种方法忽视了已知的外参关系，因此问题的解空间更大，搜索过程更复杂。为了充分利用已知外参简化点

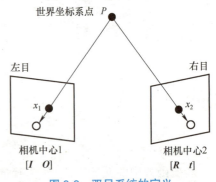

图 6-9 双目系统的定义

对应关系的搜索过程，沿用前面对空间中某个点在双目投影的模型，由于单目仅能确定该点所在的射线，以左目为参照，可以发现该点在右目的搜索范围为一条线。为了充分利用该特性，对该直线方程进行求解。为了简化符号，在推导该方程时，先假设左、右相机的内参一致，均为 K，首先对该点在右目中的投影进行建模，如图 6-10 的 Px_2 线所示。

由投影方程可知，该射线上的点为 $\lambda K^{-1} U_2$，由于外参已知，其在左目下可以表示

为 $\lambda RK^{-1}U_2$。

如图 6-11 所示，利用右目在左目坐标系下的位置 t，可以构造左、右目相机中心及三维空间点三点所确定的平面的法向量 $\lambda t \times (RK^{-1}U_2)$。

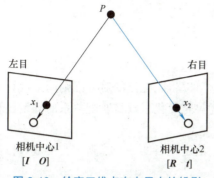

图 6-10 给定三维点在右目中的投影

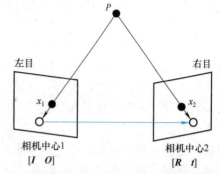

图 6-11 右目中心在左目坐标系下的位置

如图 6-12 所示，左目中该点为 $\mu K^{-1}U_1$。在该平面上，就可以通过平面方程构造约束

$$U_1^T K^{-T} t \times (RK^{-1}U_2) = 0 \quad (6\text{-}11)$$

可以发现，该约束将三维点在左、右两目的投影点进行了关联。值得一提的是，因为该约束是平面方程，因此整体缩放并不影响方程的解。这个缺失的维度正好可以佐证：给定左目中一个像素点，凭借双目间的外参，仅能确定其对应点的一维解空间，即直线上，而无法唯一确定该点。因此，当左目的 U_1 确定后，式（6-11）其实是一个直线方程，称为极线方程，也就是确定了左目一点，其匹配点在右目上所在的一维空间。

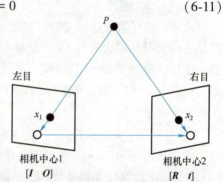

图 6-12 三维点在左目中的投影射线在另两条线构造的平面上

6.3.2 双目矫正

当搜索的直线方程确定，理论上就可以在直线上搜索左目给定像素点的匹配点。但匹配关系通常不会根据一个像素点的灰度或 RGB 值确定，会考虑像素点周围一个图像块。考虑到由于各种硬件的误差，双目获取的图像必然存在旋转差异，那么图像块中的元素因为极线的不同而存在尺度、旋转等多种变换。是否存在一种方法，能够利用已知的外参，消除或减少图像块之间的差异？回答是肯定的。既然渲染会影响图像块的匹配，导致额外的旋转矫正操作，而双目间的旋转又是已知的，一种思路是对整幅图像直接矫正旋转，这样在双目匹配时就不需要逐像素计算梯度值矫正了，大大加快了搜索速度。为了实现该目标，引入双目矫正，通过对双目进行虚拟的旋转，使双目之间的外参满足一种特殊形式 R' 和 t'，如图 6-13 所示。

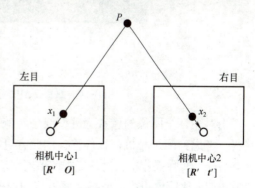

图 6-13 双目矫正后的外参关系

此时，双目间的相对旋转为单位阵，平移仅第一个元素不为 0，该元素被定义为 b，称为双目的基线，也就是双目两台相机间的距离长度。双目矫正的函数在现有的工具箱中也会附带，这里不再具体介绍双目矫正的方法。希望读者通过本节的介绍，能够理解双目矫正的意义和效果，具体的过程采用现有的工具箱即可。

6.3.3 双目匹配

双目矫正使匹配点在左、右目的图像块中的对应元素间仅存在平移引起的差异，而不存在旋转和尺度的差异。因此，在这一系列约束下，可以将匹配点的对应准则简单设计为两个图像块间的差异。可以发现引入双目矫正的主要优势是简化了双目匹配关系的确定过程，使计算效率大幅提升。

通过上述的分析，引入图像块差异的相似度，给定左目的一个像素 U，衡量右目像素和其像素值差异平方和误差（SSD）形式定义如下：

$$\mathrm{SSD}_U(d) = \sum_{w,h} \| \boldsymbol{I}_l(u+w, v+h) - \boldsymbol{I}_r(u+d+w, v+h) \|^2 \tag{6-12}$$

式中，d 被称为视差；w 和 h 为图像块中的索引，通常以所求像素为中心取值，比如从 $-3 \sim 3$ 的 7×7 图像块。

式（6-12）可以这样理解，当给定像素 U，其右目极线中的像素为 $(u+d, v)$，也可以用 d 进行索引。那么 $\mathrm{SSD}_U(d)$ 就是一个定义在极线上，关于 d 的函数，衡量的是极线上的某一点和给定像素的相似程度。显然，匹配的点应当具备最高的相似度，也就是最低的 $\mathrm{SSD}_U(d)$ 值，利用该线索可以确定像素 U 在右目的对应点为 $(u+d^*, v)$，其中 d^* 确定的方式为

$$d^* = \underset{d}{\mathrm{argmin}}\, \mathrm{SSD}_U(d) \tag{6-13}$$

该过程可以用图 6-14 来表示。在极线上的候选像素的相似度共同构成了函数曲线 $\mathrm{SSD}_U(d)$，其最优值对应的视差就是给定像素的对应点所在。

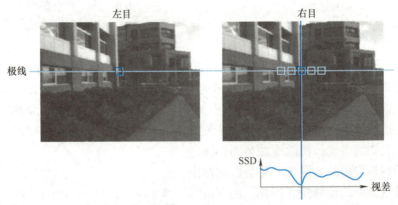

图 6-14 双目匹配搜索的原理及 SSD 相似度函数

当对左目全图像的像素都进行双目匹配以后，就能够得到一张和左目图像尺寸一致的视差图。考虑到两个相机存在位移，因此有可能左目中观测到的场景，在右目中被遮挡。针对这类情况，实际操作中会对最优视差值所对应的相似度值，即 $\mathrm{SSD}_U(d^*)$，再做一次阈值操作。如果相似度比阈值更小，就接受搜索到的视差，否则视该像素没有匹配点。图 6-15 所示为双

目图像示例，图 6-16 所示为这对图像经过双目匹配后得到的视差图及真值。相比于通过激光扫描得到的高精度视差图，双目匹配后得到的视差图在整体上能够反应场景的结构层次，证明了双目测量三维的正确性。但也可以发现，这种方法会出现很多匹配失败的情况，并且这些区域在实际中也并非遮挡。此外，在边缘细节上，所获得的视差图质量也不高。出现这些问题的原因在于基于图像块像素值差异的匹配方式难以精确地分辨边缘细节。此外，这类匹配方法在整条极线上有多处类似时，也很难确定结果。

a) 左目图像　　　　　　　　　　　b) 右目图像

图 6-15　双目图像示例

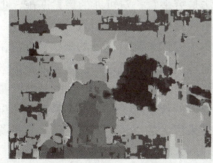

a) 视差图　　　　　　　　　　　　b) 真值

图 6-16　双目图像通过匹配得到的视差图及真值

最后在获得视差后，要计算深度，从双目矫正后的相机状态开始分析，如图 6-17 所示，从相机 X-Z 平面分析该问题，并且将空间一点对该平面做垂直投影，进行后续分析。因为该点和其垂直投影的深度相等，因此这种简化不会影响结果。

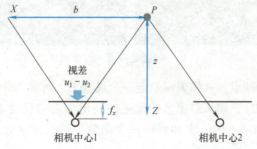

图 6-17　双目矫正后的空间点投影到两个相机的成像

将投影到右目的射线移到左目中心,此时可以构造一条基线长度的线段,如图 6-17 的 b 线所示,空间点的深度由 z 线体现。此时,可以构造一组相似三角形关系

$$\frac{z}{f_x} = \frac{b}{d} \tag{6-14}$$

即深度与焦距的比值等于基线与视差的比值。利用该关系,容易导出深度的计算公式

$$z = \frac{bf_x}{d} \tag{6-15}$$

经过上述步骤,就可以根据双目匹配的结果恢复匹配点的三维信息了。

6.4 特征检测与匹配

双目匹配的结果可以看作为一种位姿已知情况下的像素匹配,此时可以通过 2D-2D 匹配关系和位姿,来求解匹配像素的三维坐标。是否能够在位姿未知的情况下获得 2D-2D 匹配关系,然后由 2D-2D 获得位姿进而获得像素的三维坐标呢?本节将回答该问题。

6.4.1 特征点

由于位姿未知,2D-2D 匹配的一种直接方法是穷举每一对可能的像素匹配,但这种方法不仅效率低下,还可能引起很多的错误。为了解决该问题,需要引入一个新概念——视觉特征,也就是在像素中先寻找一个子集,这个子集中的像素都有更低的概率存在混淆。通过该方式,就可以将大概率引入混淆的像素在匹配阶段前筛去,既加快了搜索匹配的效率,又避免了对其他像素的匹配造成误导。图 6-18 所示为特征点提取和匹配案例,可以看到天空处没有任何像素被作为特征点,这是因为这些天空中的像素点不可能获得精确的匹配,因为像素与像素周围的灰度值几乎完全一致,显然会带来巨大的混淆。剩下的特征点排除了这些一定会发生错误的像素,就能够减少大量的计算时间,而且不易引入额外的误差。

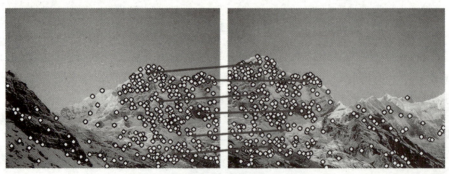

图 6-18 特征点提取和匹配案例

通常采用角点作为特征点,具体来说给定一个像素 U,将其为中心的方形图像,如 5×5、7×7 的图像块,记为 $P(U)$,如果对像素位置施加一个小量的扰动 δ,并将扰动后的图像块和扰动前的图像块像素值之差的平方和看作一个函数。那么该函数在像素 U 处进行一阶泰勒展开近似可得

$$\|P(U+\delta) - P(U)\|^2 \approx \|\nabla P \cdot \delta\|^2 \tag{6-16}$$

式中，∇P 为该函数的梯度。举例而言对于 5×5 的图像块，∇P 是 25×2 矩阵，两列分别是所有图像块中像素的横向和纵向图像梯度。对近似项进一步展开可得

$$\boldsymbol{\delta}^{\mathrm{T}} \nabla P \nabla P^{\mathrm{T}} \boldsymbol{\delta} = \boldsymbol{\delta}^{\mathrm{T}} \boldsymbol{M} \boldsymbol{\delta} = \boldsymbol{\delta}^{\mathrm{T}} \begin{bmatrix} \sum_{u,v \in W} P_u^2 & \sum_{u,v \in W} P_u P_v \\ \sum_{u,v \in W} P_u P_v & \sum_{u,v \in W} P_v^2 \end{bmatrix} \boldsymbol{\delta} \qquad (6\text{-}17)$$

式中，W 表示的是图像块的大小，考虑到扰动是一个微小量，因此主要传递信息的是 $\boldsymbol{M}$。

接下来看三个例子，均为给定像素的 5×5 图像块，如图 6-19 所示，简单起见，像素值仅取 0 和 1，可以得到对应的 $\boldsymbol{M}$ 矩阵

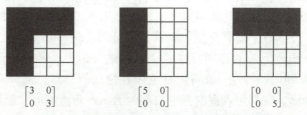

图 6-19　不同图像块及其所对应的 $\boldsymbol{M}$ 矩阵

可以发现，当图中有两边与图像块平行的角存在时，$\boldsymbol{M}$ 矩阵的对角线元素均不为 0，仅存在与图像块平行的边缘时，$\boldsymbol{M}$ 矩阵的对角线元素有一个为 0。这个案例直观展现了 $\boldsymbol{M}$ 矩阵如何区分出角。但因为实际中并非只有和图像块平行的情况，为了描述更一般的边缘，从平行于图像块边界的边缘开始，并通过图像块的旋转形成各个方向边缘。令旋转后的边缘图像块为 $\bar{P}(\boldsymbol{U})$，其 $\bar{\boldsymbol{M}}$ 矩阵为

$$\bar{\boldsymbol{M}} = \boldsymbol{R}^{\mathrm{T}} \boldsymbol{M} \boldsymbol{R} \qquad (6\text{-}18)$$

可以看到，$\bar{\boldsymbol{M}}$ 是 $\boldsymbol{M}$ 左右乘以旋转矩阵的结果。

考虑到旋转矩阵是正交阵，且 $\boldsymbol{M}$ 矩阵只具有对角元素时，可以将式（6-18）看作 $\bar{\boldsymbol{M}}$ 的特征值分解。因此可以得出对于任意方向的边，其应该有一个特征值为 0。

接下来考虑角，因为角由两条边构成，因此角的图像块可以被构造为两条任意方向边的图像块导出

$$\bar{\boldsymbol{M}} = \boldsymbol{R}_1^{\mathrm{T}} \boldsymbol{M} \boldsymbol{R}_1 + \boldsymbol{R}_2^{\mathrm{T}} \boldsymbol{M} \boldsymbol{R}_2 \qquad (6\text{-}19)$$

显然，对于更一般的角，因为 $\boldsymbol{R}_1$ 和 $\boldsymbol{R}_2$ 旋转不同，可以得到角的 $\bar{\boldsymbol{M}}$ 一定满秩，两个特征值均不会为 0。结合该更一般化的边缘，并考虑实际的有噪声情况，可以归纳出如下结论（图 6-20）：

1）当图像块的 $\boldsymbol{M}$ 的特征值均很小，则图像块的内容应当是平坦区域。

2）当图像块的 $\boldsymbol{M}$ 的特征值有一个较大，则图像块的内容应当是边缘区域。

3）当图像块的 $\boldsymbol{M}$ 的特征值均较大，则图像块的内容应当是角点区域。

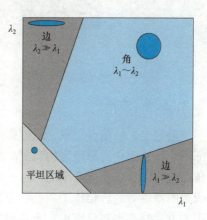

图 6-20　$\boldsymbol{M}$ 矩阵的特征值分布

通过上述方法，可以利用两个特征值的分布来体现角点，仍然存在难以设定阈值的问题，因此实际中采用两个特征值中更小的特征值作为角点的响应。但这个操作意味着求解全图的角点响应，需要求解像素次数的特征值分解，这个计算量难以接受。为了克服该问题，使用一种近似的方法

$$f(M) = \frac{\lambda_1 \lambda_2}{\lambda_1 + \lambda_2} = \frac{|M|}{\text{trace}(M)} \qquad (6\text{-}20)$$

式中，λ_1、λ_2 为特征值。

可以看到，当区域平坦时，$\lambda_1 \lambda_2$ 极小，式（6-20）几乎为 0；当两者有一个大，一个小，即边缘的情况时，同样几乎为 0；当两者都大时，式（6-20）同样更接近小的特征值，但角点的更小特征值仍较大，因此此时式（6-20）不为 0。虽然式（6-20）近似了更小的特征值，但仍需要计算特征值，没有避免计算特征值分解。进一步观察式（6-20），考虑到矩阵的特征值之和和乘积是矩阵的迹和行列式，因此式（6-20）的分子是 M 矩阵的行列式，分母是 M 矩阵的迹。利用该特性，就可以避免计算特征值分解，而只需要计算行列式和迹即可，大大加快了计算。这套角点提取方法被称为 Harris 角点响应，而该方法也是知名的角点提取算法 Harris 角点提取方法。

如图 6-21c 所示，可以看到在角的区域呈角点响应更强的红色，而在桌面的区域呈现较弱的蓝色，与前文分析的情况相符。

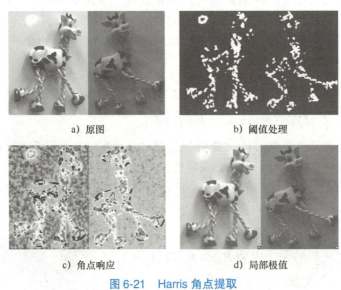

a) 原图　　　　　　　　　b) 阈值处理

c) 角点响应　　　　　　　d) 局部极值

图 6-21　Harris 角点提取

6.4.2　描述子

通过上文的角点提取，能够构建像素的子集，使存在模糊的像素提前被剔除，不参与特征匹配，从而获得更稳定的匹配关系。但考虑到角点的独特性定义发生在局部，因此仅通过角点响应，难以获得全图的一对一匹配关系。为了解决该问题，仍需要借助图像块的帮助，因为图像块的内容相比于角点响应维度更高，更容易在所有的特征点中构造唯一性。一个直观的方式是类似双目匹配，直接选取角点的图像块，但因为两张图像间没有双目对齐的步

骤，也没有已知的相对位姿关系，因此即便角点的匹配关系正确，它们的图像块仍可能差别很大。为了解决这个问题，需要对图像块进行额外的操作，构建一个用于匹配的特征，这个过程一般被称为特征描述子。

最常见的差异是匹配的两个特征点其图像块间存在旋转，此时图像块的差异很大，但其原因并非是内容上的差异，而是图像的姿态。因此，要抑制这种差异，就需要将两者的图像块进行标准化，对齐到同一个方向进行对比。实现该目标的常见方法是 MOPS 特征描述方法，如图 6-22 所示。在提取特征点时，肯定会提取特征点像素所对应的图像梯度，将梯度的角度作为图像块的标准角度，然后以该主方向作为坐标轴，重新提取角点周围的图像块。该图像块在整个图像中就呈现出非对齐于图像的状态，但考虑到图像块中梯度的方向与图像的内容有关，因此将图像块与梯度方向对齐就可以使图像块不受全图旋转的影响。

图 6-22　MOPS 特征描述方法

图 6-22 彩图

借助 Harris 角点和 MOPS 描述的方法，能够在存在变化的两张图片间提取特征点子集，并构造抑制图片间旋转和尺度变化的描述子。但 MOPS 存在一个缺陷，就是图像块易受到光照影响。为了进一步抑制该问题，还需要构造新的描述子——尺度不变特征变换（SIFT）。

在提取了特征点并确定了尺度后，取特征点周围 16×16 的图像块。然后，对所有像素求梯度，并将梯度的方向离散化，对所有的梯度方向进行统计，并以梯度的模值作为直方图的计数，获得梯度直方图，将直方图中最高的方向作为图像块的主方向。本质上，这个方法就是将梯度方向的众数作为主方向，相比仅关注特征点的梯度，这个方法鲁棒性更好，如图 6-23 所示。在获得了主方向以后，就以新的主方向重新获取图像块。此时，新图像块的梯度直方图的 0°就对应了主方向，也就是对齐了方向，不再与全图的旋转相关。

然后将对齐后的图像块，均匀分为 4×4 的子区域，即每个子区域包含 4×4 的像素。在划分了区域以后，仍对所有像素求梯度，正式构造描述子，以梯度来提升对光照变化的鲁棒性。对每个子区域统计梯度方向离散化的直方图，总共可以得到 16 个 8 维的梯度直方图。将这 16 个直方图连接在一起，构造一个 128 维的向量，该向量即为知名的 SIFT 描述子。该过程如图 6-24 所示。

相比于使用图像块的像素值，使用图像块的梯度，并结合离散化的 SIFT 描述子显然具有更强的光照鲁棒性。此外，离散化的直方图还能提升对仿射变换的鲁棒性，因为只要少量仿射变换不会导致直方图区间的变化，就不会导致描述子产生明显变化，鲁棒性相比于图像块的直接像素评价，对几何变化鲁棒性也更好。图 6-25 给出了在一张图像上运行 SIFT 描述子的结果，方块即为 SIFT 提取对应的尺度和主方向。

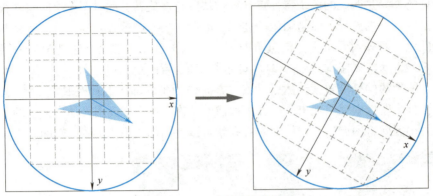

图 6-23　SIFT 中的主方向提取

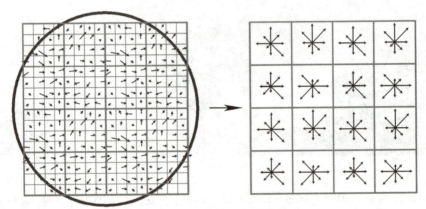

图 6-24　SIFT 描述子的构造

图 6-25　SIFT 特征提取

6.4.3 特征匹配及位姿估计

在构造了特征的描述子后，即可匹配图像的特征点。因为特征描述子的存在，特征的匹配就和双目匹配类似，选取描述子差异最小的特征点作为给定特征点的匹配即可。将给定的特征点记为 $Q_{\theta,s}(u,v)$，另一张图像上的特征点集合记为 $\{D_{\theta,s}(u,v)\}$。这样给定特征点的匹配是 $\min\limits_{\{D_{\theta,s}(u,v)\}} \|Q_{\theta,s}(u,v) - D_{\theta,s}(u,v)\|$。对于每个给定的特征点，都可以获得其匹配。

但在实际匹配结果中，往往还包含了错误的匹配。为了剔除错误的匹配，通常会采用随机采样一致性（RANSAC）方法，同时求解正确的特征匹配和两张图像间的位姿变换。这是因为只有正确的匹配才能满足位姿变换。该方法的思路就是利用匹配点对应满足的几何关系，来搜索一致的匹配集合，这些匹配均满足该集合关系方程。本节不再详细介绍该算法，该算法可以在常用的视觉算法库 OpenCV 中找到，从而实现在相机相对位姿未知的情况下，输出特征匹配和相对位姿。

6.5 物体语义理解

通过上述方法，能够恢复给定图像的相对位姿，进而通过将两帧图像模拟为双目，构造出三维重建，完成对环境的几何测量工作。但在实际应用中，有时并不关心整张图片的三维结构，更关注感兴趣目标的结构，比如一辆车、一个人等。因此，如何在图像中找到感兴趣目标的区域，识别目标的类别，是完成视觉另一个任务——语义认知的关键。本节将介绍典型的物体分类方法。

6.5.1 样例识别

基于特征点匹配 SIFT，可以解决两张图片之间的匹配问题。如果其中一张图片是目标物体的图像，那么就可以根据匹配的情况来判断另一张图片中是不是含有该物体，如果含有这个物体，它的位姿是什么。这样就解决了最基本的样例物体识别任务，如图 6-26 所示。

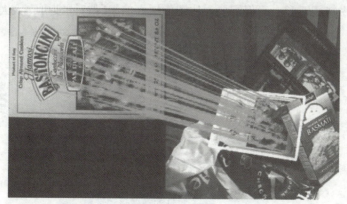

图 6-26 基于 SIFT 特征匹配的样例物体识别

但即便是某个特定样例物体，仍可能存在不同的视角，比如模版是正视，当前图像中该物体是俯视。克服视角的差异是语义感知类任务的典型挑战。可通过收集特定物体的多个模版覆盖物体的各个视角，从而在识别时对逐个模版依次匹配，只要有一个模版存在大量的特征匹配，就可以认为当前图像中包含了这个模版的物体，从而克服视角差异带来的挑战。

在单个样例物体识别的基础上，识别多个物体样例可以通过构造多个样例物体的多个模版实现对识别任务的覆盖。如图 6-27 所示，多样例物体识别的本质其实是个搜索问题。给定查询图像，要在数据库中获得查询图像的匹配模版，并根据模版的物体类别确定当前查询图像中包含的物体类别。

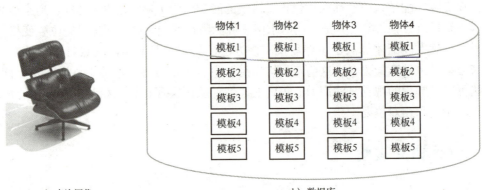

图 6-27 多样例物体识别的数据库构建

这种基于搜索的方式，随着需要识别的物体增多，需要物体本身的变化也会增多，需要构造的模版集合是 N 个物体和每个物体 M 个模版的乘积，并且增长极快。因此，为了加快该过程，同样可以采用常见的搜索算法。考虑到样例物体搜索的本质是对 SIFT 特征的搜索，因此将 SIFT 特征离散化，从而引入索引，加速搜索。如图 6-28 所示，以通过聚类方法，对 SIFT 特征的空间进行量化，将 SIFT 特征用有限个聚类中心替代。通过该方法，每张图像都可以被编码。具体来说，给定一张图片，可以提取 SIFT 特征，然后将每个 SIFT 特征关联到一个聚类中心上，这样一张图片可以利用某个聚类中心出现在该图像中的频率来编码。由于聚类中心个数有限，所以一张图片最终的编码长度固定。通过在图像层面编码，就可以免去逐个模版对查询图像做特征匹配，而仅需要对比图像层面的编码特征即可，大大加快了速度。

图 6-28 SIFT 特征的离散化和聚类

在实际应用中，还存在一种常见问题，也就是某个聚类中心可能天然比另一些聚类中心出现的频率更高。此时，即便这些频率更高的聚类中心被匹配，可能也未必意味着匹配。例如，当所有物体中都出现了某个聚类中心时，那么在查询图片中出现该聚类中心并不能协助其匹配到任务物体样例。为了克服该问题，就需要对图像编码的每个维度，也就是每个聚类中心进行加权，对那些独特性更强的维度予以更高的权重。搜索中提供了一种思路来实现这种加权，被称为 TF-IDF，公式如下：

$$\text{TF-IDF} = \frac{\#\{\text{图片中特征对应聚类中心 } i\}}{\#\{\text{图片中特征}\}} \frac{\#\{\text{数据库图片}\}}{\#\{\text{数据库图片包括聚类中心 } i\}} \quad (6\text{-}21)$$

可以看到，该权重方法同时考虑了整个数据库中聚类中心的频次，还考虑了单张图片的特征数量。通过 TF-IDF 就可以更好地平衡这些影响最后匹配的因素，给出目标图像内容本身匹配程度的编码度量方式。

6.5.2 物体分类

除了样例物体识别，另一个在实际应用中很常见的场景是物体分类。比如，机器人在车流、人流场景中运行，需要关注的是所有影响机器人导航的车辆和行人，但对于车辆本身是哪一个样例并不重要，也不关心行人具体是谁。这类问题被称为物体分类，也就是要识别图像中的车辆大类和行人大类。此时的问题比样例识别更复杂，因为一类物体中可能有多个实例，并且不但不同类别间存在差异，类别内的不同实例同样存在差异。此时，图像的特征空间如图 6-29 所示。该空间根据类别被划分为不同的区域，如 C_1、C_2、C_3，同一个区域内包含不同的样例。

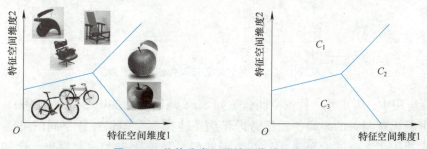

图 6-29 物体分类问题的图像特征空间

在构造了该问题的数学表达方法后，分类问题可以看作对查询图像进行图像特征提取，然后根据图像特征落在图像特征空间的哪个区域，决定图像物体的类别。比如，物体的特征落在 C_2，就用 C_2 物体的类别作为该物体的类别。

此时，需要解决两个问题：第一，物体图像的特征应如何编码。该问题可以和物体样例识别同样对待，采用 TF-IDF 加权的 SIFT 聚类中心编码。第二，如何确定该特征所处的区域。本节介绍一种经典简单的方法，称为 K-近邻分类方法。如图 6-30 所示，给定查询的特征，搜索其特征空间中最近的 K 个特征，称为 K 个近邻，然后根据 K 个近邻所代表的物体图像的类别进行投票，决定查询图像中物体的类别。

该方法本质上是一种插值方法，也就是利用数据库中的已知物体图像特征 f 及其对应的类别 C 来拟合从特征到类别的函数，在获得了函数后，给定任意的图像特征，都可以获得其类别。既然是函数，就可以给出函数的图像，图 6-31 所示为 K-近邻分类方法拟合的函数图像。可以看到，当 K 取得很小时，函数的平滑度很差，一个类别可能由多个细碎的小区域组成，敏感度高；而当 K 取得很大时，函数的区域划分更平滑，敏感度低。显然，在 K

取得很小时，更容易受到噪声的影响；而当 K 取得很大时，可能在边界上的物体被错误分类的概率更高。在实际中，如何选取 K 值还需要一个额外的验证数据集来辅助，通过在验证数据集上的表现来决定 K 的选取方法。

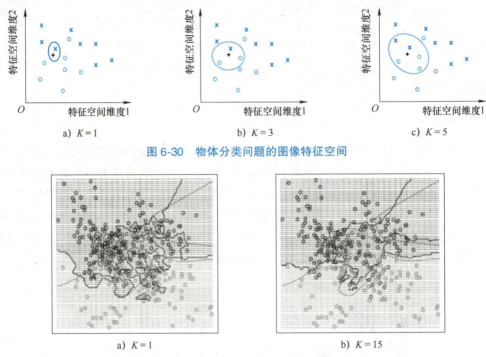

图 6-30　物体分类问题的图像特征空间

图 6-31　K-近邻分类方法拟合的函数图像

在实际应用中，考虑整个特征空间，比如 SIFT 离散化后的中心数量为 500，并且简单起见，仅分析出现与否的编码，而不考虑频次，这样整个图像特征空间的可能性是 2^{500}，显然该数字代表了一个非常巨量的空间。但即便是目前比较大的数据集，比如采用 ImageNet 作为 K-近邻中的已知物体图像特征，该数据集也仅有 10^7 数量级，远远小于整个图像特征空间的规模。该问题被称为维度诅咒，也是这类分类问题中最困难的挑战之一。通过有限的数据更好地描述函数空间，是视觉语义识别领域的重要研究方向。

本章小结

在本章中主要介绍了机器人视觉的相关知识。首先，从视觉传感器本身、视觉的应用和难点入手。其次，介绍了视觉传感器本身的建模以及模型中的参数标定方法。接着，为了让机器人获得三维感知，介绍了利用两个视觉传感器形成双目相机系统，模拟人类的双眼，借助视差恢复深度。在此基础上，又引出了在两张图像相对位姿未知情况下如何匹配的问题，并介绍了 Harris 角点和 SIFT 特征描述方法，实现了这类工况下的位姿估计和三维恢复。最后，介绍了如何利用 SIFT 特征实现图像中物体的语义理解。总的来说，通过本章的介绍，能够使机器人对环境的语义和三维信息具备初步感知，从而完成一些典型的导航、抓取等决策任务，构建机器人的自主性。

习 题

一、填空题

(1) 数字图像由像素组成,从相机光心到一个像素构成一条射线,与物体表面相交于一点,那么该像素的值反应的是_____。

(2) 图像可以看作为一个函数,那么对一个场景同时获取尺寸一致的深度图和 RGB 图,其共同点是_____。

(3) 物理世界中互相平行的两条线,可能相交于_____。

(4) 多目立体视觉相比于双目,_____的唯一性会增加。

(5) 双目相机间的姿态差异会导致 SSD 误差无法评估匹配,能够缓解该问题的方法是_____。

(6) 主动往场景中投影光斑可以实现场景的深度测量。投影光斑主要解决的问题是_____。

(7) MOPS 描述子是对特征点取带方向和尺度的图像块。SIFT 特征点在 MOPS 的基础上,为了缓解光照变化对图像块像素值的影响,采用_____替代图像块。

二、简答题

(1) 相比于单目相机,双目相机的优势是什么?

(2) 相机的内部参数和外部参数分别包含哪些物理量?如果机器人带着相机运动,那么不同时刻相机的内部参数和外部参数是否发生改变?

(3) 视觉传感器可以服务于机器人的哪些具体任务?

(4) 相机的模型和哪些物理因素有关?

三、计算题

(1) 对于图 6-32a 所示的图像块,请用图 6-32b 中的卷积核以步长为 1 进行窄卷积计算。

图 6-32 计算题(1)图

1) 画出卷积后的特征图。

2) 请用 2×2 模板进行步长为 2 的最大池化计算,并给出池化后的压缩图像。

(2) 两个相机之间的位姿变换关系是 R 和 t(相机 2 在相机 1 下方),两个相机的内部参数分别是 K_1 和 K_2。请通过对极几何推导相机 1 图像中一点 x_1 与相机 2 图像中一点 x_2 之间的关系。

参考文献

[1] ZHANG Z Y. A flexible new technique for camera calibration [J]. IEEE Transactions on Pattern Analysis and Machine Intelligence, 2000, 22 (11): 1330-1334.

[2] BRADSKI G, KAEHLER A. Learning OpenCV: computer vision with the OpenCV library [M]. Sebastopol: O'Reilly Media, 2008.

[3] Camera calibration with MATLAB [EB/OL]. (2013-10-03) [2024-07-28]. https://www.mathworks.com/videos/camera-calibration-with-matlab-81233.html.

[4] BROWN M A, SZELISKI R, WINDER S A. Multi-image matching using multi-scale oriented patches [C]// 2005 IEEE Computer Society Conference on Computer Vision and Pattern Recognition, July 20-25, 2005, San Diego, CA, USA. New York: IEEE, 2005: 510-517.

[5] LOWE D G. Distinctive image features from scale-invariant keypoints [J]. International journal of computer vision, 2004, 60 (2): 91-110.

[6] Tutorial 4: image recognition [EB/OL]. (2015-09-01) [2024-07-28]. https://ai.stanford.edu/~syyeung/cvweb/tutorial4.html.

第 7 章 机器人规划

📖 导　　读

本章对移动机器人运动规划技术的研究现状、基本概念、核心算法和应用场景等进行了全面的介绍。首先，从通用导航系统架构出发，介绍了移动机器人状态估计、感知、规划和控制等核心模块，通过详解占据栅格地图、ESDF 地图的特点及构建方法，介绍了运动规划常用导航地图形式；其次，从基于搜索与采样两个方面，介绍了运动规划前端路径搜索方法的基本原理及优缺点，细致讲解了 BFS、DFS、PRM、RRT 与 RRT* 等算法的流程和关键点；在此基础上，介绍了常用轨迹的表示方法，并通过前端给出的离散路径点，介绍了如何基于最小化 snap，生成一个光滑连续轨迹的方法；最后，基于实际案例，介绍如何设计运动规划模块，将前端路径搜索与后端轨迹优化相结合，实现复杂未知环境中安全无碰撞可执行轨迹的实时生成。

📖 本章知识点

- 机器人运动规划概述
- 基于搜索的路径规划算法
- 基于采样的路径规划算法
- 轨迹优化

7.1　机器人规划简介

7.1.1　运动规划基本概念

理想的移动机器人应具有以下能力：当处于一个未知的、复杂的、动态的非结构化环境中时，应能够通过自身所带的传感器来感知环境，自主避开周围障碍物，到达给定的目的地，并进一步完成所设定的任务。

为了实现移动机器人在未知动态环境中的自主导航，移动机器人需要解决三个基本问题，即"在哪里""去哪里"以及"怎么去"。一般来说，"在哪里"对应于机器人定位，即确定机器人当前的位置和姿态，这依赖于传感器信息和定位算法。"去哪里"则是规划从当前位置到目标位置的最优路径，需建立环境模型，并根据代价函数找到最优路径。"怎么去"涉及机器人控制，即如何执行规划得到的路径指令，使机器人实际沿着规划好的轨迹运动，需设计合适的控制算法。在这三个基本问题之间还存在着建图，既包含了"去哪里"的信息，也与"怎么去"密切相关，建图是规划的基础，决定了机器人可以选择的运动空间，从而影响最终的控制方案。

自主移动机器人通过感知传感器从外部环境中获取基本的测量数据，利用这些数据进行定位和地图创建，这一过程也被称为感知。基于感知模块输出的实时位置信息及障碍物环境表征信息，运动规划模块在复杂未知环境中生成安全、动力学可行的移动机器人运动轨迹。最后，规划结果传输到机器人的控制器，产生实时的控制信号，进一步控制机器人完成一系列行为或任务。移动机器人自主导航系统流程如图7-1所示，在整个流程中，由于机器人平台体积和功耗成本的限制，机器人感知和计算能力有限，因此对算法的计算效率提出了较高的要求。

图7-1 移动机器人自主导航系统流程

对于运动规划模块，其通常可以分为两部分：前端路径搜索（path finding）和后端轨迹优化（trajectory optimization）。前端路径搜索一般用来生成一条作用于低维、离散空间的初始化可行路径，即机器人在障碍物环境下按照一定评价标准去寻找一条从起始状态到目标状态的可行路径，注重路径的连通性和可行性。后端轨迹优化一般在前端路径生成的基础上，进一步优化轨迹，使其满足更细致的约束和性能要求，需考虑动力学模型、环境障碍等更复杂的因素。前端路径搜索为后端轨迹优化提供了初始解，降低了后端轨迹优化的复杂度。后端轨迹优化则进一步改善了前端路径，使其更加符合实际应用需求。

1. 路径搜索

连接运动起点位置和终点位置的序列点或曲线称为路径，构成路径的策略称为路径搜索。路径搜索的目标是找到一条无碰撞且长度最短的路径，并且能够在复杂环境中实现避障。其规划的结果不包括时间、速度信息，解决的是可达性的问题。

路径搜索算法根据对环境所知程度不同，可分为全局路径搜索算法和局部路径搜索算法。全局路径搜索算法可以在已知环境地图中搜索得到完整路径，适合静态环境，但无法应对动态变化的障碍物。局部路径搜索算法不需要完整的环境地图，仅利用当前感知的局部环境信息，动态规划出局部路径，可应对动态环境，实时性强。

路径搜索算法也可以分为基于搜索和基于采样两种方式。

基于搜索的算法将连续的配置空间（位置、姿态等）进行离散化，构建出一个离散的状态空间图，将路径规划问题转化为在这个离散状态空间图上进行搜索的问题，通过搜索算法找到从起点到终点的最优路径。常见的基于搜索的算法包括Dijkstra算法、A*算法、跳跃点寻路算法（jump point search，JPS），以及混合A*算法（hybrid A*）。Dijkstra算法主要特点是从起始点开始，采用贪心算法的策略，每次遍历到始点距离最近且未访问过的顶点的邻接节点，直到扩展到终点为止。A*算法结合了Dijkstra算法的广度优先搜索和贪婪最佳优先搜索的特点，在保证最优解的情况下尽可能减少搜索的时间和空间复杂度。JPS算法实际上是对 A* 寻路算法的一个改进，JPS 算法仅适用于均匀成本的网格，用于修剪搜索目标节点过程中出现的相邻节点。在某些情况下，相较于 A* 算法，JPS 算法可以在不牺牲最优性的前提下，将运行时间缩短一个数量级。

基于搜索的动力学运动规划算法，如混合 A* 算法则考虑了机器人的动态模型，以引导状态的扩展来生成图并搜索动态可行路径。基于搜索的动力学运动规划算法其主要思想是将控制输入离散化，从某一初始状态出发，对系统施加某一常量控制输入，维持一段时间，根据系统的微分模型前向积分，得到新的状态点，再对新的状态点进行同样操作，由此生成层级式的符合模型约束的有向搜索图，各个离散的状态点构成图中节点，连接节点的边即是一段常量控制的轨迹。对一个状态点应用不同控制输入得到的轨迹边称作运动基元（motion primitive），通过适当的运动基元设计，可以大幅降低搜索空间的维度，提高算法效率。基于图搜索的动力学运动规划算法生成的路径符合系统的动力学特性，可以很好地处理移动机器人的非全向性、动态约束等问题。

与基于搜索算法相对应，基于采样算法不是在整个环境空间中穷举查找，而是通过从概率分布中随机抽取样本，构建一个相对稀疏的状态空间表示。基于采样算法通过直接在连续的状态空间中进行采样，获得一系列离散的状态点，然后将这些状态点通过图形结构或树形结构连接起来，实现可行空间的整体拓扑探索，使得算法能够更好地适应高维、复杂的环境。此类方法一般具备概率完备性（probabilistic completeness），即若一个问题存在解，则随着采样不断进行，找到一个可行解的概率趋近于 1。

概率路线图算法（PRM）是基于启发式节点增强策略的一种路径搜索方法。该算法通过在构形空间中进行采样、对采样点进行碰撞检测、测试相邻采样点是否能够连接来构建路径图的连通性表示，其复杂度主要取决于寻找路径的难度，而与规划场景的规模和构形空间的维度关系较小。快速探索随机树（RRT）是一种具有代表性的基于采样的方法，其通过从配置空间中随机抽取样本，引导树向规划目标生长，以高效、快速地找到一条可行路径。然而，RRT 并不具备渐进最优性（asymptotic optimality），即问题解的质量不会随着采样点的不断增加而提升，而是收敛于第一个可行解的同伦性。Sertac Karaman 等人提出了基于采样的渐进最优方法 RRT*，该算法结合了快速探索随机树和最优路径规划算法的优点，RRT* 通过重连接机制，可在局部重新连接树中的节点，并保留从根节点到每个叶节点的最短路径。

采样类方法通过随机采样的方式可有效地探索高维复杂的解空间，避免了穷举式搜索带来的计算消耗。然而，采样类算法的性能很大程度上依赖于初始条件的选择，如起始状态和目标状态的位置，不同的初始条件可能会导致很大的差异，一些参数如采样概率分布、扩展步长的选择，也会显著影响算法的探索能力和收敛性能，寻找合适的参数组合往往需要大量调试。此外，由于采样的随机性，采样类算法的结果往往缺乏确定性，每次运行得到的解可能会有所不同，给实际应用带来一定的不确定性。

2. 轨迹优化

路径搜索由于忽略了机器人的动力学特性，如速度、加速度等约束条件，一般会得到连接起点与终点的离散路径点，每个路径点包含位置信息，路径点之间以直线连接，因此整个路径呈现出"折线"特征的离散形式，无法直接用于机器人的实际运动控制。对于一条安全的可执行轨迹，通常需要考虑以下三方面：

1）光滑性：轨迹应该是高阶连续的，不存在间断点，保证平滑性。同时，光滑性也包含了能量指标，即机器人能以较少的能量消耗对该轨迹进行跟踪控制。如在自动驾驶方面，轨迹应该尽量平滑，减少对乘客造成的晃动和不适感；在航拍摄影等方面，轨迹应该确保视频输出的平稳性和顺滑。

2）可执行性：指机器人在实际执行该轨迹时，不会因为自身所能提供的最大推力以及转矩而导致机器人无法对轨迹实施跟踪。

3）安全性：轨迹自身不会与周围环境的障碍物发生碰撞，并与周围障碍物保持有一定安全距离。

考虑以上三个方面，通过进一步的轨迹优化可以生成一条既安全、可执行，又高效、平滑的机器人运动轨迹。

常见轨迹优化方法可以概括为：

1）数值优化方法：通过对轨迹进行参数化，定义轨迹优化的目标函数和约束条件，并使用数值优化算法，如线性规划、最优化算法等，来生成最佳轨迹。

2）优化控制方法：将轨迹优化问题建模为优化控制问题，结合动力学模型和优化技术，通过迭代调整控制输入来优化轨迹。优化控制方法可以考虑机器人的动力学特性和约束条件，以生成满足性能指标的最佳轨迹。

3）深度学习方法：使用神经网络模型，通过学习大量的轨迹数据生成高质量的轨迹。

轨迹生成一般可分为两种方法。不考虑约束的方法，是在生成轨迹时不显式地考虑各种动力学和安全性约束，而是在生成完以后对轨迹进行后验验证，这种方式通常适用于对轨迹施加约束的计算代价很大而检查约束的代价很小的场合。而考虑约束的方法又可以分为硬约束和软约束方法两种。前者使轨迹结果严格满足所有数学约束，后者将约束作为目标函数的一部分加到待求解的问题中。硬约束方法可被形式化描述为

$$\begin{cases} \min f(x) \\ \text{s.t.} \quad g_i(x) = c_i, \quad i=1,2,\cdots,n \\ h_j(x) \geq d_j, \quad j=1,2,\cdots,n \end{cases} \tag{7-1}$$

其中，$f(x)$是优化的目标函数，可选择为最小化某种形式的能量指标。

等式约束包括：①起点、终点的位置、速度约束；②中间路径点位置约束；③轨迹的连续性约束。

不等式约束包括：①空间位置边界限制；②动力学约束，最大速度、加速度限制。

软约束方法可被形式化描述如下：

$$\min J = \lambda_s J_s + \lambda_c J_c + \lambda_d J_d + \cdots \tag{7-2}$$

式中，J_s、J_c、J_d为惩罚函数，用于衡量软约束的违反程度；λ_s、λ_c、λ_d为惩罚项的权重因子，用于平衡目标函数和软约束的重要性。

通过对所有软约束条件进行求和，并最小化目标函数，可以求得一个最优解，具体的优化求解方法可以根据问题的特点选择，如梯度下降、牛顿法等。

7.1.2 常用导航地图形式

感知与规划的接口是建图，建图模块要求移动机器人实时对周围障碍物建立稠密模型，以查询环境中任一点的碰撞概率，用以生成可行性路径。通常，建图模块可以分为两部分，

首先获取空中机器人周围障碍物的深度测量，然后将时间序列上的深度测量融合到统一的地图中。下面对一些移动机器人自主导航应用场景中常用的地图表示方法进行介绍。

1. 概率栅格地图

栅格地图（grid map）是一种常用的地图表示方法，它将环境划分为一个个规则的方格（栅格），并为每个栅格分配一个状态或属性。栅格地图常用于机器人导航、环境建模和路径规划等应用中。

在栅格地图中，环境被离散化为一系列的栅格。每个栅格代表环境中的一个小区域，可以具有不同的属性或状态。常见的栅格状态包括：

1）占据状态（occupied）：表示该栅格被实际物体或障碍物占据。
2）自由状态（free）：表示该栅格是空闲的，没有障碍物。
3）未知状态（unknown）：表示该栅格的状态不确定或未知。

栅格地图可以通过多种方式构建。一种常见的方式是使用传感器数据，如激光雷达、摄像头或超声波传感器等，获取环境的信息，并将这些信息映射到相应的栅格上。例如，激光雷达扫描可以用于检测障碍物，并将其位置标记在占据状态的栅格中。通过多次感知和更新，栅格地图可以实时反映环境的变化。

下面介绍一种采用基于贝叶斯概率更新的概率栅格地图作为环境表示形式。如图 7-2 所示，在已知机器人位姿的情况下，可以根据存在噪声和不确定性的传感器数据进行建图，其基本原理是将环境地图表示成一个由二值随机变量组成的等间距场，而概率栅格算法就是计算这些随机变量的近似后验估计，将建图问题转换为滤波问题。

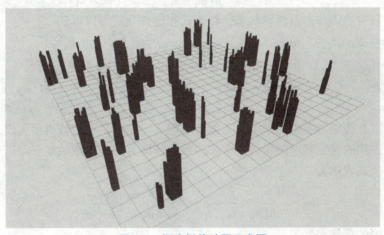

图 7-2　概率栅格地图示意图

为了求解建图问题，概率栅格算法将环境划分为很多个栅格，每个栅格可能有两个状态：有障碍物（occupied）或没有障碍物（free），每个栅格表示为 m_i，所有的栅格表示为 $\boldsymbol{m}$。已知机器人位姿序列 $x_{1:t}$ 和观测序列 $z_{1:t}$，建图问题的核心就是求解后验估计：$p(\boldsymbol{m} \mid z_{1:t}, x_{1:t})$。

但是由于维数问题导致不能直接对 $\boldsymbol{m}$ 进行滤波，因为这样总共可能有 $2^{|\boldsymbol{m}|}$ 个状态，复杂度太高，所以算法通过假设每个栅格的占据状态是相互独立的，对每个栅格单独进行滤波，从而可以将复杂度降为 $2|\boldsymbol{m}|$，即

$$p(\boldsymbol{m} \mid z_{1:t}, x_{1:t}) = \prod_i p(m_i \mid z_{1:t}, x_{1:t}) \tag{7-3}$$

对于 t 时刻的一块栅格，使用贝叶斯公式 $p(A|B)=p(B|A)p(A)/p(B)$，得

$$p(m_i|z_{1:t},x_{1:t}) = \frac{p(z_t|m_i,x_{1:t},z_{1:t-1})p(m_i|x_{1:t},z_{1:t-1})}{p(z_t|x_{1:t},z_{1:t-1})} \tag{7-4}$$

假设 t 时刻的观测量 z_t 只和 t 时刻的位姿有关，与 $1:t-1$ 时刻的观测量无关，则

$$p(m_i|z_{1:t},x_{1:t}) = \frac{p(z_t|m_i,x_t)p(m_i|x_{1:t-1},z_{1:t-1})}{p(z_t|z_{1:t-1},x_{1:t})} \tag{7-5}$$

再对 $p(z_t|m,x_t)$ 使用一次贝叶斯公式，可以得到

$$p(z_t|m,x_t) = \frac{p(g_i|z_t,x_t)p(z_t|x_t)}{p(g_i|x_t)} \tag{7-6}$$

在已知机器人位姿序列 $x_{1:t}$ 和观测序列 $z_{1:t}$ 情况下，栅格 m_i 被占据的概率为

$$\begin{aligned}
p(m_i|x_{1:t},z_{1:t}) &= \frac{p(m_i|z_t,x_t)p(z_t|x_t)}{p(m_i|x_t)} \cdot \frac{p(m_i|x_{1:t-1},z_{1:t-1})}{p(z_t|x_{1:t-1},z_{1:t-1})} \\
&= \frac{p(m_i|z_t,x_t)p(z_t|x_t)}{p(m_i)} \cdot \frac{p(m_i|x_{1:t-1},z_{1:t-1})}{p(z_t|x_{1:t-1},z_{1:t-1})}
\end{aligned} \tag{7-7}$$

用 $\bar{m}_i$ 表示为栅格 m_i 空闲的情况，则栅格空闲的概率表示为

$$\begin{aligned}
p(\bar{m}_i|x_{1:t},z_{1:t}) &= \frac{p(\bar{m}_i|z_t,x_t)p(z_t|x_t)}{p(\bar{m}_i|x_t)} \cdot \frac{p(\bar{m}_i|x_{1:t-1},z_{1:t-1})}{p(z_t|x_{1:t-1},z_{1:t-1})} \\
&= \frac{p(\bar{m}_i|z_t,x_t)p(z_t|x_t)}{p(\bar{m}_i)} \cdot \frac{p(\bar{m}_i|x_{1:t-1},z_{1:t-1})}{p(z_t|x_{1:t-1},z_{1:t-1})}
\end{aligned} \tag{7-8}$$

因为栅格只有空闲与占据两种状态，将两式相比并化简可以得到

$$\begin{aligned}
\frac{p(m_i|x_{1:t},z_{1:t})}{p(\bar{m}_i|x_{1:t},z_{1:t})} &= \frac{p(m_i|z_t,x_t)}{p(\bar{m}_i|z_t,x_t)} \cdot \frac{p(m_i|x_{1:t-1},z_{1:t-1})}{p(\bar{m}_i|x_{1:t-1},z_{1:t-1})} \cdot \frac{p(\bar{m}_i)}{p(m_i)} \\
&= \frac{p(m_i|z_t,x_t)}{1-p(m_i|z_t,x_t)} \cdot \frac{p(m_i|x_{1:t-1},z_{1:t-1})}{1-p(m_i|x_{1:t-1},z_{1:t-1})} \cdot \frac{1-p(m_i)}{p(m_i)}
\end{aligned} \tag{7-9}$$

由于环境以及传感器噪声的影响，不能简单定义一个栅格是否被占用，定义一个中间参数表示栅格被占用的置信程度的对数，中间参数的值即为栅格占用的概率除以栅格空闲的概率再取对数，公式表达为

$$\log\frac{p(m_i|x_{1:t},z_{1:t})}{1-p(m_i|x_{1:t},z_{1:t})} = \log\frac{p(m_i|x_{1:t},z_{1:t})}{p(\bar{m}_i|x_{1:t},z_{1:t})} \tag{7-10}$$

栅格被占用的置信程度为

$$\log\frac{p(m_i|z_t,x_t)}{1-p(m_i|z_t,x_t)} + \log\frac{p(m_i|x_{1:t-1},z_{1:t-1})}{1-p(m_i|x_{1:t-1},z_{1:t-1})} + \log\frac{1-p(m_i)}{p(m_i)} \tag{7-11}$$

其中，$\log\frac{p(m_i|z_t,x_t)}{1-p(m_i|z_t,x_t)}$ 写作 $l(m_i|z_t,x_t)$，看作为是传感器的逆观测模型，表示为在当前位姿，当前测量值下栅格被占据的置信程度；$\log\frac{p(m_i|x_{1:t-1},z_{1:t-1})}{1-p(m_i|x_{1:t-1},z_{1:t-1})}$ 写作 $l(m_i|x_{1:t-1},z_{1:t-1})$ 表示 $t-1$ 时刻栅格被占用的置信程度；$\log\frac{1-p(m_i)}{p(m_i)}$ 写作 $l(m_i)$ 表示栅格被占据的先验概率。

经过上述建模，求解栅格被占用的置信程度，及更新一个栅格的状态就只需要做简单的加减法即可。在地图的更新过程中，深度测量对应的栅格处存在一个障碍物，而机器人位置和障碍物之间是空闲的。因此可针对每次深度测量引起的地图更新，增加出现障碍物栅格的占用概率，减小空闲栅格的占用概率，该更新由逆传感器模型决定。图 7-3 所示为二维的栅格状态更新示意图。

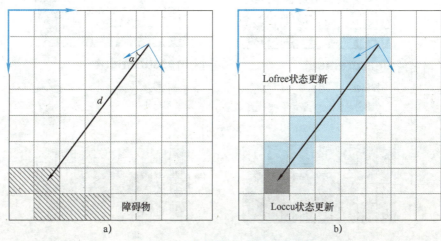

图 7-3　二维的栅格状态更新示意图

如图 7-3a 所示，根据深度图得到的深度信息 d、机器人的位姿信息 (x, y, θ)，以及传感器射线与机器人坐标系的夹角 α，可以计算得到障碍物栅格在环境中的坐标，如图 7-3b 所示。

$$\begin{cases} x_0 = d\cos(\theta + \alpha) + x \\ y_0 = d\sin(\theta + \alpha) + y \end{cases} \tag{7-12}$$

由此通过对每次深度图中的所有符合要求的障碍物点进行占据状态更新和坐标计算，即可实时根据传感器数据对周围静态障碍物进行建图。如图 7-4a 所示，t_0 时刻机器人处于未知环境，栅格被占据的概率为 0（在进行实际导航中将未知栅格视作为 $+\infty$），在 t_1 时刻机器人上的传感器感知到标记处出现一个障碍物，接下来对障碍物与机器人线条上的栅格的占据概率进行更新，该障碍物栅格占据的置信度更新为 0.9，连线上的栅格占据置信度更新为 -0.7，0.9 与 0.7 也表示对传感器数据的相信程度，可以根据传感器精度自行设置。同样的，如图 7-4b 所示，从 t_1 时刻到 t_2 时刻，机器人感知的标记处障碍物栅格占据置信度概率更新为 0.9，连线上的概率都减去 0.7，得到 3 个占据概率为 -1.4 的栅格，同理即可完成整个地图的构建。

2. 八叉树地图

在栅格地图的基础上，为了使地图具备一个稀疏性的数据结构，以降低机器人运行中内存与存储的使用，这时通常会引入一种八叉树地图（octree map）的数据结构。八叉树地图对整个机器人运行的三维空间进行了递归的切分，形成多层级的树状结构，如图 7-5 所示。

相比于占据栅格地图的精度受到网格分辨率的限制，八叉树地图可以通过递归地划分空间来提供多层级的细节，使得八叉树地图能够准确地表示环境中的障碍物、物体和结构。此外，八叉树地图可以通过适应性划分空间来节省存储空间。只有在需要表示障碍物或具体信息的区域才会生成相应的节点，而在没有障碍物或没有详细信息的区域可以忽略节点，从而减少存储空间的使用。

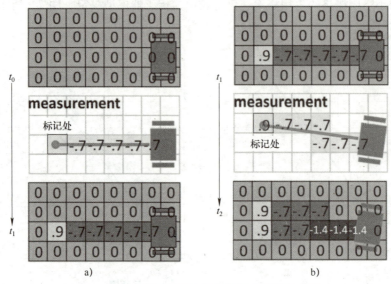

图 7-4　概率栅格地图中栅格的概率更新示意图

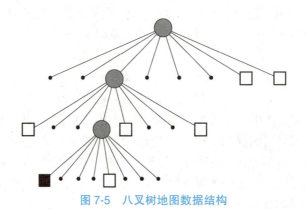

图 7-5　八叉树地图数据结构

3. 体素哈希表

体素哈希表（voxel hashing）跟八叉树地图思路相近，本质上是一种更稀疏的地图结构。体素哈希表的原理是在空间中有障碍物的地方创建内存实体，将有障碍物的离散点存储在一个哈希表中。通过哈希函数，将目标位置映射到相应内存单元，以读取障碍物信息。体素哈希表在内存中以格子形式进行存储，父节点和子节点按照规则进行结构化排列。哈希表的作用是根据当前格子的坐标或其他信息，通过哈希函数将其映射为一个哈希键值。当进行访问时，通过哈希函数计算哈希键值，然后在哈希表中进行查询操作。哈希表中的每个索引位置对应一个桶（bucket），每个桶可以存储一个或多个体素。通过哈希函数，根据体素的坐标计算出对应的索引位置，然后将体素存储在相应的桶中，如图 7-6 所示。

相比于栅格地图与八叉树地图，体素哈希表具备更为稀疏的地图结构。但由于在直接索引坐标进行位置查询时需要通过一步哈希函数的运算，因此它的效率会有所降低。但是，由于体素哈希表只分配和存储实际包含体素的桶,而跳过空白区域,从而大大减少了内存占用,提高了内存利用效率。此外,体素哈希表支持动态内存管理,可以根据需要动态地添加或删除体素,这使得在实时场景中对三维数据进行修改和更新变得更加灵活和高效。因此,体素哈希表在处理大规模三维体素数据,以及实现实时三维重建、体积渲染和碰撞检测等应用时具有明显的优势。

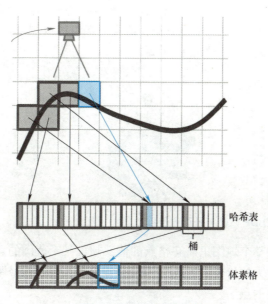

图 7-6 体素哈希表结构

4. 点云地图

点云是一种三维数据表示方式,由一系列离散的三维坐标点组成。可以描述物体或环境的三维几何信息,每个点都包含 3D 位置和可能的其他属性(如颜色、法线等)。点云数据可通过三维成像传感器获得,如双目相机、三维扫描仪、RGB-D 相机等。相较于图像,点云直接提供了空间坐标信息,而图像则需要通过透视几何来反推三维数据。

点云按组成特点分为两种:有序点云及无序点云。有序点云是指点云数据具有明确的拓扑结构和排列顺序。有序点云的数据结构类似于图像,即可以通过索引访问每个点的位置和属性信息。有序点云可以方便地进行矩阵运算和图像处理技术,如滤波、下采样、法线计算等。无序点云是指点云数据没有明确的拓扑关系和排列顺序。无序点云的数据结构类似于一个无序集合,每个点都是独立的。无序点云需要通过额外的算法来进行处理和分析,如点云配准、分割、聚类等。

点云地图(point cloud map)由大量的点云数据拼接而成,是一种基于点云的三维环境表示方式,可以描述整个环境或场景的三维几何信息。点云地图包含了环境的空间结构和拓扑关系,可以用于机器人导航、自动驾驶、虚拟现实等应用。

5. TSDF 地图

截断符号距离函数(truncated signed distance function,TSDF)是一种用于表示三维空间中物体表面的数据结构。它将空间划分为一个规则的体素网格,并为每个体素存储一个有符号的距离值。这个距离值表示该体素中心到物体表面的距离。在物体表面内部的体素为负值，而在物体表面外部的体素为正值。为了减少存储和计算量，TSDF 通常会对距离值进行截断，即只存储距离物体表面一定范围内体素的距离值。

TSDF 常用于从多视角的深度图像重建三维模型地图。通过将来自不同视角的深度信息融合到一个统一的 TSDF 表示中，可以生成一个完整且连续的三维模型。以图 7-7 为例，用相机对环境进行观测，图中曲面为障碍物。假设相机与障碍物曲面之间存在一个距离场，距离场里的值都是正值，表示当前点离最邻近曲面上障碍物点的距离。曲面后方属于障碍物里面的范围，同样可以认为后面存在一个距离场，该距离场里的值都是负值。每个点上的 TSDF 值表示当前点到最近的曲面上障碍物点的距离。

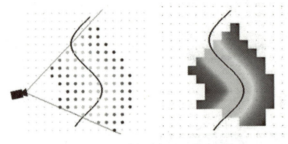

图 7-7　TSDF 截断符号距离函数　　　　　图 7-7 彩图

截断是指不需要维护整个地图里所有格点的值，超出某个范围的点对于环境的表示以及机器人导航来说不具有太大的价值，因此，为了节省内存，截断符号距离函数往往只保留距离障碍物表面一定范围内的点。

6. ESDF 地图

与 TSDF 相对应，对于不截断的函数地图，欧式符号距离函数（euclidean signed distance functions，ESDF）记录了空间中任一点或任意区域到最近障碍物的欧氏距离，这一地图表示方式增加了机器人与障碍物的靠近程度和距离梯度信息，使其有利于机器人的轨迹规划。

图 7-8 所示为 ESDF 地图示例，为了更直观地展示 ESDF 地图的特点，图中截取了三维 ESDF 地图在水平方向的一个切面，其中绿色表示远离障碍物，红色表示靠近障碍物。可以看到，地图中的格点的 ESDF 值（即离最近障碍物的距离值）随着格点靠近障碍物而由绿变红，表示该值逐渐减小。

图 7-8　ESDF 地图示例　　图 7-8 彩图

ESDF 构建的是一个连续的距离场，而不是离散的栅格地图，因此可以为优化算法提供更平滑的输入。但构建和更新 ESDF 地图需要进行复杂的距离场计算，算力有限时，需要考虑采用优化策略和结合实时感知来减少计算量和延迟，以满足实时性要求。

7. 沃罗诺伊图

沃罗诺伊图（Voronoi diagram）可以表示整个地图的拓扑结构。对于一个用障碍物来表示地图空间的地图来说，它可以高效利用如 ESDF 地图里的数据结构或者地图本身的特点提取障碍物中间的骨架。如图 7-9 所示，提取每两个障碍物之间最中间距离场的局部最小值，并将所有的局部最小值进行连接以得到一个近似环境障碍物的骨架。这个骨架可以作用于大规模的、全局的移动机器人导航与规划。沃罗诺伊图的优势在于它可以捕捉到点集之间的拓扑关系，并提供了一种基于邻近关系的拓扑地图表示，在需要路径搜索的拓扑结构时，沃罗诺伊图就显得尤为必要。从图 7-9 中可以看出，拓扑地图本身非常稀疏，在广阔的环境中仅有几个关键点并且仅用直接的一个边连接。相较于沿栅格或网格进行路径搜索，使用沃洛诺伊图进行路径搜索可以节省大量计算资源。

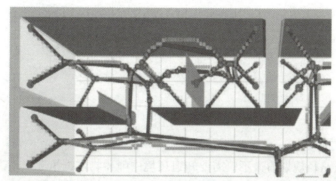

图 7-9　沃罗诺伊图

7.2　基于搜索的路径规划算法

7.2.1　基于搜索的路径规划算法概述

1. 图的概念

图（graphs）是由节点的有穷非空集合和边的集合构成的、由关系连接的节点集合。通常表示为：$G(V, E)$，其中，G 表示一个图，V 是图 G 中顶点的集合，E 是图 G 中边的集合。

根据边的方向以及是否有权，通常把图分为四类：

1）有向图：由通过有向关系连接的节点组成。在有向关系中，从一个节点（源节点）到另一个节点（目标节点）有一个特定的方向。有向图用于模拟具有方向感的关系，如带有超链接的网页、任务之间的依赖关系或社交媒体的关注关系。

2）无向图：是一种没有指定方向的图。无向图通常用于表示双向关系，如社交网络中的友谊关系或网页之间的连接。

3）加权图：将数值（称为权重）分配给关系，以表示节点之间的度、距离或代价。根据具体问题实际定义一个指标，这个指标有可能是机器人运动的路径，也有可能是一种更广义的概念，如机器运动时消耗的能量、路上可能存在的风险等。这些权重可以影响图搜索算法的行为，从而允许更具体的优化或找到最短或最便捷的路径。加权图在网络路由、资源分配或在各个领域中寻找最优解等方面有应用。

4）非加权图：非加权图不带权重，不会将数值（称为权重）分配给关系。

图 7-10 中，字母代表图的节点，字母和字母之间的连接称为图的边。如果每一条边有

一个各自不同的权重，那这样的图就称为有权图。如果这个边是单向流通的，如图 7-10a 所示，这种图称为有向图，否则都称为无向图。

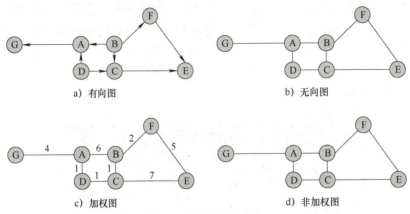

图 7-10　四种图的类型

2. 机器人的构型空间与工作空间

在进行机器人路径规划前，不仅需要知道环境中障碍物占据情况，还需要明确机器人的构型空间（configuration space）概念。构型空间中任意一点表示机器人的一种构型，机器人的每一种可能构型可以被表示为构型空间中的一个点。与之相对的概念是机器人的工作空间（work space），在工作空间中，机器人无法被表示为一个点，而是具有自身几何尺寸和姿态，如图 7-11 所示。

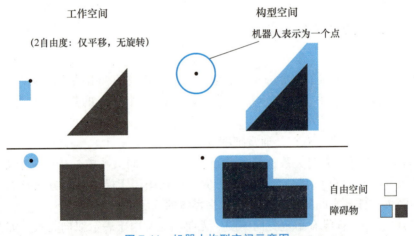

图 7-11　机器人构型空间示意图

工作空间是环境的直观表达，而构造构型空间则需要按机器人自身尺寸对障碍物进行膨胀。注意，这种膨胀是在规划开始之前的一次性操作，其结果可以在之后的规划中被反复利用。在工作空间中，判断某个机器人是否和环境发生碰撞是耗时、耗力的，因为涉及判断一个几何体在任一姿态下和环境是否相交的问题；而在构型空间中，碰撞检测只需要查询一个点是否在障碍物之中即可，大大提升了规划的效率。但是，对于形状复杂的机器人，获得其构型空间本身就是一件计算量很大的事情，往往需要对机器人的形态使用简单几何体进行近似。例如，旋翼空中机器人系统本身非常适合被视为一个圆盘，从而极大简化了构型空间的生成。

3. 图搜索算法概述

图的搜索指的就是从图的某一节点开始，沿着边，访遍图中所有节点，且每个节点仅访问一次，最终找到目标节点的过程，这一过程也称作图的遍历。

图搜索算法如图 7-12 所示。搜索总是开始于初始点 S，其目标是搜索出一条路径通往目标点 G。即在搜索的过程会生成一个搜索树（search tree），到达终点以后，回溯整个搜索过程（backtrace），对树中的结点逆向搜索即可得到一条路径。在实际机器人应用中，构建一个完整的搜索树以探索整个搜索空间的做法，其代价往往比较高昂。因此，图搜索算法侧重于如何尽快得到一条符合目标的最优路径。

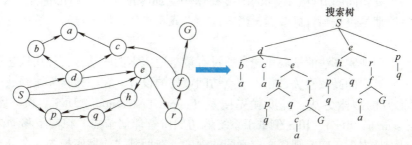

图 7-12　图的搜索算法

图搜索算法的基本流程可被概括为：

（1）初始化

1）创建一个数据结构（如队列、优先队列等）来存储待搜索的节点。

2）设置起点和目标点。

3）初始化一些辅助数据结构，如用于记录已访问节点的标记数组、用于存储路径信息的数组等。

（2）搜索过程

1）从起点开始，按照算法的特点（如深度优先、广度优先、启发式等）选择下一个要访问的节点。

2）将该节点添加到待搜索的数据结构中。

3）标记该节点已被访问，防止重复访问。

4）如果当前节点是目标节点，则搜索成功，可以开始回溯路径。

5）如果当前节点不是目标节点，则继续扩展其邻居节点，加入待搜索的数据结构中。

（3）路径回溯

1）如果找到了从起点到目标点的路径，则需要回溯这条路径。

2）根据搜索过程中记录的信息（如前驱节点、cost 等），逆向重构出完整的路径。

3）返回这条路径作为最终结果。

4）如果在规定的时间或搜索深度内没有找到目标节点，则说明搜索失败。

5）可以根据具体应用需求，选择返回一个空路径或给出其他提示信息。

（4）优化与改进

1）在基本流程的基础上，可以根据具体问题的特点进行算法优化，如使用启发式函数、利用并行计算等。

2) 引入启发式信息可以大幅提高搜索效率，如在 A* 算法中使用的估计函数。

3) 采用并行搜索、双向搜索等策略也可以提升算法性能。

图搜索算法的核心是维护一个待搜索的节点容器。该容器在算法开始时为空，随后会逐步填充进待搜索的节点。算法的主循环就是从这个容器中不断取出一个节点进行处理。初始化时，将起始节点放入这个容器中；然后进入主循环，从容器中取出一个节点，对其进行访问处理，找到该节点的所有邻居节点，并将尚未被访问过的邻居节点加入容器中，重复上述过程，直到容器中没有任何待搜索的节点；为了避免形成回环，算法通常还会维护一个"已访问节点"的集合，被记录在这个集合中的节点不会再次被加入容器；算法的关键在于如何选择下一个要访问的节点。不同的图搜索算法（如深度优先、广度优先、A* 等）采用不同的策略，以期尽快找到目标节点；当容器为空或者找到目标节点时，算法终止并返回搜索结果。

总的来说，图搜索算法的核心思想是通过有策略地探索图的结构，寻找从起点到目标节点的最优路径。算法的高效性关键在于节点访问策略的设计。在图搜索算法领域中，有两种基本且非常重要的搜索方法：深度优先搜索（depth first search，DFS）和广度优先搜索（breadth first search，BFS）。BFS 侧重于系统地访问所有邻居节点，在向下移动之前全面探索图的广度。相比之下，DFS 则深入探索图的深度，在回溯之前彻底扫描一个分支，这两种方法都是针对无权图的基本图搜索算法。

7.2.2 深度优先搜索

深度优先搜索（DFS）是一种通过尽可能远地沿着每个分支遍历图的算法，其搜索策略是每次从容器中取出最深层级的节点进行探索。

如图 7-13 所示，DFS 算法的具体步骤如下：首先将起始点 S 及其邻居节点依次压入一个后进先出（last in first out，LIFO）的容器，也就是栈。栈是一种数据结构，它的插入和删除操作只能在栈顶进行，最后压入栈的元素先被弹出，最先压入的元素最后被弹出，因此，栈顶元素是栈中最新添加的元素。栈提供入栈（push）和出栈（pop）两种基本操作，用于向栈中添加元素和从栈中删除元素。因此，对于栈来说，总是会首先弹出最后压入的节点，也就是当前搜索的最深层级的节点。

如图 7-14 所示，采用 DFS 算法从起始节点 a 到目标节点 i 的路径的工作流程可表述为：

1) 将起始节点 a 放入一个 LIFO 的容器中，也就是栈。
2) 循环处理栈中的节点（图 7-15）：

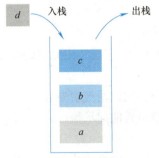

图 7-13 后进先出的容器

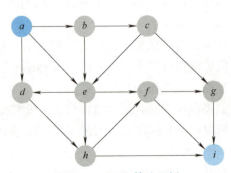

图 7-14 DFS 算法示例

① 扩展节点 a，将其三个邻居节点 d、e、b 依次压入栈中，从栈中弹出当前层级最深的节点 a，此时栈中包含 d、e、b。

② 扩展节点 b，将其邻居节点 c 压入栈中，从栈中弹出当前层级最深的节点 b，此时栈中包含 d、e、c。

③ 扩展节点 c，将其邻居节点 g 压入栈中，从栈中弹出当前层级最深的节点 c，此时栈中包含 d、e、g。

④ 扩展节点 g，将其邻居节点 i 压入栈中，判断为目标节点。

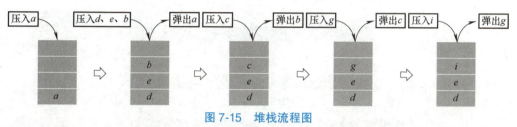

图 7-15　堆栈流程图

3) 从 i 回溯得到路径：$a \rightarrow b \rightarrow c \rightarrow g \rightarrow i$。

如图 7-15 所示，DFS 通过不断地沿着一个分支一路向下探索，直到到达尽头，再回溯到上一个分支点继续探索的方式，实现了对图结构的深入遍历。这种纵向的搜索策略意味着在探索过程中，DFS 算法只需要维护当前搜索路径上的节点，即使图的规模很大，算法也只需要占用少量的内存空间。虽然 DFS 可能无法保证找到全局最优解，但它能够非常高效地找到一个可行的解决方案。

7.2.3　广度优先搜索

广度优先搜索（BFS）是一种图（或树）遍历算法，它使用队列（queue）作为主要的数据结构，采用先进先出（first in first out，FIFO）的策略，以一种逐层搜索的方式探索图（或树）的所有节点。如图 7-16 所示，BFS 算法从源节点开始，每次取出容器中最浅的节点，并探索它们的邻居节点，继续这个过程直至所有节点都被访问。这种广度优先的遍历策略能确保节点按照它们与源节点距离的增加顺序进行访问，从而可以在无权图中找到最短路径。

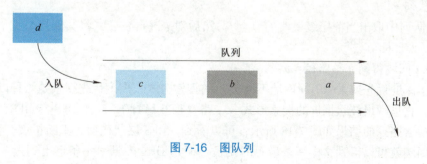

图 7-16　图队列

为了突出与深度优先搜索方法的区别，以图 7-14 为例，BFS 的流程为（图 7-17）：
1) 创建一个队列作为容器，将起始节点 a 加入队列。
2) 循环处理队列中的节点：

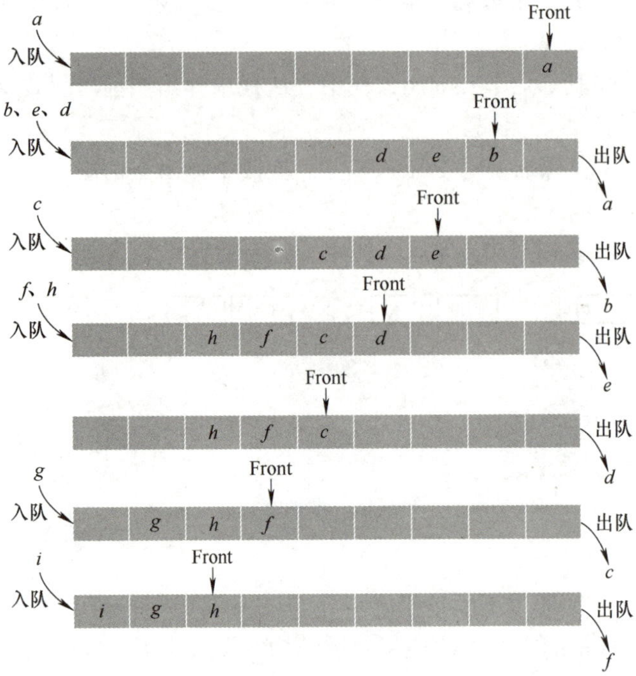

图 7-17 BFS 的流程

① 将起始节点 a 从队列中取出，然后对 a 进行扩展，将其所有未访问过的邻居节点 b、e、d 依次放入队列中。

② 从队列中取出当前层级最浅的节点 b（b、e、d 为同一层级，这里选择了 b），并扩展 b 的邻居节点 c，将其放入队列，得到队列 c、d、e。

③ 从队列中取出当前层级最浅的节点 e，并扩展 e 的邻居节点 h、f 放入队列，得到队列 h、f、c、d。

④ 再次从队列中取出层级最浅的节点 d，然后对 d 进行扩展，不需要扩展邻居节点，得到队列 h、f、c。

⑤ 从队列中取出当前层级最浅的节点 c，然后对 c 进行扩展，将其邻居节点 g 放入队列中，得到队列 g、h、f。

⑥ 从队列中取出当前层级最浅的节点 f，然后对 f 进行扩展，将其邻居节点 i 放入队列中，节点 i 为目标节点。

3）从 i 回溯得到完整路径：$a \rightarrow e \rightarrow f \rightarrow i$。

相比于深度优先搜索"不撞南墙不回头"的搜索方式，广度优先搜索是一种以时间换空间的方法，它呈现出波状推进的搜索形式，一路"稳扎稳打"。对比 DFS 与 BFS，两者在同一个图中搜索路径的结果如图 7-18 所示，可以看到，BFS 层层往前，不断扩展，直到终点，进而通过回溯就可以得到这样一条最短的路径。但是 DFS 按照"一条道走到黑"这样的规则，回溯出来的路径很有可能为非最短路径。BFS 需要大量的入队和出队操作来维护队列数据结构，这会消耗更多时间。但是它能保证找到最优路径，这是 DFS 所无法做到的。BFS 的搜索过程是一层一层推进的，虽然总时间可能更长，但是它能保证在某一层找到目标节点时，找到最短路径。

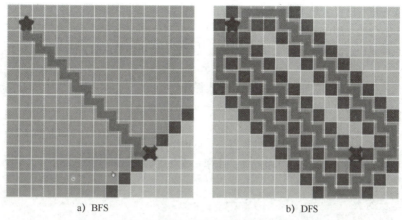

图 7-18　BFS 与 DFS 在同一个图中搜索路径的结果

7.2.4　贪心算法

区别于 BFS 的先进先出和 DFS 的后进先出，启发式搜索算法是一种利用启发式信息（heuristic）来引导搜索过程寻找可行解的算法。启发式信息来自对问题的一些预先估算或猜测，可以帮助算法更高效地找到问题的解。常见的启发式函数包括：欧几里得距离、曼哈顿距离、最小功耗、最短时间等。启发式算法会在每一步选择当下的最优选择，而不会考虑长远的影响。由于只追求局部最优，启发式算法无法保证找到全局最优解，且它可能会陷入局部最优解。

贪心算法是一种常见的启发式算法，它在每一步都做出当下看起来最好的选择，希望最终得到全局最优解。贪心算法具有很强的目的性，对于接下来要扩展的节点，它可以用一个函数去估计它到终点的远近，在下一步扩展时优先去扩展距离终点更近的节点。贪心算法在估算时是以忽略障碍物为前提的，因此在无障碍物情况下，贪心算法搜索更为高效，与之相对应的广度搜索算法则显得更为低效，它需要层层递进地去推进，直到扩展到终点之后再回溯出路径。然而，在实际运用运动规划路径搜索时，常常会存在很多的障碍物，在此情况下，广度搜索虽然会花费更长的时间，但其找到的是全局最优且最短的路径，而此时的贪心算法因为忽略障碍物，把整个搜索往错误的方向去引导，会陷入局部最优。

上述的 DFS、BFS 和贪心算法能够正确搜索到路径的前提是不考虑建成的图中各个边所代表的不同权重，也就是所谓的路径代价。在实际中，不同边的代价不同，涉及长度、时长、能量消耗等考虑因素，需根据实际情况，设计更普适且能找到最小路径代价路线的搜索算法。

7.2.5　Dijkstra 算法

Dijkstra 算法是一种图搜索算法，由荷兰科学家 Edsger Dijkstra 在 1959 年提出。Dijkstra 算法是一种用于在有向图中查找单源最短路径的算法。Dijkstra 算法主要特点是从起始点开始，采用贪心算法的策略，每次遍历到始点距离最近且未访问过的顶点的邻居节点，直到扩展到终点为止。

Dijkstra 算法伪代码如下：

维护一个保存所有已扩展节点的优先队列
使用起始节点初始化此优先队列
对起始节点的累积代价函数 g 赋值为 0，同时令其与所有地图中节点的 g 值为无穷大
开始循环
  如果优先队列为空，返回不存在路径，退出循环
  从优先队列中移出具有最小累积代价函数 $g(n)$ 的节点 n
  标记节点 n 为已扩展节点
  如果节点 n 是目标节点，返回已找到路径，退出循环
  对于节点 n 的每个未扩展邻居节点 m，计算 n 节点到 m 节点的连接代价 c_{nm}
如果：
  $g(m)=$ 无穷大：
    $g(m)=g(n)+c_{nm}$
    将 n 节点加入优先队列
  或 $g(m)>g(n)+c_{nm}$
    $g(m)=g(n)+c_{nm}$
  否则
    不做任何操作
结束如果
结束循环

下面以图 7-19 为例，介绍 Dijkatra 算法的流程（图 7-20）。

1）初始化：

① 将源节点 S 放入优先级队列，并将其 g 值（tentative distance）设为 0。

② 将 S 的邻居节点 d、e、p 依次放入优先级队列，并设置它们的 g 值。

2）循环：

① 从优先级队列中弹出 g 值最小的节点 p。扩展 p 的子节点 q，计算 q 的累积代价为 $1+15=16$，并将 q 放入优先级队列。

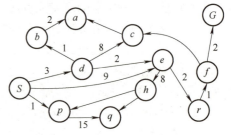

图 7-19　Dijkatra 算法示例

② 从优先级队列中弹出 g 值最小的节点 d。扩展 d 的子节点 b、c、e，计算它们的累积代价分别为 4、11 和 5，并将它们放入优先级队列。

③ 从优先级队列中弹出 g 值最小的节点 b。扩展 b 的子节点 a，计算它的累积代价为 6，并将 a 放入优先级队列。

④ 从优先级队列中弹出 g 值最小的节点 e。扩展 e 的子节点 h、r，计算它们的累积代价分别为 13 和 7，并将它们放入优先级队列。

⑤ 如此循环，从优先级队列中弹出 g 值最小的节点，并对其进行扩展，计算到扩展的邻居节点累积代价。如果这个距离小于其当前存储的距离，更新到邻居节点的累积代价为新计算的距离，并将邻居节点的前驱节点设置为当前节点，更新邻居节点在优先队列中的位置。

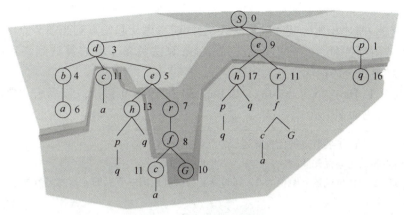

图 7-20　Dijkstra 算法流程

3）回溯：

① 当所有节点都被处理完毕后，数组中存储的就是从节点 S 到各个节点的最短距离。

② 通过前驱节点数组回溯，找到实际的最短路径：$S \to d \to e \to r \to f \to G$。

Dijkstra 算法具有以下三个特点：

1）不同于 BFS 与 DFS，Dijkatra 算法的弹出策略：每次弹出的节点具备最小的代价 $g(n)$，$g(n)$ 表示从起点出发到当前节点积累的代价。

2）在扩展时，对于 n 节点所有的邻居节点 m，如果 m 没有被扩展过，则检查 m 的代价，用 $g(m)$ 表示 m 节点的累积代价。如果从 n 到 m 这个走向的 $g(m)$ 比原来的代价小，则更新代价 cost。

3）最优性的保证：更新 n 节点的所有未被扩展的邻居节点 m，使得每一个被扩展过的节点的 $g(n)$ 都能保证是起始节点到当前 n 节点的最小代价的路径。

由于 Dijkstra 算法弹出策略是要找一个最小累积 cost 值的一个节点。因此要对所有的节点按累积 cost 进行排序，这时可以选择采用优先级队列（priority queue），而非 BFS 用的普通的队列结构。优先级队列是一种数据结构，是 0 个或多个元素的集合，其中，每个元素都有一个优先权，对优先级队列执行的操作有：查找、插入一个新元素和删除。一般情况下，查找操作用来搜索优先权最大的元素，删除操作用来删除该元素。对于优先权相同的元素，可按先进先出次序处理或按任意优先权进行。

Dijkstra 算法的解是完备且最优的。完备是指如果存在解，Dijkstra 算法一定可以找到并且找到最优解。Dijkstra 算法采用贪心算法来解决最短路径问题，是一种局部最优选择，在每一次寻找下一个节点时，总是选取到源节点最近的节点作为子节点，直到遍历整个网络。如当图中各边权重均等时，Dijkstra 算法实际上退化为一个广度优先搜索（BFS）算法。在这种情况下，算法会以一种均匀的方式向各个方向扩散搜索，最终形成一个类似于圆球的扩散形态。这是由于 Dijkstra 算法在搜索过程中，完全没有利用任何关于终点位置的先验信息，呈现出一种盲目的穷举搜索特性。这种缺乏方向性的扩散搜索方式，势必会在大规模图或权重分布不均的情况下，造成算法效率的下降。

7.2.6　A*算法

由于 Dijkstra 算法只考虑了从起始点到当前节点的实际路径代价，而没有考虑到到达目标节点的预期代价。这种仅考虑局部最优，而不顾及全局最优的做法，使得 Dijkstra 算法属于"短视"算法。与之相比，其改进算法 A^* 会同时考虑从起始点到当前节点的实际代价和到达目标节点的预期代价，实际上就是让 Dijkstra 算法具备了贪心算法到终点的贪心引导性，从而更好地寻找全局最优解。

A^* 算法由 P. E. Hart、N. J. Nilsson、B. Raphael 在 1968 年提出。该算法"既看起点，又看终点"，其伪代码如下：

```
维护一个保存所有已扩展节点的优先队列
使用起始节点初始化此优先队列
对起始节点的累积代价函数 g 赋值为 0，同时令其与所有地图中节点的 g 值为无穷大
开始循环
    如果优先队列为空，返回不存在路径，退出循环
    从优先队列中移出具有最小 f(n) = g(n) + h(n) 的节点 n
    标记节点 n 为已扩展节点
    如果节点 n 是目标节点，返回已找到路径，退出循环
    对于节点 n 每个未扩展邻居节点 m，计算 n 节点到 m 节点的连接代价 c_nm
    计算节点 m 的启发函数 h(m)，如果：
        g(m) = 无穷大
            g(m) = g(n) + c_nm
            将 n 节点加入优先队列
        或 g(m) > g(n) + c_nm
            g(m) = g(n) + c
        否则
            不做任何操作
    结束如果
结束循环
```

对比 Dijkstra 算法，可以看到，A^* 算法仍然会维持一个路线的累积代价 $g(n)$，表示的是从起点节点到当前节点路上的 cost 的累加。其次，A^* 算法还有一个 $h(n)$ 函数，表示当前节点到最终的目标节点所估计出连接起来的代价，表示为 $f(n) = g(n) + h(n)$，当 $h(n)$ 为 0 时，A^* 算法则退化为 Dijkstra 算法。

下面结合图 7-21 介绍 A^* 算法的流程。

1）初始化：维护一个优先级队列，其一开始是空的，对其进行初始化，放入起始节点 S，并且把起始节点的累积 cost 值 g 设为 0，其他所有节点的累积 cost 均设为无穷大。

2）循环

① 从优先队列中弹出一个最小 f 的节点，这里首先弹出节点 S，然后把这个节点标记为已扩展，之后不会访问已扩展的节点，判断它是否为目标节点，循环是否结束。

② 扩展 S 节点，对于 S 节点的每一个邻居节点，首先判断其是否已被扩展，若为新发

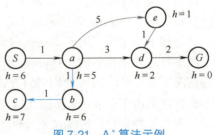

图 7-21 A^* 算法示例

现的节点，则按照其 f 进行一个赋值，然后把其塞入优先级队列。对于 $h(n)$ 的计算，可以根据事先规定好的规则，如欧式距离或者是曼哈顿距离，计算它到终点的估计出来的路径 cost。这里节点 S 只有 1 个邻居节点 a，计算其 f 值为 $1+5=6$，将其塞入优先级队列。

③ 从优先队列中弹出一个 f 最小的节点并对其进行扩展，这里弹出节点 a，判断其不是目标节点，对其进行扩展，得到其未扩展的邻居节点 b、d、e，计算与节点 a 的连接代价为 1、3、5，与起始节点的累积 cost 值 g 为 2、4、6，对原本为无穷大的 g 值进行重新赋值。计算与目标终点的连接代价 h 为 6、2、1，得到节点 b、d、e 的 f 值分别为 8、6、7，按照 f 值大小将节点 b、d、e 放入优先级队列。

④ 从优先队列中弹出一个 f 最小的节点 d，判断不是目标节点后对其进行扩展，得到其 f 值为 6 的节点 G，将其放入优先级队列。

⑤ 从优先队列中弹出一个 f 最小的节点 G，判断节点 G 为目标节点，结束循环。

3）回溯得到最短路径：$S \rightarrow a \rightarrow d \rightarrow G$。

对于 A* 算法最优性的保证，如图 7-22 所示。从起点 a 到目标点 G，若从上面路径走，a 节点的 $f=1+6=7$，从下面路径走，$f=5+0=5$，显然，优先级队列会先弹出下方 $S \rightarrow G$ 的路径。但是从图 7-22 中很明显可以看到，上方 $S \rightarrow a \rightarrow G$ 这条路径的代价总和为 4，是小于 $S \rightarrow G$ 的代价 5 的，究其原因，是因为节点 a 的启发式函数 h 估算出现了问题。

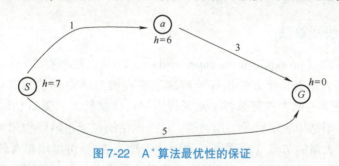

图 7-22 A* 算法最优性的保证

为了保证 A* 算法的最优性，需要保证每个节点估计出来的 $h(n)$ 应该小于其实际到达最终点的路径长度 h。

7.3 基于采样的路径规划算法

7.3.1 基于采样的路径规划算法概述

基于搜索的路径规划算法，如 Dijkstra、A* 算法通过系统地探索状态空间中的节点和边来寻找最优路径，在搜索空间较小、环境相对简单的情况下效果较好。但是当搜索空间较大、环境较复杂时，搜索算法的时间复杂度一般随状态空间规模呈指数级增长，在高维复杂环境下效率较低。

与基于搜索的路径规划算法相对应，基于采样的路径规划算法核心思想是，不再试图在整个环境空间中穷举搜索，而是通过随机或半随机的采样方式，构建一个稀疏的状态空间表示，然后在此基础上进行最短路径搜索。这样不仅大大降低了计算复杂度，而且能够很好地处理高维的状态空间和复杂的环境障碍。

采样类方法的一大优点是其不显式构建可行状态空间的精确边界，而是通过在连续的状态空间内采样，得到离散的状态点，通过图结构或树结构（树结构也可视作特殊的图结构）将其连接起来，以求高效地探索可行空间的连通性，因而主要用于解决由障碍物约束带来的问题复杂度。此类方法一般具备概率完备性，即若一个问题存在解，则随着采样不断进行，找到一个可行解的概率趋于1。

探索与开发是采样类方法的两大核心。探索指连接轨迹图使其遍布完整的解空间（针对多查询类问题），或生长轨迹树使其生长至解空间中所有需要探索的部分（针对单查询类问题）。开发指如何利用采样出的解空间信息修正维护轨迹图和轨迹树的结构以更好地表征解空间。因此，设计高效的非均匀采样方式来得到落在最优解的周围的状态样本，以及设计连通图和轨迹树的构建方法成为两个主要研究方向。

基于采样的路径规划算法通常包括以下三个步骤：

1）在环境空间中随机或半随机地生成一些采样点。

2）将这些节点连接起来，构建一个采样图。连接的方式可以是简单地连接最近的节点，也可以采用一些启发式规则。

3）在这个采样图上进行最短路径搜索，找到从起点到终点的最优路径。这一步可以使用经典的图搜索算法，如 A^*、Dijkstra 等。

7.3.2 概率路线图算法

概率路线图算法（probabilistic roadmap method，PRM）最早在 20 世纪 90 年代初期由 M. H. Overmars 等人提出。此方法很好地解决了在高维空间中构造出有效路径图的困难。PRM 算法通过在配置空间中进行采样、对采样点进行碰撞检测、测试相邻采样点是否能够连接，来构建一个图结构表示路径的连通性。这个图结构位于由障碍物和无障碍区域构成的地图之中，包含了大量的节点（采样点）和边（连接关系），可以用相对较少的路标点和局部路径来概括整个地图的连通性，此方法的一个巨大优点是，其复杂度主要依赖于寻找路径的难度，跟整个规划场景的大小和构型空间的维数关系不大。

PRM 算法可以有效避免对位姿空间中障碍物进行精确建模，能够有效解决复杂的运动动力学约束下的路径规划问题。

PRM 算法主要分为两个阶段，分别是学习阶段（learning phase）和搜索阶段（query phase）。学习阶段随机采样大量的机器人位姿点，为每个节点搜索邻居节点并建立连接，构建出路标地图。搜索阶段根据起始点、目标点和路标地图信息，采用启发式搜索算法从路标地图中搜索出一条可行路径。

PRM 算法伪代码如下：

```
在地图中随机产生一定数量的采样点，并对每个采样点进行碰撞检测，保留所有无碰撞的采样点
对所有无碰撞的采样点：
    循环
        用直线连接其近邻节点
        删除所有发生了碰撞的连接
    结束循环
```

将起始、终止两个特殊节点连接到最近无碰撞节点,如连线发生碰撞,则选次最近节点,直到成功无碰撞连接

使用搜索类算法在上述过程得到的路线图上搜索出最短路径

以图 7-23 为例,图中灰色图形表示障碍物区域。对于学习阶段,点与点的连接符合两个准则:第一个是距离准则,为避免使环境复杂化,点的连接为相邻连接;第二个是无障碍物准则,删除和障碍物发生碰撞的点与由点连接起来的线段。首先,对于一个分布着若干障碍物的环境,给定起点和终点,在工作空间中随机采样 n 个节点,删除掉和障碍物发生碰撞的点;随后,将当前节点与相邻节点连接,并删除掉所有和障碍物发生碰撞的路径段;最后,把起点和终点分别连进这些采样的节点之中,以此构成一个搜索图。然后进入搜索阶段。

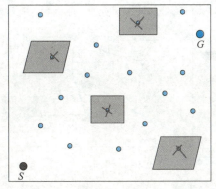
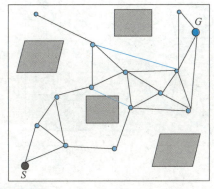

图 7-23　学习阶段

在搜索阶段,根据学习阶段生成的搜索图,可以利用 Dijkstra 和 A^* 算法寻找始终点之间距离最短的路径。如图 7-24 所示,搜索图经采样所得,可将其视作为栅格图。在此基础上,针对此类路标图的搜索与 7.2 节所介绍的搜索算法之间,并无本质差异。

PRM 算法采样可以有多种方式,可以在空间里面均匀采样,也可以使用偏置采样。其中,采样点的数量和采样点间存在通路的最大距离是路径规划成功与否的关键。当采样点太少时,由于连线路径太少,可能找不到解而导致路径规划失败。当采样点数量增加时,搜索到的路径会逐渐接近最短路径,但同时搜索效率会降低。

此外,PRM 算法具备概率完备性的优势,在不断向环境添加采样点的过程中,最终一定可以构建出一个覆盖起始点和终点的搜索图,在此搜索图上必定能得到解决该问题的一条路径。

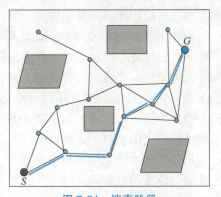

图 7-24　搜索阶段

相对于 A^* 算法或者 Dijkstra 算法在整个环境里面去搜索路径,PRM 算法构建了一个简化代表环境的图,尤其是在复杂高维环境下可以更高效地找到路径。

然而,PRM 算法的劣势也同样明显。第一,PRM 算法在构建连接图的过程中并未专注于生成路径,由于检测了太多较远的点之间的连线,导致产生了大量低效无用的采样和路径

连接，从而降低了算法效率。第二，用直线代表机器人的行动路径，有时不能满足机器人运动学的约束。因此，需要构造一条能满足两个点之间机器人可执行的曲线来替换直线运动。PRM 算法需求解边界值。

可以看到，在采样过程中检测点或者线段是否与障碍物产生碰撞是非常耗时的，是影响 PRM 效率的一个非常关键的问题。针对这一问题，上述过程可以采用懒惰碰撞检测（lazy colision-checking）的方案，如图 7-25 所示。懒惰碰撞检测在随机撒下 N 个粒子后，不再检测粒子是否在障碍物中，只遵循距离准则进行连线。连线后，在图中寻找最短路径，该最短路径如果存在节点与障碍物发生碰撞的情况，则删除该节点，在新的路图中重新寻找最短路径，直到找到一条节点与障碍物无碰撞的路径。

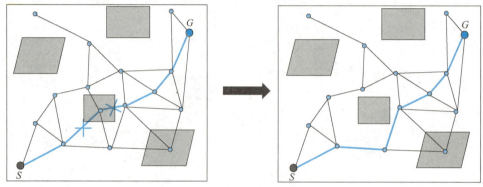

图 7-25　懒惰碰撞检测过程

7.3.3　快速探索随机树算法

快速探索随机树（rapidly-exploring random trees，RRT）算法最初由 Steven M. LaValle 在 1998 年提出。其核心思想是通过随机采样的方式，从起点出发逐步构建一棵搜索树，不断探索障碍物和目标物之间的通路。与基于网格或概率路图的算法不同，RRT 算法更加灵活和高效，可应用于高维复杂环境。

RRT 算法从起始点开始，在地图上进行随机采样，根据采样点信息以及障碍物检测等约束条件，构建一棵从起点向终点正向拓展的树。随着采样的增加，树不断生长，直到树的枝叶延伸至目标点或达到预设的采样次数。RRT 构建的树实际也是图的一种，但在连接方式上与 PRM 图中的树略有不同。相比 PRM，RRT 是一种增量式的构建过程，不区分学习阶段和查询阶段。RRT 的目标就是构建一条路径，直到目标终点被加入到树里就回溯，快速从树结构中查阅从起始点到目标点的路径。

RRT 算法本质是一种单查询算法，其生成的搜索树仅对给定的起点和终点有效，因此无法通过改变起点和终点得到新的解。RRT 算法的伪代码如下：

初始化搜索树 T 为起始位置节点
对于 1 到采样上限 N，循环：
　　在构型空间中按给定"采样规则"生成一个随机节点 x_{rand}
　　在已有树中找距离 x_{rand} 最近的节点 x_{near}
　　使用给定连接函数，在节点 x_{rand} 到 x_{near} 方向上生成新节点 x_{new}

> 连接 x_{near} 和 x_{new}，生成边 E
> 如果：E 无碰撞
>   将 x_{new}、x_{near} 和 E 加入 T
> 结束如果
> 如果：x_{new} 在终点 x_{goal} 的小邻域内
>   认为已到达 x_{goal}，将 x_{new} 加入终止节点集合 X_{end}
> 结束如果
> 结束循环
> 由 X_{end} 节点回溯路径并返回最短路径

下面以图 7-26 为例介绍 RRT 算法的大致流程，以二维增量式地图来表示整个环境，目标是找到一条从起始点 S 到目标点 G 的路径。

第一步，首先对环境采样得到采样点 x_{rand}，在起始点与 x_{rand} 连线方向上移动一段距离 δ，到达点 x_{near}。如果该点和起始点连接的线段是无碰撞（collision-free）的，那么将该点和该线段加入树中，完成一次树的扩展。

第二步，通过一个采样函数在地图里面进行采样，获得一个 x_{rand} 随机点。这个过程可以均匀撒点，也可以根据实际的应用情况做一些偏置采样，如往一些空间比较大的地方撒点，或者根据要求的不同往一些信息较多的地方撒点。这里为了简化，采取随机采样的方式，在整个空间里面均匀的采样。

第三步，通过调用生长函数，使得这个发现的最近节点 x_{near} 向着采样节点 x_{rand} 进一步生长，如图 7-27 所示，在 x_{rand} 和 x_{near} 连线方向上移动一段距离到达新点 x_{new}，若 x_{near} 和 x_{new} 连线的线段 E_i 是无碰撞的，则将 x_{new} 和 E_i 加入已有的搜索树中，完成一次树的扩展。

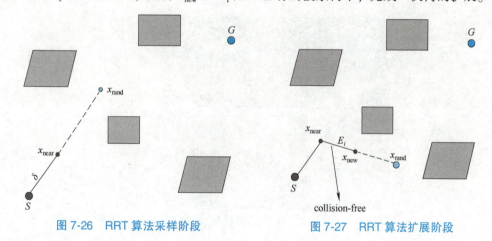

图 7-26　RRT 算法采样阶段　　图 7-27　RRT 算法扩展阶段

如果 x_{near} 和 x_{new} 连线的线段 E_j 和障碍物发生了碰撞，则 x_{new} 与线段不会被加入搜索树中，如图 7-28 所示。

上述过程不断进行迭代，随着采样点不断增加，如果最终采样得到了目标点或者目标点附近的点，则认为路径规划已经完成，通过回溯即可找到连接起点 S 与终点 G 的无碰撞路径，如图 7-29 所示。

通过上述流程可以看到，相比于 PRM 算法，RRT 算法更具备目标导向性，即有针对性地去寻找一条从起点到终点的路径，从而避免了在不必要的采样上浪费过多算力，因此可提高搜索速度。RRT 作为一种随机采样的规划算法，它的复杂度也不受地图的离散程度影响，在高维空间中仍具有很高的搜索效率。

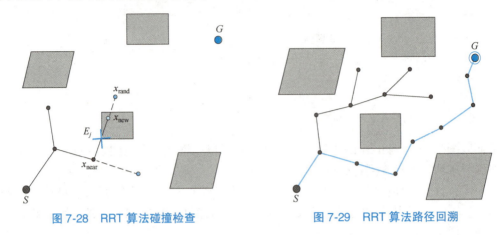

图 7-28　RRT 算法碰撞检查　　　　图 7-29　RRT 算法路径回溯

但是 RRT 算法也有它的劣势：RRT 算法只关注尽快找到一条可行路径，而并不追求找到最优路径。从数学上证明，即便随着采样增加到无穷，RRT 算法也无法保证最终路径的最优性，虽然具有渐进完备性，但却缺乏渐进最优性。这使得 RRT 算法从另一个层面上仍然不够高效。

此外，由于 RRT 的随机采样特性，在遇到狭窄通路的情况下，采样点落在这些区域的概率较小，导致扩展树总是在一侧扩散，规划路径的效率明显降低，如图 7-30 所示。这也是 RRT 算法的一个重要局限性。

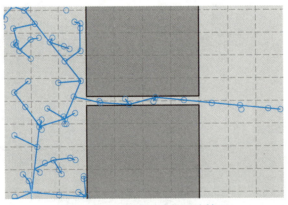

图 7-30　RRT 遇到狭窄通路情况

7.3.4　RRT* 算法及改进算法

针对 RRT 算法的不足，Karaman、Sertac 等人提出了一种 RRT* 的算法，相比于 RRT 算法，RRT* 也通过在工作空间中采样节点来构建从起点到终点的树状结构。但随着采样点的不断增加，RRT* 会逐步优化已有的路径，最终可以保证所求解路径的渐进最优性。

相较于 RRT 算法，RRT* 算法对于 x_{rand}、x_{near}、x_{new} 的产生与 RRT 相同，区别在于：

RRT 直接将 x_{new} 和 x_{new} 与 x_{near} 之间的线段加入到树中；RRT* 在找到 x_{new} 后，会在 x_{new} 附近邻域以 r 为半径进行搜索，找到 x_{new} 附近的一些节点 (x_{near}, x_1, x_2)，如图 7-31 所示。

接下来进入树的扩展步骤。区别于 RRT 直接把 x_{new} 当作它的父节点，RRT* 算法额外增加了在这一区域内所有被考察的节点，将 x_{new}、x_1、x_2 都模拟作为 x_{new} 的父节点，判断能否通过新增加的采样来找到从出发点到 x_{new} 代价最小的节点作为 x_{new} 最终的父节点。以图 7-31 为例，以路径最短最为代价，可以直观地可以看出 x_{near} 到起始点 S 的代价最小，此时 x_{near} 就被选为了 x_{new} 的父节点。

此外，RRT* 算法会逐渐更新邻域内的点到起始点的路径，从而完成剪枝过程，这一步骤可以显著改善每一个被影响节点的路径最优性。如图 7-32 所示，x_2 通过 x_{new} 到达起始点 S 的代价小于通过 x_1 到达起始点的代价，于是修改 x_1 的父节点 x_2 为 x_{new}。随着剪枝过程不断迭代，整个搜索树不断进行优化，随着采样点的增多，RRT* 算法最终可以收敛到真实最优解。

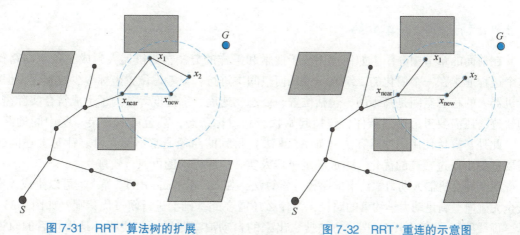

图 7-31　RRT* 算法树的扩展　　　　图 7-32　RRT* 重连的示意图

为了更贴合机器人运动学规律，有学者提出了 kinodynamic-RRT* 算法，即将 RRT* 点和点之间的直线连接变换为运动学路径。RRT 算法和 RRT* 算法都包括采样函数、邻近函数和生长函数，而 kinodynamic-RRT* 算法通过改进生长函数从而实现 RRT 的优化。不同于简单使用一段直线段把 x_{new} 跟它的父节点 x_{near} 连接起来，kinodynamic-RRT* 算法倾向于找到一条更符合机器人运动学约束的曲线，如图 7-33 所示。

Informed RRT* 算法则通过改进采样方式来提高 RRT 中搜索树的扩展效率。Informed RRT* 算法不再像 RRT* 算法一样在整个空间里面进行随机点采样，而是把采样的范围限制在一个椭圆里面，如图 7-34 所示。这个椭圆的焦点位于起点和终点上，长轴的长度则是从起点到终点的直线距离。也就是说，这个椭圆描述了从起点到终点的最短可能路径。随着搜索树的不断优化，从起点到终点的实际路径长度会越来越短，椭圆的大小也会

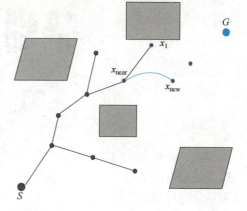

图 7-33　kinodynamic-RRT* 的示意图

相应地缩小,从而收缩采样的范围。这样做可以大大提高采样的效率,是因为采样集中在真正有价值的区域,而不是整个搜索空间。

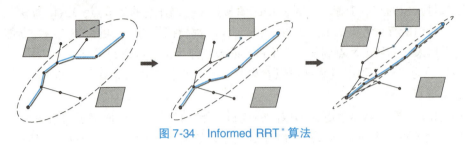

图 7-34　Informed RRT* 算法

7.4　轨迹优化

7.4.1　轨迹优化基本介绍

在前面的章节中介绍了如何运用基于搜索和采样的方法,为机器人生成一条运动路径。这个过程通常在一个简化的二维或三维几何空间中进行,只考虑位置坐标等少数维度,但实际机器人的状态空间是高维的,包括位置、姿态、速度、加速度等。为了生成符合实际需求的轨迹,还需要考虑边界条件,包括起始状态和目标状态,甚至可以指定一些中间的路标点。此外,直接使用图搜索算法(如 A* 算法)得到的路径通常不够光滑。针对上述问题,需要进一步通过轨迹的优化,生成满足机器人实际应用需求的可执行轨迹。

对于满足机器人动力学约束的路径搜索算法,如 kinodynamic-RRT* 等,也可以生成光滑、安全无碰撞、满足动力学约束的路径,为什么还需在此基础上进行轨迹优化呢?如图 7-35 所示,虚线路径是通过 Hybrid A* 方法搜索出来的自动泊车路径,实线路径是优化后的轨迹。两者都是满足动力界约束、光滑、安全的路径,但优化过后的轨迹质量远远高于直接通过动态路径搜索和 Hybrid A* 方法搜索出来的路径。

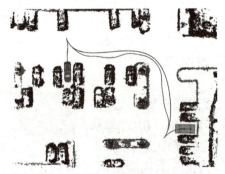

图 7-35　自动泊车路径的轨迹优化

因此,针对实际问题,不应过于拘泥于具体的运动规划流程,不论是先计算路径再优化轨迹,还是直接生成动力学约束的轨迹,都是从简单到复杂、从粗糙到精细,不断提升轨迹求解质量的过程。

7.4.2 光滑一维轨迹生成

在介绍常用轨迹优化方法之前,首先考虑如下问题:如图 7-36 所示,给定机器人起始状态及终止状态,在不考虑障碍物约束等情况下如何求解出光滑的运动轨迹。

以一维环境且只有一段轨迹的情况为例,给定时间轴 t,要求在 0 时刻机器人处在 x 轴上的 a 位置,在 T 时刻到达 b 位置,求解一条连接起止时刻的轨迹 $x(t)$,使其具备光滑连续特性。

轨迹的光滑和连续是两个不同的概念。连续是可导的必要不充分条件,可导一定连续,连续不一定可导。若要求轨迹的速度是光滑的,其前提是速度的导数,即它的加速度至少是连续的,由连续加速度进行积分得到的速度曲线则一定是连续并且可导,也即是光滑的。

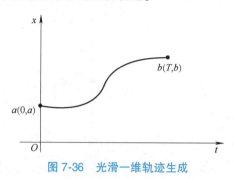

图 7-36 光滑一维轨迹生成

针对轨迹的光滑性和连续性要求,一种常见的处理方式是将轨迹用光滑的函数参数化,通常使用多项式函数。多项式函数形式简单,易于求解,如可将轨迹表示为五阶多项式函数。由于多项式所具备的多阶微分可导性质,因此其本身就提供了轨迹平滑度的保证。

对于 5 阶多项式函数 $x(t) = p_5 t^5 + p_4 t^4 + p_3 t^3 + p_2 t^2 + p_1 t + p_0$,有 6 个未知量,分别对应多项式从 5 阶到 0 阶的各阶系数。针对问题的边界条件(表 7-1),要求在 0 时刻和 T 时刻机器人需到达 a 点和 b 点,同时要求在 0 时刻和 T 时刻机器人分别处于静止状态,即此刻的速度和加速度都为 0。结合以上所有条件,可得 6 个约束方程,如下:

表 7-1 起止时刻位置边界条件

时间	位置	速度	加速度
$t=0$	a	0	0
$t=T$	b	0	0

$$\begin{bmatrix} a \\ b \\ 0 \\ 0 \\ 0 \\ 0 \end{bmatrix} = \begin{bmatrix} 0 & 0 & 0 & 0 & 0 & 1 \\ T^5 & T^4 & T^3 & T^2 & T & 1 \\ 0 & 0 & 0 & 0 & 1 & 0 \\ 5T^4 & 4T^3 & 3T^2 & 2T & 1 & 0 \\ 0 & 0 & 0 & 2 & 0 & 0 \\ 20T^3 & 12T^2 & 6T & 2 & 0 & 0 \end{bmatrix} \begin{bmatrix} p_5 \\ p_4 \\ p_3 \\ p_2 \\ p_1 \\ p_0 \end{bmatrix} \tag{7-13}$$

求解这样一个六维的线性方程组,可以计算得到多项式轨迹方程的各阶系数,从而把轨迹还原出来。

若不只是要求机器人从静止状态到达静止状态,还要在起始位置和终止位置分别具备一个给定的边界速度约束,则将起止时刻位置与速度边界条件(表 7-2)带入线性方程组,可得

表 7-2 起止时刻位置与速度边界条件

时间	位置	速度	加速度
$t=0$	a	v_0	0
$t=T$	b	v_T	0

$$\begin{bmatrix} a \\ b \\ v_0 \\ v_T \\ 0 \\ 0 \end{bmatrix} = \begin{bmatrix} 0 & 0 & 0 & 0 & 0 & 1 \\ T^5 & T^4 & T^3 & T^2 & T & 1 \\ 0 & 0 & 0 & 0 & 1 & 0 \\ 5T^4 & 4T^3 & 3T^2 & 2T & 1 & 0 \\ 0 & 0 & 0 & 2 & 0 & 0 \\ 20T^3 & 12T^2 & 6T & 2 & 0 & 0 \end{bmatrix} \begin{bmatrix} p_5 \\ p_4 \\ p_3 \\ p_2 \\ p_1 \\ p_0 \end{bmatrix} \quad (7\text{-}14)$$

求解该方程组，即能计算得到所需的多项式轨迹函数。

7.4.3 Minimum snap 轨迹生成

在 7.4.2 节中介绍了一种简单的轨迹生成方法，即指定轨迹是一个给定阶数的多项式，同时约束其首末状态，通过求解线性方程组即可得到光滑一维轨迹的生成方法。然而，在处理复杂问题时，往往无法预知移动机器人的高阶状态，即无法确定中间节点的最佳速度和加速度。此外，在机器人运动规划中，相比于可行解，更关心的是能否得到最优解。这时需要引入优化方法，通过基于优化的方式计算出一个最佳的到达特定位置的可行轨迹。

对于一段复杂的轨迹，难以仅通过一个多项式进行表示，可将轨迹按时间分成多段，对于轨迹的每一段分别使用多项式曲线进行表示，例如，将轨迹分为 M 段，在时间为 $T_{M-1} \leqslant t \leqslant T_M$ 的轨迹段上分别通过多项式曲线进行拟合，得到整条轨迹的表达形式，例如

$$f(t) = \begin{cases} f_1(t) \doteq \sum_{i=0}^{N} p_{1,i} t^i, & T_0 \leqslant t \leqslant T_1 \\ f_2(t) \doteq \sum_{i=0}^{N} p_{2,i} t^i, & T_1 \leqslant t \leqslant T_2 \\ \quad \vdots & \quad \vdots \\ f_M(t) \doteq \sum_{i=0}^{N} p_{M,i} t^i, & T_{M-1} \leqslant t \leqslant T_M \end{cases} \quad (7\text{-}15)$$

其中，$p_{M,i}$ 为第 M 段轨迹第 i 阶多项式的系数，求解机器人可执行轨迹问题则成为求解轨迹的多项式系数的问题。但是，仅得到分段的光滑轨迹，机器人也很难执行，比如在相邻两段轨迹之间速度、加速度的突变等，因此还需要对各段轨迹进行约束，使得相邻轨迹连接处平滑，还需设定机器人移动的最大速度、最大加速度等。通常，满足上述约束条件的轨迹有无数条，对于机器人而言，只需要一条最合适的轨迹，比如最小化能量损耗的轨迹、最小化机器人姿态变化的轨迹等。将寻找最优轨迹的问题建模成一个带等式约束与不等式约束的优化问题，通过求解最优化问题，即能得到最终目标轨迹的参数 p。以 Minimum snap 或者 Minimum jerk 为优化目标的函数可以表示为

$$\begin{cases} \text{Minimum snap}: \min f(p) = \min(p^{(4)}(t))^2 \\ \text{Minimum jerk}: \min f(p) = \min(p^{(3)}(t))^2 \end{cases} \quad (7\text{-}16)$$

以四旋翼无人机为例，根据其动力学的运动方程，角速度与推力对应，若最小化加加速度（jerk）相当于最小化了角速度变化，而最小化角速度相当于最少化视差的变化率，有利于有限视角下的跟踪。jerk 的导数 snap 对应推力的导数，最小化 snap 会使得推力的变化尽可能的平缓，可以节省能量。

为了方便对轨迹进行求解，不同分段的多项式的阶次一般设置相同。为了确保多项式在给定约束条件下有解，多项式的阶数必须受到限制。由于多项式中未知数的数量不能少于每段所施加约束的个数，因此可以推导出每段多项式的最小阶数。

以 Minimum snap 为例对构建的优化目标函数进行数学上的化简，可得

$$f(t) = \sum_i p_i t^i$$

$$\Rightarrow f^{(4)}(t) = \sum_{i \geq 4} i(i-1)(i-2)(i-3) t^{i-4} p_i$$

$$\Rightarrow (f^{(4)}(t))^2 = \sum_{i \geq 4, l \geq 4} i(i-1)(i-2)(i-3) l(l-1)(l-2)(l-3) t^{i+l-8} p_i p_l$$

$$\Rightarrow J(T) = \int_{T_{j-1}}^{T_j} (f^4(t))^2 \mathrm{d}t$$

$$= \sum_{i \geq 4, l \geq 4} \frac{i(i-1)(i-2)(i-3) j(l-1)(l-2)(l-3)}{i+l-7} (T_j^{i+l-7} - T_{j-1}^{i+l-7}) p_i p_l \quad (7\text{-}17)$$

$$\Rightarrow J(T) = \int_{T_{j-1}}^{T_j} (f^4(t))^2 \mathrm{d}t$$

$$= \begin{bmatrix} \vdots \\ p_i \\ \vdots \end{bmatrix}^{\mathrm{T}} \begin{bmatrix} \cdots \dfrac{i(i-1)(i-2)(i-3) l(l-1)(l-2)(l-3)}{i+l-7} T^{i+l-7} \cdots \end{bmatrix} \begin{bmatrix} \vdots \\ p_l \\ \vdots \end{bmatrix}$$

$$\Rightarrow J_j(T) = \boldsymbol{p}_j^{\mathrm{T}} \boldsymbol{Q}_j \boldsymbol{p}_j$$

由此通过数学上的化简，该目标函数可表示为标准的半正定二次型，保证了目标函数为凸函数。

此外，多项式轨迹还需要满足以下约束条件：
1) 起点和终点的位置、速度、加速度等的要求。
2) 中间路径点处轨迹的前后段需要连接平滑，即位置、速度、加速度等连续。
3) 中间路径点位置、速度、加速度等的要求，如在指定空间内（corridor）运动的限制。
4) 最大速度、最大加速度等约束。

以导数约束为例。在 T_j 时刻，当该点的位置、速度、加速度等状态及中间路径点的位置 $x_j^{(k)}$ 为给定的已知量时，写作等式约束形式，可表示为

$$f_j^{(k)}(T_j) = x_j^{(k)}$$

$$\Rightarrow \sum_{i \geq k} \frac{i!}{(i-k)!} T_j^{i-k} p_{j,i} = x_{T,j}^{(k)}$$

$$\Rightarrow \begin{bmatrix} \cdots & \dfrac{i!}{(i-k)!}T_j^{i-k} & \cdots \end{bmatrix} \begin{bmatrix} \vdots \\ p_{j,i} \\ \vdots \end{bmatrix} = x_{T,j}^{(k)}$$

$$\Rightarrow \begin{bmatrix} \cdots & \dfrac{i!}{(i-k)!}T_{j-1}^{i-k} & \cdots \\ \cdots & \dfrac{i!}{(i-k)!}T_j^{i-k} & \cdots \end{bmatrix} \begin{bmatrix} \vdots \\ p_{j,i} \\ \vdots \end{bmatrix} = \begin{bmatrix} x_{0,j}^{(k)} \\ x_{T,j}^{(k)} \end{bmatrix} \quad (7\text{-}18)$$

$$\Rightarrow A_j p_j = d_j$$

连续性约束需要保证中间节点前后相接的两段轨迹之间的连接点状态一致，即这些连接点的导数的左右极限相等，表示为在 T_j 时刻，第 j 段轨迹与第 $j+1$ 段轨迹的速度与加速度相等，该约束也可以表示为等式约束：

$$f_j^{(k)}(T_j) = f_{j+1}^{(k)}(T_j)$$

$$\Rightarrow \sum_{i \geqslant k} \dfrac{i!}{(i-k)!} T_j^{i-k} p_{j,i} - \sum_{l \geqslant k} \dfrac{l!}{(l-k)!} T_j^{l-k} p_{j+1,l} = 0$$

$$\Rightarrow \begin{bmatrix} \cdots & \dfrac{i!}{(i-k)!}T_j^{i-k} & \cdots & -\dfrac{l!}{(l-k)!}T_j^{l-k} & \cdots \end{bmatrix} \begin{bmatrix} \vdots \\ p_{j,i} \\ \vdots \\ p_{j+1,l} \\ \vdots \end{bmatrix} = 0 \quad (7\text{-}19)$$

$$\Rightarrow \begin{bmatrix} A_j & -A_{j+1} \end{bmatrix} \begin{bmatrix} p_j \\ p_{j+1} \end{bmatrix} = 0$$

因此，该优化问题可表示为

$$\begin{cases} \min f(p) \\ \text{s. t.} \quad A_{eq} p = b_{eq} \\ A_{ieq} p \leqslant b_{ieq} \end{cases} \quad (7\text{-}20)$$

式中，$f(p)$ 为目标函数；$A_{eq}p = b_{eq}$，为等式约束；$A_{ieq}p \leqslant b_{ieq}$ 为不等式约束。

由于目标函数是凸函数，加上上述线性等式和线性不等式约束，Minimum snap 轨迹优化问题就变成了一个典型的凸优化问题，而凸优化问题有很好的理论性质，可以保证找到全局最优解。由于目标函数和约束条件的特殊形式，可以使用一些高效的数值优化算法来求解，如二次规划（quadratic programming）就可以很好地处理这种半正定二次型目标函数。常用的工具有 quadprog、cvxpy 等，能够快速找到全局最优解。

7.4.4 软约束和硬约束下的轨迹优化

Minimum snap 可将轨迹优化问题表述为一个多变量的二次规划问题，满足凸优化的性质。通过数学变换，可以将这个优化问题转化为一个标准的二次规划形式，从而得到问题的闭式解。相比于一般的迭代优化算法，闭式解能够直接给出全局最优解，无须经过迭代收敛。这种方法不仅计算速度快，而且数值稳定性也更好，能够更有效地避免陷入局部最优解。

然而，连接两无碰撞节点进行 Minimum snap 轨迹的后续优化过程中，并没有直接考虑碰撞约束，没有将障碍物信息纳入优化目标，即使得到了一条数学上最优的最小 snap 轨迹，但这条轨迹可能会穿过障碍物，导致机器人与障碍物发生碰撞，如图 7-37 虚线所示。

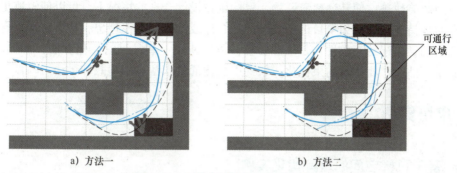

图 7-37 机器人避障的两种常见方法

关于机器人的避障，主要思想有：

1) 从障碍物角度出发。给每个障碍物构建一个虚拟的斥力场，给目标轨迹施加一种远离障碍物的"推力"，从而引导轨迹远离障碍物。通常，基于此种方法会通过在优化目标函数中加入障碍物斥力项，形成一种软约束，这样可以在整体优化中平衡最小 snap 轨迹和远离障碍物的需求。如图 7-37a 所示，红色碰撞轨迹（虚线）在障碍物的斥力下被优化为无碰撞的轨迹（实线）。

2) 从可通行区域角度出发：建立一个虚拟的引力场，将轨迹吸引到安全可通行区域里面，从而避免轨迹与障碍物发生碰撞。此种方法会将问题转变为具备硬约束的优化问题，强制要求规划的轨迹必须通过该安全区域。如图 7-37b 所示，碰撞轨迹（虚线）在可通行区域的约束下被优化为无碰撞的轨迹（实线）。

对于硬约束优化问题，需要在满足严格等式和不等式约束条件的前提下，寻找最优解，约束条件必须在整个优化过程中使全局得到严格满足，不能有任何违反约束的情况。在移动机器人轨迹优化问题中，硬约束会将安全区域内所有点视为等价，这可能导致生成的轨迹过于靠近障碍物边缘，由于控制精度等因素的影响，增加了机器人与障碍物发生碰撞的风险，如图 7-38a 所示。硬约束优化依赖于事先找到的安全走廊，这要求环境中没有过多的噪点干扰。但现实环境复杂多变，感知系统可能无法准确提取出清晰的安全走廊，从而影响轨迹规划的质量。

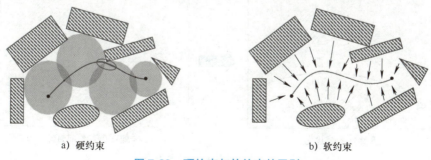

图 7-38 硬约束与软约束的区别

对于软约束优化问题，通常将约束条件融入目标函数中，将其作为惩罚项。通过在目标函数中加入惩罚项的方式"鼓励"满足约束。软约束优化不是构建可通行区域然后强行约束轨迹，而是让整个环境都产生"推力"作用于轨迹，如图 7-38b 所示。这些"推力"会自然而然地影响轨迹，使其远离障碍物。目标函数设计合理的情况下，可以使轨迹更加远离障碍，同时保持光滑性。如果目标函数设计不合理或参数调整不理想，最终轨迹仍有可能直接撞到障碍物。由于约束条件不是硬性要求，可以使用一些常见的优化算法，如梯度下降、拉格朗日乘子法等。相比硬约束优化，软约束优化通常求解更加高效和灵活。

7.5 应用实例

7.5.1 基于可行空间的轨迹优化实例

硬约束目标是在环境中可通行区域里给机器人施加一个确保机器人必须遵循该路径进行移动的约束。基于此思想，当前被广泛应用的一种方法为基于可行空间的轨迹优化。

这里以无人机为例来介绍基于可行空间的轨迹优化方法，此方法可分为以下几个步骤（图 7-39）：①使用八叉树等数据结构构建环境障碍物地图；②使用 A^* 等路径规划算法计算初步的路径，基于此路径构建初步的可行空间；③对八叉树中的可行空间进行膨胀处理，扩大可行空间范围；④添加可行空间约束，通过轨迹优化，确保轨迹始终位于安全区域。若每个可行空间都是凸形的，那么这个优化问题最终就可被化成一个凸优化问题，即后续的轨迹优化问题可以被高效和可靠地求解。

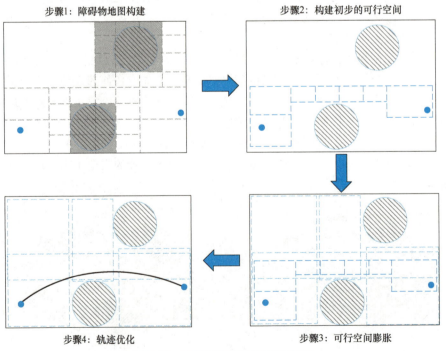

图 7-39 飞行走廊的轨迹优化步骤

轨迹生成与 Minimum snap 轨迹生成方法类似，以分段多项式进行轨迹的表征，形式为

$$f_\mu(t) = \begin{cases} \sum_{J=0}^{N} p_{1J}(t-T_0)^J, & T_0 \leq t \leq T_1 \\ \sum_{J=0}^{N} p_{2J}(t-T_1)^J, & T_0 \leq t \leq T_1 \\ \vdots & \vdots \\ \sum_{J=0}^{N} p_{MJ}(t-T_{M-1})^J, & T_0 \leq t \leq T_1 \end{cases} \tag{7-21}$$

其中，$\mu \in \{x,y,z\}$ 表示坐标系的三轴，通过独立优化每个坐标轴上的运动轨迹，最终获得三维运动轨迹。

以 Minimum jerk 作为轨迹优化的目标函数：

$$J = \sum_{\mu \in \{x,y,z\}} \int_0^T \left(\frac{\mathrm{d}^3 f_\mu(t)}{\mathrm{d}t^k}\right)^2 \mathrm{d}t \tag{7-22}$$

对于约束条件，主要包括瞬时线性约束（instant linear constraint）和区间线性约束（interval linear constraint）。

瞬时线性约束包括对施加在起点和终点高维状态信息上的等式约束（$Ap=b$），要求相邻轨迹段在连接处的位置、速度、加速度必须连续，左右极限值相等的连接点（transition point）约束（$Ap=b$，$Ap \leq b$）以及连续性约束（$Ap_i = Ap_{i+1}$）。对于连接点约束，即施加在分段轨迹的连接点上的约束，其目的是将分段轨迹的连接点约束在两个凸包的公共区域内，如图 7-40a 所示。然而，实际情况也有可能如图 7-40b 所示，即轨迹仍可能超出可行空间范围，导致轨迹发生碰撞，存在安全性不完备的问题。

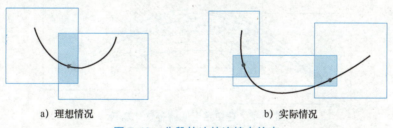

a) 理想情况　　　　　　　　b) 实际情况

图 7-40　分段轨迹的连接点约束

区间线性约束：包括边界约束（boundary constraint）和动力学约束（dynamic constraint）。边界约束可表示为 $A(t)p \leq b$，$\forall t \in [t_l, t_r]$；动力学约束可表示为 $A(t)p \leq b$，$\forall t \in [t_l, t_r]$。

对于边界约束，若通过对时间进行精细化离散化，再施以约束条件将整条轨迹限制在边界之内，将极大增加凸优化问题的约束数目，导致求解过程异常复杂，效率低下。在实际操作中，通常采取后验方式进行处理。首先，仅在重叠区域内施加连接点约束，随后进行后验检查，以验证整个轨迹是否超出了安全边界。此外，还需对生成的轨迹施加动力学约束。动力学约束和边界约束一样，通常采取后验检查的方式。

如图 7-41 所示，首先，对优化后所生成的轨迹从每个方向进行约束检查。对于一个给

定阶次的多项式，它的极值次数、极值的个数已知，因此其极值可以被高效求解。若所求得的极值超过了约束线，则表明已经超出安全走廊范围，应施加一个新的约束，并收紧边界约束（保证最后解的收敛性）。随后，带着新增加的边界约束，将整个轨迹的优化问题重新求一遍解。之后继续迭代后验检查、增加约束、重新求解这个过程。此种轨迹后验检查的方式通过迭代逐步引入新的约束条件，缩紧边界约束，最终收敛到满足所有约束的最优解，避免了在整个时间域内进行逐个离散点检查，大大降低了计算量。

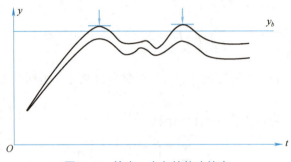

图 7-41　检查 y 方向的轨迹约束

采用此种基于可行空间进行轨迹优化具有以下优点：①在八叉树地图里，前端的路径搜索和后端的通过凸优化求解的轨迹优化问题可以做到高效求解，即使使用有限的计算资源也能很快得到结果；②飞行走廊提供了获得高质量解的宽广解空间；③使用此种方法在分段轨迹的时间分配上存在优势。如图 7-42 所示，当为某一段轨迹分配更长时间时，在轨迹优化过程中，会在可行空间之内自动调整该段轨迹首尾连接点的位置，改变该段轨迹的长度，以匹配所分配的时间，提高轨迹的连贯性和平滑性。

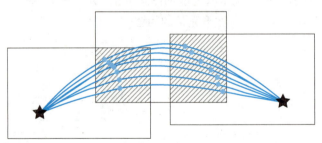

图 7-42　在给定空间调整优化轨迹

为彻底避免在针对边界约束时需在线反复求解多个二次规划（quadratic programming, QP）问题，一种常用的方式是使用分段贝塞尔曲线（Bezier curve）来表征轨迹。相比于普通多项式表征的轨迹，贝塞尔曲线具备一些特殊的性质：

1) 贝塞尔曲线总是从第一个控制点开始，在最后一个控制点结束，永远不经过任何其他控制点。

2) 一段贝塞尔曲线一定被其所定义的控制点组成的凸包完全包围住（凸包性质）。所谓凸包即可以包含所有顶点的最小凸多边形。

3) 贝塞尔曲线求导依旧是贝塞尔曲线，并且新的曲线的控制点可以直接用旧的贝塞尔曲线的控制点来表达。

贝塞尔曲线的表达形式为

$$B_j(t) = c_j^0 b_n^0(t) + c_j^1 b_n^1(t) + \cdots + c_j^n b_n^n(t) = \sum_{i=0}^{n} c_j^i b_n^i(t) \tag{7-23}$$

普通轨迹的多项式表现形式为

$$p(t) = p_0 + p_1 t + p_2 t^2 \cdots + p_n t^n = \sum_{i=0}^{n} p_i t^i \tag{7-24}$$

贝塞尔曲线使用伯恩斯坦（Bernstein polynomial）多项式表示，即

$$b_n^i(t) = C_n^i \cdot t^i \cdot (1-t)^{n-i} \tag{7-25}$$

其中，C_n^i 为从 n 个元素中恰好取 i 个元素的总组合数，$C_n^i = n!/i!(n-i)!$；c_j^i 为空间中一系列的控制点，具有实际的物理含义；上标 i 为控制点序号；下标 j 为分段轨迹的序号。

贝塞尔曲线也可以看作一种特殊的多项式方程，每一条贝塞尔曲线都与普通多项式曲线具备一一对应的映射关系，即 $\boldsymbol{p} = \boldsymbol{M}\boldsymbol{c}$。其中，$\boldsymbol{p}$ 为普通多项式曲线的系数；$\boldsymbol{c}$ 为贝塞尔曲线的各阶多项式的系数；$\boldsymbol{M}$ 为映射矩阵。对于 6 阶多项式曲线，其映射矩阵 $\boldsymbol{M}$ 存在如下关系

$$\boldsymbol{M} = \begin{bmatrix} 1 & 0 & 0 & 0 & 0 & 0 & 0 \\ -6 & 6 & 0 & 0 & 0 & 0 & 0 \\ 15 & -30 & 15 & 0 & 0 & 0 & 0 \\ -20 & 60 & -60 & 20 & 0 & 0 & 0 \\ 15 & -60 & 90 & -60 & 15 & 0 & 0 \\ -6 & 30 & -60 & 60 & -30 & 6 & 0 \\ 1 & -6 & 15 & -20 & 15 & -6 & 1 \end{bmatrix}$$

由于贝塞尔曲线与普通多项式轨迹的映射关系，因此之前介绍的关于 Minimum snap 轨迹优化的方法也适用于贝塞尔曲线。

由于贝塞尔曲线的凸包性质，贝塞尔曲线一定位于其控制点构成的最小凸包内部，因此可将每一段贝塞尔曲线的控制点放置在可行空间对应的矩形凸包内部，这意味着每一段贝塞尔曲线都一定位于其对应的可行空间之内，避免了轨迹可能超出凸包范围的问题。

此外，由于贝塞尔曲线的导数同样是贝塞尔曲线，这意味着对于动力学约束，如对速度、加速度的边界约束，也可通过其对应的导数曲线将控制点约束在边界凸包内，并且这种约束可以转化为对原贝塞尔曲线控制点的约束。

7.5.2 软约束的轨迹优化实例

这里以实现无人机复杂环境避障飞行的 EGO-Planner 为例进行软约束的轨迹优化介绍。首先，为了高效地将避障信息抽象化，以用于基于优化框架的无人机的轨迹生成。EGO-Planner 通过比较初始的碰撞轨迹和一条初始轨迹附近的安全路径，实现高效引导优化，最终得到无碰撞安全的轨迹。

在实时避障规划轨迹时，EGO-Planner 中轨迹被参数化为一个标准 B 样条曲线 $\boldsymbol{\Phi}$，参数包括曲线的阶数 p_b、N_c 个三维控制点 $\{Q_1, Q_2, \cdots, Q_{N_c}\}$ 和一个节点向量 $\{t_1, t_2, \cdots, t_M\}$（$t_i$ 是第 i 段路径花费的时间），其中 $Q_i \in \mathbf{R}^3$，且 $M = N_c + p_b$。由于使用标准 B 样条曲线，即每一个节点都被相同时间间隔 $\Delta t = t_{m+1} - t_m$ 所分割。

B 样条为贝塞尔曲线的推广，B 样条曲线同样有着非常好的凸包性质，即一段 B 样条曲线仅由 $p_b + 1$ 个相邻的控制点决定，并且位于这些控制点所组成的凸包当中。例如，(t_i, t_{i+1})

时间段内的轨迹位于由 $\{Q_i-p_b, Q_i-p_b+1, \cdots, Q_i\}$ 组成的凸包当中。B 样条曲线的另一个性质是 B 样条曲线的导数为 B 样条曲线，故 B 样条曲线的 k 阶导数为 $p_{b,k}=p_b-k$ 阶 B 样条曲线。由于求导与参数 Δt 无关，故其导数曲线和原曲线有相同的节点向量，前三阶导数对应的速度、加速度、加加速度的第 i 个控制点为 $V_i=\frac{Q_{i+1}-Q_i}{\Delta t}$，$A_i=\frac{V_{i+1}-V_i}{\Delta t}$，$J_i=\frac{A_{i+1}-A_i}{\Delta t}$。利用 B 样条的上述性质，整条轨迹的优化问题则可转变为在一个经过微分平滑后的低维空间中规划控制点 Q 的问题。

如图 7-43 所示，决策变量是 B 样条曲线的控制点 Q。每一个控制点 Q 独立拥有其环境信息（环境信息指 $\{p,v\}$ 对的距离）。开始时忽略碰撞，给出一个仅仅满足端点约束的 B 样条曲线 Φ，然后开始优化该 B 样条曲线。对于每一段在障碍物区域里面的轨迹，使用 A* 算法计算出一个起点和终点所对应的无碰撞路径。如图 7-43c 所示，每一个在当前碰撞段中的控制点 Q_i 会被赋予一个锚点 p_{ij}，p_{ij} 位于障碍物的表面并对应一个斥力向量 v_{ij}。

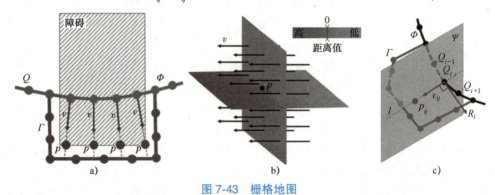

图 7-43　栅格地图

其中，i 为控制点的下标，$i \in \mathbf{N}_+$，j 为 $\{p,v\}$ 的下标，$j \in \mathbf{N}$。每一个 $\{p,v\}$ 对属于且只属于一个控制点。当一个 $\{p,v\}$ 对生成之后，从控制点 Q_i 到第 j 个障碍物的距离被定义为 $d_{ij}=(Q_i-p_{ij})\cdot v_{ij}$。在最开始的几次迭代中，路径尚未从当前障碍物中移出，此时有可能生成重复的 $\{p,v\}$ 对。为了解决这个问题，只有在当前控制点 Q_i 对所有的 j 都满足 $d_{ij}>0$ 时，判断控制点 Q_i 到了一个新的障碍物当中，并生成 $\{p,v\}$ 对。另外，该过程只允许对最终轨迹有影响的障碍物参与到优化过程中来，所以整个优化过程所需的时间被大大缩短了。控制点 Q_i 迭代过程如图 7-44 所示。

在优化开始时，用一条不考虑碰撞的 Minimum snap 轨迹作为优化初值，采用软约束的框架，将轨迹的光滑、安全、动力学等约束作为惩罚项加入到优化函数中，生成局部轨迹。用 B 样条作为轨迹参数化的方式，将 B 样条的控制点 $\{Q_1, Q_2, \cdots, Q_{N_c}\}$ 作为优化变量，构造优化问题如下

$$\min J = \lambda_s J_s + \lambda_c J_c + \lambda_d J_d \quad (7-26)$$

1) 光滑项 J_s 以加速度和加加速度（jerk）的二范数表征光滑项罚函数。得益于 B 样条曲线的凸包特性，最小化轨迹二阶、三阶导数控制点的二范数就足

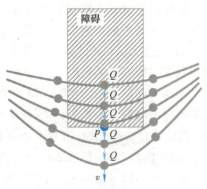

图 7-44　控制点 Q_i 迭代过程

以减小整个路径的导数值。因此，罚函数光滑项被表征为

$$J_s = \sum_{i=1}^{N_c-1} \|A_i\|_2^2 + \sum_{i=1}^{N_c-2} \|J_i\|_2^2 \tag{7-27}$$

这样，就可以减小整个路径的高阶导数值，使轨迹更加光滑。

2) 动力学可行性项 J_d 需要在每个维度上约束轨迹的高阶导数值，以此满足动力学约束。即对于每个维度，需保证轨迹的速度、加速度和加加速度的模均不大于给定的最大值，对于所有的 t，有 $|\Phi_r^{(k)}(t)| < \Phi_{r,\max}^{(k)}$，其中 $r \in \{x, y, z\}$。

考虑到凸包性质，高阶导数的控制点满足约束就足以保证整个 B 样条曲线满足约束。因此，动力学约束项的表达式为

$$J_d = \sum_{i=1}^{N_c} w_v F(V_i) + \sum_{i=1}^{N_c-1} w_a F(A_i) + \sum_{i=1}^{N_c-2} w_j F(J_i) \tag{7-28}$$

式中，w_v、w_a、w_j 分别是每项的权重；$F(\cdot)$ 是一个关于轨迹高阶导数控制点的二阶连续可导矩阵函数。

$$F(C) = \sum_{r=x,y,z} f(c_r) \tag{7-29}$$

$$f(c_r) = \begin{cases} a_1 c_r^2 + b_1 c_r + c_1 & (c_r \leq -c_j) \\ (-\lambda c_m - c_r)^3 & (-c_j < c_r < -\lambda c_m) \\ 0 & (-\lambda c_m \leq c_r \leq \lambda c_m) \\ (c_r - \lambda c_m)^3 & (\lambda c_m < c_r < c_j) \\ a_2 c_r^2 + b_2 c_r + c_2 & (c_r \geq c_j) \end{cases} \tag{7-30}$$

根据二阶连续性约束来选择 $c_r \in C \in \{V_i, A_i, J_i\}$；$a_1$、$b_1$、$c_1$、$a_2$、$b_2$、$c_2$、$c_m$ 是导数的最大值；c_j 是二次区间和三次区间的分界点。考虑到代价函数是各项性能指标的权衡，λ 是一个弹性系数，$\lambda < 1-\varepsilon$，$\varepsilon \ll 1$ 使最终的结果满足约束。

3) 碰撞惩罚项 J_c 用控制点距离障碍物的距离 d 表示，$d_{ij} = (Q_i - p_{ij}) \cdot v_{ij}$。其中，$Q_i$ 为第 i 个控制点；p_{ij} 为 Q_i 对应的障碍物表面上第 j 个点；v_{ij} 为从控制点 Q_i 指向障碍物表面点 p_{ij} 的单位向量。

当 d_{ij} 大于预先设置的距离阈值 s_f 时，需要把控制带推离障碍物，为此，该方法构造了连续可微的分段惩罚函数 j_c 来计算碰撞代价。

$$j_c(i,j) = \begin{cases} 0 & (c_{ij} < 0) \\ c_{ij}^3 & (0 \leq c_{ij} \leq s_f) \\ 3s_f c_{ij}^2 - 3s_f^2 c_{ij} + s_f^3 & (c_{ij} > s_f) \end{cases} \tag{7-31}$$

$$c_{ij} = d_{ij} - s_f$$

总碰撞代价为 $J_c = \sum_{i=1}^{N_c} j_c(Q_i) = \sum_{i=1}^{N_c} \sum_{j=1}^{N_p} j_c(i,j)$

上述轨迹优化问题的建模有两个突出特征：①当发现新的障碍物时，目标函数 J 会随之改变，这需要求解器可以快速重启；②目标函数最高次为二次，使得 J 近似为二次，使用 Hessian 矩阵的信息可以有效加速收敛。然而，获取 Hessian 矩阵的准确逆需要大量的计算，在实际应用中不可能完成。为了解决这个问题，EGO-Planner 使用拟牛顿法，通过梯度信息

来估计 Hessian 矩阵的逆，以此满足实时计算的要求。

轨迹规划算法生成期望轨迹后，根据期望轨迹可以计算得到期望的位置、速度、加速度和偏航角。由于四旋翼无人机具有微分平坦的性质，四旋翼的所有状态可以用位置、速度、加速度、偏航角及其高阶导数表示，因此只需要把期望的位置、速度、加速度、偏航角下发给几何控制器，计算出无人机期望推力与姿态后，再下发给无人机飞控执行，即可实现对无人机轨迹的跟踪与控制。

本章小结

对移动机器人而言，如何在复杂未知环境中安全有效地规划出一条可行轨迹，是实现自主导航和完成复杂智能任务的核心问题。这一过程中，导航规划的鲁棒性、轨迹求解的高效性是实现自主机器人实际应用的重要要求。围绕着这一核心问题与要求，本章从广度优先、深度优先两种节点访问策略开始，讲解了图搜索算法的基本原理，介绍了贪心算法、Dijkstra 算法、A* 算法详细流程，探讨了通用搜索算法的核心思想；从全局概率路线图到局部 RRT 算法，再到渐进最优的 RRT* 算法，讲解了采样类算法的核心思想与发展脉络。之后，本章从低维到高维，从多项式曲线到贝塞尔曲线，由浅入深地介绍了轨迹的表征形式及最小化 snap 轨迹的生成方法，从机器人避障的角度，讲解了软、硬两类带约束轨迹优化思想及方法。最后，本章通过两个实际案例，讲解了如何通过将前端路径搜索与后端轨迹优化相结合，基于可行空间硬约束或轨迹优化软约束来实现复杂环境中安全无碰撞的轨迹生成。

习　　题

一、填空题

（1）在三维网格地图中，A* 算法的启发式函数通常使用的两种距离度量方法是_____和_____。A* 算法的计算复杂度与地图分辨率的_____成正比。

（2）A* 算法的评价函数为 $f(n) = g(n)+h(n)$，其中 $g(n)$ 表示从_____到当前节点的代价，$h(n)$ 表示从当前节点到_____的估计代价。

（3）在路径搜索问题中，如果启发式函数 $h(n)$ 恒为 0，A* 算法将退化为_____算法。

（4）DFS 和 BFS 的主要区别是搜索策略不同。DFS 使用栈（stack）数据结构来实现。栈的_____特性非常适合递归性质的搜索过程。BFS 使用队列（queue）数据结构来实现。队列的_____特性确保搜索按照层次（广度）进行逐层扩展。

（5）PRM 和 RRT 的主要区别在于，PRM 构建的是图结构，而 RRT 构建的是_____结构。

（6）在 PRM 算法中，采样点之间的连接通常需要满足_____检测，以确保路径不与障碍物相交。

（7）RRT* 算法相比 RRT 算法增加了_____操作，从而能够优化路径并保证渐近最优性。

（8）Minimum Snap 轨迹规划的目标是最小化轨迹的_____阶导数（通常是加速度变化率）的平方积分。其目标函数是二次型，可以归类为_____规划问题。

（9）在 Minimum Snap 方法中，优化的变量是分段多项式的_____。

（10）Minimum Snap 方法通过_____将中间点的位置信息加入优化问题，进而通过设置分段多项式的边界条件，确保轨迹经过中间路径点和轨迹的连续性。

二、简答题

（1）A^* 算法相比 Dijkstra 算法的优势是什么？

（2）BFS 算法在无权图中为什么一定能找到最短路径？

（3）简述 RRT 的局限性以及其改进算法 RRT^* 的核心改进内容。

（4）简述 Minimum Snap 轨迹规划的核心思想与基本流程。

（5）如何结合路径搜索算法（如 A^* 或 RRT）与 Minimum Snap 方法生成动态可行的轨迹？

参考文献

[1] LAVALLE S M. Planning algorithms [M]. Cambridge: Cambridge University Press, 2006.

[2] KAVRAKI L E, SVESTKA P. Probabilistic roadmaps for path planning in high-dimensional configuration spaces [J]. IEEE Transactions on Robotics and Automation, 1996, 12 (4): 566-580.

[3] LAVALLE S M. Rapidly-exploring random trees: a new tool for path planning [J]. Algorithmic and Computational Robotics New Directions, 1999, 1 (1): 293-308.

[4] KARAMAN S, FRAZZOLI E. Sampling-based algorithms for optimal motion planning [J]. The International Journal of Robotics Research, 2011, 30 (7): 846-894.

[5] NEWCOMBE R A, IZADI S, HILLIGES O, et al. KinectFusion: real-time dense surface mapping and tracking [C]//2011 10th IEEE. Basel: IEEE International Symposium on Mixed and Augmented Reality, October 26-29, 2011, Basel, Switzerland. New York: IEEE, 2012: 127-136.

[6] ZHOU X, WANG Z P, YE H K, et al. Ego-planner: an ESDF-free gradient-based local planner for quadrotors [J]. IEEE Robotics and Automation Letters, 2021, 6 (2): 478-485.

第 8 章　机器人定位与建图

📖 导　　读

本章首先简要介绍机器人定位与建图的基本概念；然后介绍基于外部设备感知的定位、不依赖外部设备感知的自主定位等主要的定位方法，并重点介绍具有代表性的贝叶斯滤波框架下的自主定位算法；接着介绍稀疏特征点地图、稠密点云地图、栅格地图、语义地图、拓扑地图、混合地图等地图表示的方式；而后介绍基于二维激光雷达的同步定位与建图、基于三维激光雷达的同步定位与建图、基于视觉的同步定位与建图、基于多传感器信息融合的同步定位与建图等常用算法；最后总结机器人定位与建图面临的挑战，展望机器人定位与建图的发展趋势。

📖 本章知识点

- 机器人定位与建图的基本概念
- 机器人自主定位算法
- 环境地图表示方法
- 基于激光雷达的同步定位与建图算法
- 基于视觉的同步定位与建图算法
- 多传感器信息融合的同步定位与建图算法

8.1　机器人定位与建图简介

8.1.1　机器人自主导航基本概念

近年来，科技的突飞猛进使得机器人在人们日常生活中扮演着日益重要的角色，无论是在快递投送、安防巡逻等民用领域，还是在军事领域中，其应用都愈发广泛。在这些多样化的应用场景中，自主导航技术成为了研究的焦点。自主导航是指机器人在一个陌生的环境中，通过所携带的传感器来感知和认知周围环境，精确地确定自己的位置与姿态，并据此自主规划路径、执行运动控制，最终抵达预定目标点的一种能力。自主导航的过程涵盖了多个关键环节，如定位、建图以及路径规划等。定位和建图是这一过程的基础，其中定位技术帮助机器人确定自己当前的位置和姿态，而建图技术则让机器人能够构建周围环境的地图，进而理解周围的环境。

8.1.2 机器人定位基本概念

定位技术指机器人基于外部设备或自身携带传感器信息,确定机器人在空间中的位置和姿态。它是机器人领域的核心技术之一,赋予了机器人确定自身在空间中位置和姿态信息的能力。传统的定位方式,如基于全球导航卫星系统(global navigation satellite system,GNSS)和人工设置的标志物的方法虽然有效,但在室内环境或无标志物区域却显得力不从心。此时,机器人通常会使用视觉或者激光雷达等传感器来实现定位。视觉传感器(如摄像头)通过获取环境的实时图像并运用图像处理算法,精准解析出机器人的位置与姿态。激光雷达则通过发射激光束,测量激光反射的时间差,来推算出周围物体的距离,进而完成定位。这些技术为机器人的应用提供了强大的支撑,帮助机器人实现自身定位,进而实现环境感知与路径规划等功能。

当前,移动机器人的定位策略可概括为相对定位、绝对定位和组合定位三大类别。首先,航迹推算法作为相对定位的典范,通过机器人内部传感器(如码盘)和惯性传感器(如陀螺仪、加速度计)等,持续感知运动状态,进而通过累积计算得出相对于起始点的位置和姿态,这种方法存在一个明显的问题,即随着时间和距离的累积,误差也会逐渐增大,因此不适合长时间、长距离的精确定位。绝对定位则侧重于确定机器人在全局坐标系下的位置和姿态。通过导航信标、主动或被动标识、地图匹配或全球卫星导航定位系统等方法实现。绝对定位的优势在于不受时间和初始位姿的影响,具有高精度和高可靠性。由于相对定位与绝对定位各有其局限性,因此现代移动机器人多采用组合定位策略,综合内部和外部传感器的数据,提高定位的准确性和鲁棒性。

当然,不同的定位方法其性能也有所差异。以室内定位的应用场景为例,性能的评价指标通常包括定位精度和规模化应用难易程度。相对定位中的惯性传感器通常能达到亚米级的定位精度,且易于规模化应用。而绝对定位方法,如 WiFi、RFID、超声波、蓝牙、计算机视觉、激光雷达和超宽带等,其定位精度跨越米级至分米级,规模化实现应用的难易程度各不相同。

8.1.3 机器人建图基本概念

机器人建图是指基于机器人自身携带的各种传感器获得周围环境的测量信息,再将这些信息转化为地图的过程。机器人建图的步骤如下:

第一步是传感器感知:机器人通过搭载各种传感器(如激光雷达、相机、超声波传感器等)来感知周围环境的信息,包括障碍物位置、墙壁位置、物体形状等。

第二步是数据融合:机器人将从不同传感器获取的信息进行融合,得到更加准确和完整的环境信息。

第三步是地图构建:机器人根据传感器获取的信息,利用各种算法和技术来建立环境的地图。

随着机器人在环境中移动,机器人获取新的传感器数据,并不断更新地图,以确保地图的准确性和一致性。

地图构建是机器人实现自主导航的前提。机器人可以利用构建的地图来完成路径规划、避障等任务,也可以帮助机器人利用自身携带的传感器进行实时定位。虽然可以使用人为提前绘制的地图作为参考,但由于这些地图往往与真实环境存在差异,且可能无法与机器人传感器获取的数据完美匹配,因此在实际应用中往往存在不足。相比之下,由机器人自主建立的地图更能准确反映真实环境。占用栅格地图和代价地图是两种机器人常用的地图形式。占用栅格地图主要用于描述地图中的静态障碍物信息;代价地图则侧重于导航,帮助机器人选择以最小代价完成任务的路径。

地图的描述实际上是对机器人所处环境的可视化表示,它与机器人可能的位置或位置信息紧密相关。选择何种环境表示方法会直接影响到机器人位置表示的准确性。在选择地图表示方法时,需要考虑以下三个基本关系:

1)地图的精度应与机器人需要达到的目标精度相匹配。

2)地图的精度和所表示的特征类型应与机器人传感器返回数据的精确性需求和数据类型相匹配。

3)地图表示的复杂性将直接影响与建图、定位和导航相关的计算的复杂性。

8.1.4 机器人同步定位与建图基本概念

移动机器人的环境建模与其精确的定位息息相关,而精准的定位又依托于完善的环境地图。因此,机器人的定位和建图问题是一个"鸡与蛋"的问题。同步定位与建图(simultaneous localization and mapping,SLAM)提供了一种解决方案。SLAM 技术指的是机器人在自身位姿不确定、环境完全未知的情况下,基于自身携带传感器获得的感知信息增量式地创建环境的地图,并基于该地图实现自主定位。其理论价值和应用价值引起了广泛关注,更被视为实现全自主移动机器人的核心技术。SLAM 包含三个基本问题:

1)如何进行环境描述,即环境地图的表示方法。

2)怎样获得环境信息,即环境特征的提取。

3)怎样表示获得的环境信息,并根据信息更新地图。

目前,根据所使用的传感器类型,SLAM 可大致分为两类:激光雷达 SLAM 和视觉 SLAM。激光雷达 SLAM 中,根据环境的复杂程度,可以选择使用二维或三维激光雷达。二维激光雷达常用于室内机器人,如扫地机器人,而三维激光雷达则更多地应用于无人驾驶等环境更复杂的场景。激光雷达通过收集一系列具有准确角度和距离信息的离散点来呈现环境信息,这些点集被称为点云。激光雷达 SLAM 系统通过对比不同时刻的点云数据,计算激光雷达的相对运动距离和姿态变化,实现对机器人的定位。激光雷达测距精准,误差模型简单,工作不会受到环境光照条件的影响。此外,点云信息中的直接几何关系使机器人的路径规划和导航变得更为直观。因此,激光雷达 SLAM 的理论研究已较为成熟,且已有丰富的实际应用产品。

视觉 SLAM 则采用相机作为传感器,能够获取环境中丰富的、冗余的纹理信息,拥有强大的场景辨识能力。早期的视觉 SLAM 基于滤波理论,但由于其非线性的误差模型和庞大的计算量,其实用性受到一定限制。然而,随着非线性优化理论、相机技术以及计算性能的不断发展,实时运行的视觉 SLAM 已成为可能。视觉 SLAM 的优势在于其可获得和利用丰富的纹理信息,这为重定位和场景分类等提供了巨大优势。同时,视觉信息还能较为容易地用于跟踪和预测场景中的动态目标,如行人和车辆,这在复杂的动态场景中尤为关键。

激光雷达 SLAM 与视觉 SLAM 在各自领域拥有独特的优势与局限性,见表 8-1。将两者结合使用,能够充分发挥它们的优势,形成互补。举例来说,视觉 SLAM 在纹理丰富的环境中表现稳定,可以为激光雷达 SLAM 提供更鲁棒的特征约束;激光雷达以其精确测量方向和距离的能力,在环境的精确几何建模上有独特的价值。在光照严重不足或纹理缺失的环境中,激光雷达 SLAM 的鲁棒性较视觉 SLAM 尤为显著。

表 8-1 激光雷达 SLAM 与视觉 SLAM 的优劣对比

优势/劣势	激光雷达 SLAM	视觉 SLAM
优势	可靠性高,技术成熟	结构简单,安装方式多元
	建图直观,精度高	无传感器探测限制
	地图可用于路径规划	可提取语义信息
劣势	受雷达探测范围影响	受环境光照变化影响
	安装有结构要求	运算负荷大,难以直接应用
	地图缺乏语义信息	地图构建存在累积误差

近年来,SLAM 技术得到了长足的发展,为机器人赋予了前所未有的自主导航能力。未来,随着激光雷达 SLAM 与视觉 SLAM 在竞争与融合中的不断演进,有理由相信这些技术将推动机器人从实验室和展厅走向更广阔、复杂、动态的现实应用场景。

8.2 机器人定位的主要方法

机器人定位主要解决"我在哪儿"的问题,用于确定机器人在环境地图中的位置和姿态。常用传感器包括外部传感器(如全球导航卫星系统、超宽带技术(ultra wide band, UWB)、外部视觉等)和本体传感器(如轮式编码器、惯性导航单元、红外/超声测距传感器、单目/双目/RGB-D 相机、2D/3D 激光雷达等)。图 8-1 所示为典型的搭载多传感器的自主机器人系统。

图 8-1 典型的搭载多传感器的自主机器人系统

8.2.1 基于外部设备感知的定位

全球导航卫星系统(GNSS)是对北斗系统、全球定位系统(GPS)、格洛纳斯系统(GLONASS)、伽利略(Galileo)系统等卫星导航定位系统的统称,也可指代它们的增强型系统，又可指代所有这些卫星导航定位系统及其增强型系统的混合体。也就是说，它是由多个卫星导航定位及其增强型系统所组成的大系统。GNSS 是以人造卫星作为导航台的星级无线电导航系统，为全球陆、海、空、天的各类军民载体提供全天候、高精度的位置、速度和时间信息，因此它又被称为天基定位、导航和授时系统。

GNSS 基于测量从卫星发射的信号的时间和空间属性来计算接收器的位置，即飞行时间（time of flight，TOF）测距法。GNSS 由多颗卫星组成，每颗卫星都在预定的轨道上运行，其轨道由地面的控制站进行精确的监控和调整。GNSS 接收器接收来自至少四颗卫星的信号，并通过测量从卫星发射信号到接收器接收信号之间的时间差，计算出从每颗卫星到接收器的距离。为了精确计算接收器的位置，GNSS 使用了三角测量原理，通过测量与多颗卫星之间的距离，确定自己在三维空间中的位置。通过将多个卫星的测量结果交叉验证，可以进一步提高定位的准确性。典型的 GNSS 接收器如图 8-2 所示。

图 8-2　典型的 GNSS 接收器

对于机器人来说，最常用的卫星定位技术包括以下几种：

1）单点 GNSS 定位，即传统的米级精度卫星定位。这种方式价格低廉，大多数手机、车载终端等都具备单点卫星定位能力。

2）RTK 定位，即差分定位技术。由于卫星定位信号在传输过程中可能产生误差，RTK 通过与地面上的一个或多个已知精确位置的基站以及机器人通信，校正机器人卫星接收机的信号，实时获取校正后的位置信息，机器人 RTK 双天线安装方式如图 8-3 所示。

图 8-3　机器人 RTK 双天线安装方式

UWB 定位技术是一种无载波通信技术,利用了纳秒级的非正弦波窄脉冲传输数据,因此其所占的频谱范围很宽。传统的定位技术根据信号强弱来推断物体位置,然而信号强弱受外界影响较大,因此定位出的物体位置与实际位置的误差也较大,定位精度不高。而 UWB 定位采用了宽带脉冲通信技术,具备极强的抗干扰能力,可有效降低定位误差。

常用的 UWB 定位方法基于到达时间(time of arrival,TOA)进行定位。该定位算法的基本原理是,首先测量信号从每个定位基站到移动标签之间的时间,然后用时间乘以信号在室内飞行的速度,从而得到每个基站到标签的距离。以定位基站为圆心,基站到标签的距离为半径画圆,3 个圆的交点就是移动标签的位置。图 8-4 所示为 UWB 定位示意图,P_1、P_2、P_3 分别表示定位基站 1、定位基站 2、定位基站 3,交汇点 (x,y) 表示移动标签,d_1、d_2、d_3 分别表示移动标签到定位基站 P_1、P_2、P_3 的距离。据此可得

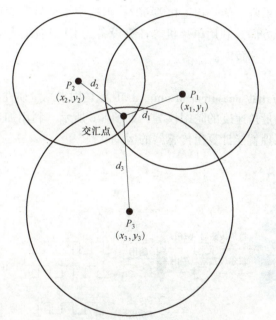

图 8-4 UWB 定位示意图

$$\begin{cases}(x_1-x)^2+(y_1-y)^2=d_1^2\\(x_2-x)^2+(y_2-y)^2=d_2^2\\(x_3-x)^2+(y_3-y)^2=d_3^2\end{cases} \tag{8-1}$$

通过计算可以得到机器人的位置坐标:

$$\begin{bmatrix}x\\y\end{bmatrix}=\begin{bmatrix}\dfrac{(y_2-y_1)\mu_1+(y_2-y_3)\mu_2}{2[(x_2-x_3)(y_2-y_1)+(x_1-x_2)(y_2-y_3)]}\\\dfrac{(x_2-x_1)\mu_1+(x_2-x_3)\mu_2}{2[(x_2-x_1)(y_2-y_3)+(x_2-x_3)(y_1-y_2)]}\end{bmatrix} \tag{8-2}$$

式中,$\mu_1=x_2^2-x_3^2+y_2^2-y_3^2+d_3^2-d_2^2$;$\mu_2=x_1^2-x_2^2+y_1^2-y_2^2+d_2^2-d_1^2$。

因为 UWB 拥有极大的带宽,时间分辨率高,所以适合利用基于信号到达时间的定位算法进行定位,这也是 UWB 室内运动定位的首选定位算法。

8.2.2 不依赖外部设备感知的自主定位

机器人携带的常见本体感知传感器主要包括轮式编码器、惯性测量单元、单目/双目/RGB-D 相机、2D/3D 激光雷达等,下面对部分典型的传感器进行介绍。

1. 轮式编码器

轮式机器人需要靠电机驱动和配套的编码器反馈运动状态。编码器是对电机转速测量反馈的重要部件,有霍尔编码器、光电编码器、碳刷编码器等。编码器通常采用正交编码形式进行信号输出,也就是 A、B 两相信号正交输出,有些还会有 Z 相信号对转过一圈进行脉冲输出。

编码器一般为增量式正交编码器,编码线数根据实际需要的精度进行选择。图 8-5 所示为霍尔正交编码器。如果两个信号相位相差 90°,则这两个信号称为正交信号,可以根据两个信号的先后顺序判断方向。利用单片机等计算设备的 IO 口对编码器的 A、B 相进行捕获,能很容易得到电机的转速和转向。

2. 惯性测量单元

惯性测量单元(inertial measurement unit,IMU)是用来测量惯性物理量的设备,如测量加速度的加速度计、测量角速度的陀螺仪等,如图 8-6 所示。利用加速度、角速度、磁力和气压信息通过物理学原理就能计算出传感器的运动状态。

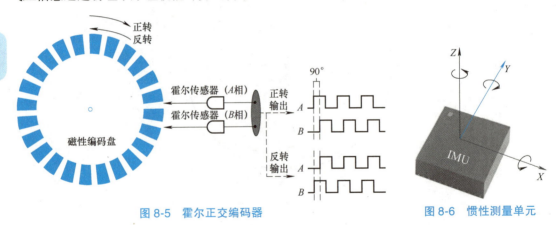

图 8-5 霍尔正交编码器 　　　　图 8-6 惯性测量单元

3. 单目/双目/RGB-D 相机

相机是机器人进行视觉感知的传感器,相当于机器人的"眼睛"。机器人常用的相机包括单目相机、双目相机和 RGB-D 相机,如图 8-7 所示。

a) 单目　　　　b) 双目　　　　c) RGB-D

图 8-7 3 种类型相机

单目相机就是常说的摄像头,由镜头和图像传感器(CMOS 或 CCD)构成。摄像头的原理是小孔成像原理(图 8-8),成像信息由图像传感器转换成数字图像输出。

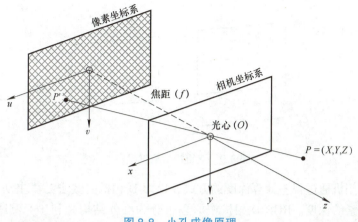

图 8-8 小孔成像原理

世界环境中的物体点 P 在相机坐标系下的坐标值为 (X,Y,Z),物体点 P 透过光心 O 在图像传感器上形成点 P',点 P' 在像素坐标系下的坐标值为 (U,V),借助相机的焦距 f 可以建立如下几何关系

$$\begin{cases} U = \alpha \left(\dfrac{f}{Z} X\right) + c_x \\ V = \beta \left(\dfrac{f}{Z} Y\right) + c_y \end{cases} \tag{8-3}$$

通过类似三角形的几何关系直接计算出来的成像点 $P' = \left(\left(\dfrac{f}{Z} X\right), \left(\dfrac{f}{Z} Y\right)\right)$ 的坐标值单位为 m,而 P' 最终要被量化成像素,在像素坐标系下的像素值单位为像素。

针孔相机模型描述了单个相机的成像模型。然而,仅根据一个像素,无法确定这个空间点的具体位置。这是因为,从相机光心到归一化平面连线上的所有点,都可以投影至该像素上。只有当 P 的深度确定时(如通过双目或 RGB-D 相机),才能确定它的空间位置。

测量像素距离的方式有很多种,如人眼就可以根据左、右眼看到的景物差异(或称视差),判断物体与人体的距离。双目相机的原理亦是如此,通过同步采集左、右相机的图像,计算图像间视差,以便估计每一个像素的深度,如图 8-9 所示。下面简单介绍双目相机的成像原理。理想情况下,左、右两相机的成像平面处于同一个平面,并且坐标系严格平行,相机光心 O_L 和 O_R 之间的距离 b 是双目相机的基线。为了方便讨论,世界坐标系中的物体点 P,其坐标取左相机坐标系下的值。物体点 $P = (X,Y,Z)$ 在左、右两个相机中的成像点分别为 $P_L = (U_L, V_L)$ 和 $P_R = (U_R, V_R)$,根据几何关系可以求出 P 点的深度 Z,即

$$\dfrac{Z-f}{Z} = \dfrac{b - U_L + U_R}{b} \tag{8-4}$$

化简得

$$Z = \dfrac{fb}{U_L - U_R} \tag{8-5}$$

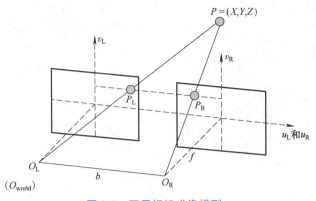

图 8-9 双目相机成像模型

相比于双目相机通过视差计算深度的方式，RGB-D 相机的做法更"主动"，它能够主动式地测量每个像素的深度。RGB-D 相机按原理可分为红外结构光和 ToF 测距两大类。无论是哪种类型，RGB-D 相机都需要向探测目标发射一束光线（通常是红外线）。在红外结构光原理中，相机根据返回的结构光图案计算物体与自身之间的距离。而在 ToF 测距原理中，相机向目标发射脉冲光，然后根据发送到返回之间的光束飞行时间确定物体与自身的距离。ToF 测距原理和激光传感器十分相似，只不过激光是通过逐点扫描获取距离的，而 ToF 相机则可以获得整个图像的像素深度，这也正是 RGB-D 相机的特点。所以，如果把一个 RGB-D 相机拆开，通常会发现除了普通的摄像头，至少会有一个发射器和一个接收器。

在测量深度后，RGB-D 相机通常按照生产时各相机的摆放位置，自己完成深度与彩色图像素之间的配对，输出一一对应的彩色图和深度图。可以在同一个图像位置，读取到色彩信息和距离信息，计算像素的 3D 相机坐标，生成点云。因此既可以在图像层面对 RGB-D 数据进行处理，也可在点云层面处理。

4. 2D/3D 激光雷达

基于激光测距原理的激光雷达，测距精度往往可以达到厘米级或毫米级，广泛应用于机器人导航避障、无人驾驶汽车、环境构建、安防、智能交互等领域。激光雷达测距方式主要包括三角测距和 ToF 测距两种。

三角测距主要是通过一束激光以一定的入射角度照射被测目标，激光在目标表面发生反射和散射，在另一角度利用透镜对反射激光汇聚成像，光斑成像在感光耦合组件（charge-coupled device, CCD）位置传感器上。当被测物体沿激光方向发生移动时，位置传感器上的光斑将产生移动，其位移大小对应被测物体的移动距离，因此可通过算法设计，由光斑位移距离计算出被测物体与基线的距离值。

ToF 测距是基于测量光的飞行时间来获取目标物距离的。其工作原理为，通过激光发射器发出一束调制光，该调制光经被测物体反射后由激光探测器接收，通过测量发射激光和接收激光的相位差计算出目标的距离。

总体来说，三角测距激光雷达与 ToF 激光雷达在实现上都有各自的难度，从原理上来说，ToF 雷达的测距距离更远，在一些要求距离的场合，使用 ToF 雷达居多，而三角测距激光雷达制造成本相对较低，且精度又可满足大多工业级民用要求，因此也备受业内关注。

机械式激光雷达的激光探头需要通过旋转机构旋转起来对更广的范围进行扫描探测。根据激光探头发出激光束的数量，可以分为单线激光雷达和多线激光雷达（图 8-10a、b）。还有一些非常规的激光雷达，如固态激光雷达（图 8-10c）、单线多自由度旋转激光雷达、面激光束雷达等。

a) 单线激光雷达

b) 多线激光雷达

c) 固态激光雷达

图 8-10　不同类型激光雷达

单线激光模组和旋转机构构成了单线激光雷达，单线激光雷达扫描点通常处在同一平面上的 360° 范围内，因此也称二维激光雷达，其扫描点如图 8-11a 所示。单线激光雷达只能扫描同一平面上的障碍信息，也就是环境的某一个横截面的轮廓，这样扫描的数据信息很有限。在垂直方向同时发射多束激光，再结合旋转机构，就能扫描多个横截面的轮廓，这就是多线激光雷达，也称三维激光雷达，其扫描点如图 8-11b 所示。

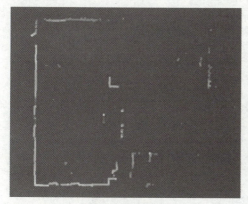
a) 单线激光雷达扫描点

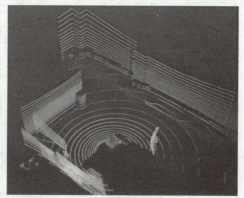
b) 多线激光雷达扫描点

图 8-11　激光雷达扫描点示意图

给定两幅点云地图 $X=\{x_1,x_2,x_3,\cdots,x_{N_x}\}$，$Y=\{y_1,y_2,y_3,\cdots,y_{N_y}\}$。其中，$x_i$ 和 y_i 表示该点云地图中的第 i 个点云的坐标，N_x 和 N_y 分别表示两幅点云地图的点云数量。需要求解出一种最优的位姿变换矩阵 T_r，对应旋转矩阵 R_{yx} 和平移向量 t_{yx}，满足正确融合的精度要求。假设 X 中的 N_x 个点都能在 Y 中找到对应点，于是期望的变换矩阵应满足

$$E(\boldsymbol{R},\boldsymbol{t}) = \frac{1}{N_x}\sum_{i=1}^{N_x} \|\boldsymbol{R}_{y\_x}\boldsymbol{x}_i + \boldsymbol{t}_{y\_x} - \boldsymbol{y}_i\|^2 \tag{8-6}$$

代入点云质心位置 $\boldsymbol{\mu}_x$、$\boldsymbol{\mu}_y$ 得

$$E(\boldsymbol{R},\boldsymbol{t}) = \frac{1}{N_x}\sum_{i=1}^{N_x} \|\boldsymbol{R}\boldsymbol{x}'_i - \boldsymbol{y}'_i + (\boldsymbol{R}\boldsymbol{\mu}_x - \boldsymbol{\mu}_y + \boldsymbol{t})\|^2 \tag{8-7}$$

令 $\boldsymbol{t}=\boldsymbol{\mu}_y-\boldsymbol{R}\boldsymbol{\mu}_x$ 得

$$E(\boldsymbol{R},\boldsymbol{t}) = \frac{1}{N_x}\left[\sum_{i=1}^{N_x}\|\boldsymbol{x}_i'\|^2 + \sum_{i=1}^{N_y}\|\boldsymbol{y}_i'\|^2 - 2\mathrm{tr}(\boldsymbol{RW})\right], \boldsymbol{W} = \sum_{i=1}^{N_x}\boldsymbol{x}_i'\boldsymbol{y}_i'^\mathrm{T} \qquad (8\text{-}8)$$

为了极小化 E，需要取 $\mathrm{tr}(\boldsymbol{RW})$ 极大值，记 $\boldsymbol{W} = \boldsymbol{U}\boldsymbol{\Sigma}\boldsymbol{V}^\mathrm{T}$，根据引理：对于任何正定矩阵 $\boldsymbol{AA}^\mathrm{T}$ 以及任一正交阵 $\boldsymbol{B}$，$\mathrm{tr}(\boldsymbol{AA}^\mathrm{T}) \geq \mathrm{tr}(\boldsymbol{BAA}^\mathrm{T})$。于是根据 $\boldsymbol{R} = \boldsymbol{VU}^\mathrm{T}$ 可得

$$\begin{cases} \boldsymbol{R} = \boldsymbol{VU}^\mathrm{T} \\ \boldsymbol{t} = \boldsymbol{\mu}_y - \boldsymbol{R}\boldsymbol{\mu}_x \end{cases} \qquad (8\text{-}9)$$

当 $\boldsymbol{x}_i$、$\boldsymbol{y}_i$ 均为正确的对应点对时，得到相对位姿估计应是无偏差的。但实际使用中难以得到完全正确的对应点对，因此常用的方法是，根据当前估计的相对位姿计算 Y 中与 X 最接近的点，将其当成 $\boldsymbol{x}_i$ 的对应点，经过多次迭代不断求解新的 $\boldsymbol{T}_r$，直至 $\boldsymbol{T}_r$ 收敛或达到最大迭代次数。ICP 迭代过程示意图如图 8-12 所示。

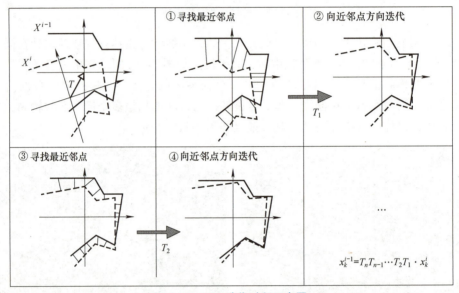

图 8-12　ICP 迭代过程示意图

8.2.3　贝叶斯滤波框架下的自主定位算法

将联合概率密度分解成一个条件概率密度和一个非条件概率密度的乘积，即可得到贝叶斯公式：

$$p(x,y) = p(x|y)p(y) = p(y|x)p(x) \qquad (8\text{-}10)$$

整理得

$$p(x|y) = \frac{p(y|x)p(x)}{p(y)} \qquad (8\text{-}11)$$

式中，$p(x)$ 称为先验密度；$p(x|y)$ 为后验密度。

如果已知机器人状态的先验概率密度函数 $p(x)$ 和传感器模型 $p(y|x)$，就可以推断状态的后验概率密度函数。机器人的定位问题就是对机器人当前位姿状态 $\boldsymbol{x}_k$ 进行状态估计，对应的后验概率分布表述为

$$\mathrm{bel}(\boldsymbol{x}_k) = P(\boldsymbol{x}_k | \boldsymbol{z}_{1:k}, \boldsymbol{u}_{1:k}, m) \qquad (8\text{-}12)$$

式中，地图条件 m 是常量可以忽略，所以可以进一步写为 $\text{bel}(x_k) = P(x_k | z_{1:k}, u_{1:k})$。$\text{bel}(x_k)$ 常常也称为置信度。

下面结合机器人测量数据 u_k 和 z_k，分析 $P(x_k | z_{1:k}, u_{1:k})$ 的具体形式。利用式（8-11）所示的贝叶斯准则将 $P(x_k | z_{1:k}, u_{1:k})$ 进行分解，分解结果如式（8-13）所示。式中的分母 $P(z_k | z_{1:k-1}, u_{1:k})$ 由测量数据可以直接计算，是一个常数值，因此可以忽略。为了保证 $P(x_k | z_{1:k}, u_{1:k})$ 是一个求和为 1 的概率分布，需要乘以归一化常数 η 保证其合法性。剩下就是计算 $P(z_k | x_k, z_{1:k-1}, u_{1:k})$ 和 $P(x_k | z_{1:k-1}, u_{1:k})$ 两项概率分布的乘积。

$$\begin{aligned}\text{bel}(x_k) &= P(x_k | z_{1:k}, u_{1:k}) \\ &= \frac{P(z_k | x_k, z_{1:k-1}, u_{1:k}) P(x_k | z_{1:k-1}, u_{1:k})}{P(z_k | z_{1:k-1}, u_{1:k})} \\ &= \eta P(z_k | x_k, z_{1:k-1}, u_{1:k}) P(x_k | z_{1:k-1}, u_{1:k})\end{aligned} \quad (8\text{-}13)$$

在贝叶斯网络中，有一条很重要的性质就是条件独立性。即除了直接指向某节点的原因节点外，其他所有节点与该节点都是条件独立的。利用条件独立性，可得

$$P(z_k | x_k, z_{1:k-1}, u_{1:k}) = P(z_k | x_k) \quad (8\text{-}14)$$

由全概率公式 $P(x) = \int P(x|y) P(y) \mathrm{d}y$ 可得

$$\overline{\text{bel}(x_k)} = P(x_k | z_{1:k-1}, u_{1:k}) = \int P(x_k | x_{k-1}, z_{1:k-1}, u_{1:k}) P(x_{k-1} | z_{1:k-1}, u_{1:k}) \mathrm{d}x_{k-1} \quad (8\text{-}15)$$

根据条件独立性，可得

$$P(x_k | x_{k-1}, z_{1:k-1}, u_{1:k}) = P(x_k | x_{k-1}, u_k) \quad (8\text{-}16)$$

基于马尔可夫假设，k 时刻的控制量 u_k 并不会影响 $k-1$ 时刻的状态 x_{k-1}，可得

$$P(x_{k-1} | z_{1:k-1}, u_{1:k}) = P(x_{k-1} | z_{1:k-1}, u_{1:k-1}) \quad (8\text{-}17)$$

将式（8-16）和式（8-17）代入式（8-15），可得

$$\begin{aligned}\overline{\text{bel}(x_k)} &= P(x_k | z_{1:k-1}, u_{1:k}) \\ &= \int P(x_k | x_{k-1}, z_{1:k-1}, u_{1:k}) P(x_{k-1} | z_{1:k-1}, u_{1:k}) \mathrm{d}x_{k-1} \\ &= \int P(x_k | x_{k-1}, u_{1:k}) P(x_{k-1} | z_{1:k-1}, u_{1:k-1}) \mathrm{d}x_{k-1} \\ &= \int P(x_k | x_{k-1}, u_{1:k}) \text{bel}(x_{k-1}) \mathrm{d}x_{k-1}\end{aligned} \quad (8\text{-}18)$$

再将式（8-18）和式（8-14）代入式（8-13），可得后验概率分布 $P(x_k | z_{1:k}, u_{1:k})$ 为

$$\text{bel}(x_k) = \eta P(z_k | x_k) \overline{\text{bel}(x_k)} \quad (8\text{-}19)$$

其中，$P(x_k | x_{k-1}, u_k)$ 为运动模型的概率分布，$P(z_k | x_k)$ 为观测模型的概率分布，也就是说 $P(x_k | x_{k-1}, u_k)$ 和 $P(z_k | x_k)$ 由机器人测量数据给出。

在已知状态初始值 x_0 的置信度后，利用运动数据 $P(x_k | x_{k-1}, u_k)$ 和前一时刻置信度 $\text{bel}(x_{k-1})$ 预测出当前状态置信度 $\overline{\text{bel}(x_k)}$，这个过程称为运动预测。

因为运动预测存在较大误差，所以还需要利用观测数据 $P(z_k | x_k)$ 对预测置信度 $\overline{\text{bel}(x_k)}$ 进行修正，修正后的置信度为 $\text{bel}(x_k)$，这个过程称为观测更新。

$$\begin{cases} \overline{\text{bel}(\boldsymbol{x}_k)} = \int P(\boldsymbol{x}_k \mid \boldsymbol{x}_{k-1}, \boldsymbol{u}_{1:k}) \text{bel}(\boldsymbol{x}_{k-1}) d\boldsymbol{x}_{k-1} (\text{运动更新}) \\ \text{bel}(\boldsymbol{x}_k) = \eta P(\boldsymbol{z}_k \mid \boldsymbol{x}_k) \overline{\text{bel}(\boldsymbol{x}_k)} (\text{观测更新}) \end{cases} \tag{8-20}$$

显然，计算后验概率分布 $P(\boldsymbol{x}_k \mid \boldsymbol{z}_{1:k}, \boldsymbol{u}_{1:k})$ 是一个递归过程，因此这个算法也称为递归贝叶斯滤波。

由于后验概率分布 $P(\boldsymbol{x}_k \mid \boldsymbol{z}_{1:k}, \boldsymbol{u}_{1:k})$ 没有给定确切的形式，也就是说递归贝叶斯滤波是一种通用框架。在给定不同形式 $P(\boldsymbol{x}_k \mid \boldsymbol{z}_{1:k}, \boldsymbol{u}_{1:k})$ 分布后，递归贝叶斯滤波也就对应不同形式的算法实现。

实际使用中，应用最广泛的分布当属高斯分布了，高斯分布能表示复杂噪声的随机性，易于进行数学处理，并且满足递归贝叶斯滤波中先验与后验之间共轭特性。从最简单的线性高斯系统入手，基于矩参数表示高斯分布，便可引出卡尔曼滤波（Kalman filter，KF）。

高斯分布可以用矩参数（均值和方差）进行表示，机器人中涉及的都是多维变量，所以这里讨论多维高斯分布，即

$$P(\boldsymbol{x}) = \frac{1}{\sqrt{(2\pi)^n \det(\boldsymbol{\Sigma})}} \exp\left(-\frac{1}{2}(\boldsymbol{x}-\boldsymbol{\mu})^\mathrm{T} \boldsymbol{\Sigma}^{-1}(\boldsymbol{x}-\boldsymbol{\mu})\right) \tag{8-21}$$

式中，$\boldsymbol{x}$ 为 n 维向量；$\boldsymbol{\mu}$ 为均值，是 n 维向量；$\boldsymbol{\Sigma}$ 为协方差矩阵，是 $n \times n$ 的对称矩阵；$\det(\boldsymbol{\Sigma}) = |\boldsymbol{\Sigma}|$，表示求矩阵 $\boldsymbol{\Sigma}$ 行列式的运算。

高斯分布也可以用正则参数表示，即信息矩阵 $\boldsymbol{\Omega}$ 和信息向量 $\boldsymbol{\xi}$。矩参数（$\boldsymbol{\Sigma}$ 和 $\boldsymbol{\mu}$）与正则参数（$\boldsymbol{\Omega}$ 和 $\boldsymbol{\xi}$）满足：

$$\begin{cases} \boldsymbol{\Omega} = \boldsymbol{\Sigma}^{-1} \\ \boldsymbol{\xi} = \boldsymbol{\Sigma}^{-1} \boldsymbol{\mu} \end{cases} \tag{8-22}$$

将式（8-21）展开，然后代入式（8-22），可得高斯分布的正则参数表示形式：

$$\begin{aligned} P(\boldsymbol{x}) &= \frac{1}{\sqrt{(2\pi)^n \det(\boldsymbol{\Sigma})}} \exp\left(-\frac{1}{2}(\boldsymbol{x}-\boldsymbol{\mu})^\mathrm{T} \boldsymbol{\Sigma}^{-1}(\boldsymbol{x}-\boldsymbol{\mu})\right) \\ &= \frac{1}{\sqrt{(2\pi)^n \det(\boldsymbol{\Sigma})}} \exp\left(-\frac{1}{2} \boldsymbol{x}^\mathrm{T} \boldsymbol{\Sigma}^{-1} \boldsymbol{x} + \boldsymbol{x}^\mathrm{T} \boldsymbol{\Sigma}^{-1} \boldsymbol{\mu} - \frac{1}{2} \boldsymbol{\mu}^\mathrm{T} \boldsymbol{\Sigma}^{-1} \boldsymbol{\mu}\right) \\ &= \underbrace{\frac{1}{\sqrt{(2\pi)^n \det(\boldsymbol{\Sigma})}} \exp\left(-\frac{1}{2} \boldsymbol{\mu}^\mathrm{T} \boldsymbol{\Sigma}^{-1} \boldsymbol{\mu}\right)}_{\text{常数项}} \exp\left(-\frac{1}{2} \boldsymbol{x}^\mathrm{T} \underbrace{\boldsymbol{\Sigma}^{-1}}_{\boldsymbol{\Omega}} \boldsymbol{x} + \boldsymbol{x}^\mathrm{T} \underbrace{\boldsymbol{\Sigma}^{-1} \boldsymbol{\mu}}_{\boldsymbol{\xi}}\right) \\ &= \eta \exp\left(-\frac{1}{2} \boldsymbol{x}^\mathrm{T} \boldsymbol{\Omega}^{-1} \boldsymbol{x} + \boldsymbol{x}^\mathrm{T} \boldsymbol{\xi}\right) \end{aligned} \tag{8-23}$$

式中，η 为归一化常数项。

可以发现，用矩参数表示高斯分布，物理意义更加直观。而用正则参数表示高斯分布，表示形式更加简洁。

讨论最简单的线性高斯系统，并用矩参数表示高斯分布，那么式（8-20）所示递归贝叶斯滤波的典型实现算法就是线性卡尔曼滤波。

当讨论线性高斯系统时，机器人的运动方程和观测方程分别为

$$\boldsymbol{x}_k = \boldsymbol{A}_k \boldsymbol{x}_{k-1} + \boldsymbol{B}_k \boldsymbol{u}_k + \boldsymbol{r}_k \tag{8-24}$$

$$z_k = C_k x_k + q_k \qquad (8\text{-}25)$$

式中，r_k 为运动过程携带的高斯噪声，协方差矩阵记为 R_k；q_k 为观测过程携带的高斯噪声，Q_k 为协方差矩阵。式（8-23）为运动方程，式（8-25）为观测方程。

依据式（8-24）与式（8-25）就可以写出运动模型的概率分布 $P(x_k|x_{k-1},u_k)$ 和观测模型的概率分布 $P(z_k|x_k)$ 的具体高斯分布形式：

$$P(x_k|x_{k-1},u_k) = \frac{1}{\sqrt{(2\pi)^n \det(R_k)}} \exp\left(\frac{1}{2}[x_k-(A_k x_{k-1}+B_k u_k)]^T R_k^{-1} [x_k-(A_k x_{k-1}+B_k u_k)]\right) \qquad (8\text{-}26)$$

$$P(z_k|x_k) = \frac{1}{\sqrt{(2\pi)^n \det(Q_k)}} \exp\left(-\frac{1}{2}(z_k-c_k x_k)^T Q_k^{-1} (z_k-c_k x_k)\right) \qquad (8\text{-}27)$$

式（8-20）中状态 x_k 置信度的具体高斯分布形式为

$$\mathrm{bel}(x_k) = \frac{1}{\sqrt{(2\pi)^n \det(\Sigma_k)}} \exp\left(-\frac{1}{2}(x_k-\mu_k)^T \Sigma_k^{-1} (x_k-\mu_k)\right) \qquad (8\text{-}28)$$

式中，μ_k 为 x_k 的均值；Σ_k 为 x_k 的协方差矩阵。注意，必须给定 x_k 置信度初值 $\mathrm{bel}(x_0)$。

卡尔曼滤波的过程就可以归结为如下的 5 个核心公式，来递归计算状态 x_k 置信度的参数 μ_k 和 Σ_k：

$$\begin{cases} \begin{cases} \overline{\mu}_k = A_k \mu_{k-1} + B_k u_k \\ \overline{\Sigma}_k = A_k \Sigma_{k-1} A_k^T + R_k \end{cases} & (\text{运动预测}) \\ \{K_k = \overline{\Sigma}_k C_k^T (C_k \overline{\Sigma}_k C_k^T + Q_k)^{-1}\} & (\text{卡尔曼增益}) \\ \begin{cases} \mu_k = \overline{\mu}_k + K_k(z_k - C_k \overline{\mu}_k) \\ \Sigma_k = (I - K_k C_k)\overline{\Sigma}_k \end{cases} & (\text{观测更新}) \end{cases} \qquad (8\text{-}29)$$

对比式（8-20）所示的递归贝叶斯滤波与式（8-29）所示的线性卡尔曼滤波，因为后验被假设为高斯分布，所以式（8-20）中的置信度运动预测 $\overline{\mathrm{bel}(x_k)}$ 就可以用式（8-29）中的高斯矩参数运动预测 $\overline{\mu}_k$ 和 $\overline{\Sigma}_k$ 替换，式（8-20）中的置信度观测更新 $\mathrm{bel}(x_k)$ 就可以用式（8-29）中的高斯矩参数观测更新 μ_k 和 Σ_k 替换。卡尔曼增益 K_k 的取值是保证卡尔曼滤波估计效果的关键。

8.3 机器人地图的表示

机器人地图的表示是指如何描述机器人所获得的环境地图信息，常用的方式包括稀疏特征点地图、稠密点云地图、占用栅格地图、语义地图、拓扑地图，以及综合使用多种方式的混合地图等。

8.3.1 稀疏特征点地图

稀疏特征点地图一般由点特征和线特征等组成，是用于表示环境空间信息的一种数据结构，在计算机视觉和机器人领域十分常用。稀疏特征点地图主要包含从环境中提取的一系列稀疏的三维特征点，每个点在三维空间中有一个确定的位置，通常是通过摄像头、激光雷达或其他传感器采集到的。这些点可以用于表示环境中的特征、物体表面和空间结构。图8-13所示为稀疏特征点地图。相比于稠密点云地图，稀疏特征点地图的点数较少，但能够高效地表征环境的几何结构和特征分布。

图8-13　稀疏特征点地图

稀疏特征点地图的构建主要依赖于计算机视觉和图像处理技术。首先，通过相机或其他视觉传感器获取场景的图像、视频数据；然后，利用特征提取算法从图像中提取出关键特征点，通过相机位姿估计技术确定相机在每个观测时刻的位置和姿态；最后，将这些关键特征点映射到三维空间中，形成稀疏特征点地图。在构建稀疏特征点地图的过程中，需要注意的是特征点的选取和匹配。由于稀疏特征点地图仅包含稀疏特征点，因此如何选取和匹配这些特征点对于地图的精确性和稳定性至关重要。

与稠密点云地图相比，它的数据量更少。在处理大规模场景时，能够减少存储和计算资源的消耗，同时仍然能够提供有价值的空间认知。然而，稀疏特征点地图也存在一些局限性。由于点的稀疏性，可能会丢失一些细节信息，对于一些需要高精度表示的场景可能不适用。此外，在复杂环境下（如光照变化大、遮挡严重、动态物体多等），点云的准确性和完整性可能会受到一定影响。

8.3.2　稠密点云地图

稠密点云地图是通过大量的三维空间点来构建的一种三维地图表示方式。这些点云数据是通过各种传感器设备（如激光雷达、RGB-D相机等）采集而来的，包含了物体表面的精确位置和几何形态信息。与传统的二维地图相比，稠密点云地图能够更真实、更完整地再现三维环境。与稀疏点云地图相比，稠密点云地图包含更多的点云数据，能够更精确地描述环境的三维结构。图8-14所示为场景稠密点云地图。

稠密点云地图的构建相对于稀疏点云的构建对计算资源和存储资源的要求更高。它首先利用激光雷达、RGB-D相机等传感器设备采集环境中的三维点云数据；然后对采集到的点云数据进行预处理，包括去噪、滤波、配准等步骤，消除数据中的噪声和冗余信息，提高点云数据的质量和精度；最后将不同视角或不同时间采集的点云数据进行配准，拼接成一个完整的三维场景。配准通常基于特征匹配、迭代最近点（iterative closest point，ICP）等方法实现，随后对配准后的点云数据进行表面重建，生成三维模型或网格模型。表面重建可以进一步提高稠密点云地图的可视化效果和易用性。稠密点云地图因其高精确性和丰富的环境信息，在多个领域都展现出了巨大的应用潜力和价值。

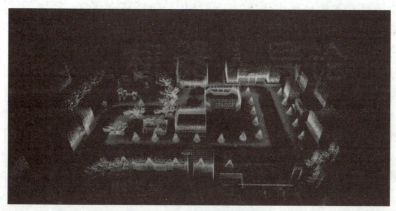

图 8-14 场景稠密点云地图　　　　图 8-14 彩图

8.3.3 占用栅格地图

占用栅格地图将地图栅格化，根据栅格占用概率分为占用栅格和空闲栅格。未被探测的栅格表示为未知栅格。

1. 2D 占用栅格地图

2D 占用栅格地图是一种极为重要且广泛应用的地图表示形式，它为机器人提供了对周围环境的直观理解和有效的导航依据，如图 8-15 所示。2D 占用栅格地图包含的地形信息简单，有利于快速路径规划，因此被广泛用于仓储机器人、扫地机器人等室内移动机器人导航。

2D 占用栅格地图的核心概念是将机器人所处的二维平面环境划分为一个个均匀的栅格单元。每个栅格单元可以处于两种状态：被占用或空闲。这种简单而直观的表示方式具有诸多优

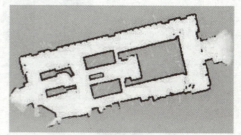

图 8-15 2D 占用栅格地图

势。通过观察栅格地图可以清晰地看到，哪些区域是可通行的，哪些区域存在障碍物。这对于机器人的路径规划和避障至关重要。机器人可以根据栅格的状态来决定如何移动，避免碰撞到障碍物。2D 占用栅格地图具有较好的适应性，它可以适用于各种不同的环境，无论是室内的房间、走廊，还是室外的开阔场地或复杂地形。通过不断更新栅格的状态，地图可以实时反映环境的变化，使机器人能够及时调整策略。

然而 2D 占用栅格地图可能会受到传感器精度和噪声的影响，导致地图不准确。此外，对于一些复杂的环境，如存在动态障碍物或模糊边界的情况，单纯依靠栅格地图可能会遇到问题。为了解决这些问题，研究人员不断探索和改进相关技术。一种常见的改进方法是结合多种传感器的数据，以提高地图的准确性和可靠性。例如，将激光雷达与视觉传感器融合，可以更好地识别和处理不同类型的障碍物。另一种方法是采用更先进的算法进行地图更新和

路径规划，以应对复杂环境的变化。

2. 3D体素网格地图

3D体素网格是二维栅格的扩展，与传统的二维栅格地图相比，3D体素网格地图具有显著的优势。它能够全面且真实地呈现出环境的三维结构，包括高度信息、物体的立体形态等，使得机器人在复杂的三维空间中能够更加准确地感知和行动。在仓储物流领域，3D体素网格地图可以助力机器人精确地识别货架的位置和高度，实现精准的取放操作。在自动驾驶中，3D体素网格地图更是不可或缺的一部分，能为车辆提供周围环境的完整三维模型，使车辆在复杂的道路和交通状况下做出正确的决策。

八叉树地图（octomap）是一种常见的3D体素网格表示，它根据障碍物的概率分布有选择地细分三维空间，如图8-16所示。八叉树地图广泛应用于无人机和机械臂避障规划，以及地面移动机器人在多层环境中的路径规划。它通过递归地将三维空间不断等分为八份来构建。就像一棵不断分支的树，从一个整体空间逐渐细分到更小的立方体单元，这些单元被称为八叉树的节点。图8-17是利用八叉树地图构建的室外场景图。在计算机图形学中，八叉树地图也被广泛应用于场景管理和渲染优化。通过利用八叉树的层次结构，可以快速确定可见的物体和区域，提高渲染效率。

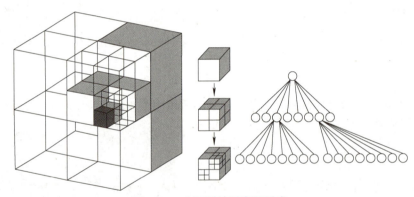

图 8-16　八叉树地图表示形式

图 8-17　利用八叉树地图构建的室外环境

图 8-17 彩图

然而，构建和使用三维体素网格地图也面临着一些挑战。首先是数据处理的复杂性，大量的三维点云数据需要进行高效的处理和转换，以生成准确的体素网格地图，这需要强大的计算能力和先进的算法支持。其次,地图的实时更新也是一个关键问题,环境是动态变化的,如移动物体的出现和消失,则需要及时更新地图以保持其准确性。

8.3.4 语义地图

语义地图是一种以语义信息为基础的地图表示方式,不仅包含了环境地理空间位置的几何信息,还包含了环境中各种物体、道路、部件的类别、属性等语义信息。它将机器人所处环境转化为更容易理解的形式,提供了更丰富、准确的环境感知,尤其有利于人–机器人之间的智能自然交互。典型语义地图如图 8-18 所示,不同颜色的地图点表示其所属的类别不同。与几何地图相比,额外的语义类别信息显著提高了机器人的环境理解能力。

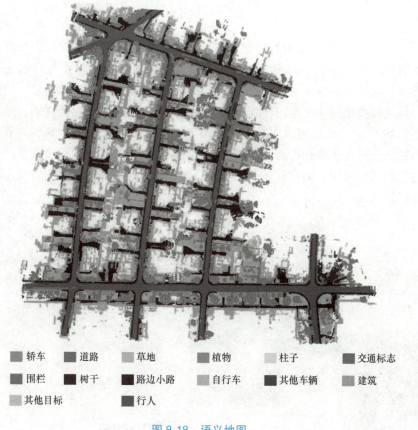

图 8-18　语义地图　　　　　　　图 8-18 彩图

语义地图通常是现有几何地图的衍生表示,它并不改变地图的结构,只是在已有地图中添加更多的信息来提升机器人的环境理解能力。例如,语义点云地图在已有的几何点云地图中为每个点添加类别信息,语义体素地图在已有的体素地图中添加体素语义信息等。语义信息通常来自语义分割,因此在语义地图创建过程中,SLAM 前端通常需要添加额外的语义分割步骤。这些语义信息不仅能够更新到地图中,在前端里程计估计位姿时,还能引入它以提高里程计的精度,如语义 ICP。

由于增加了环境的语义信息,语义地图能够提高机器人闭环检测和重定位性能。场景中的语义信息为闭环检测提供了额外的线索。机器人可以通过识别特定的物体或场景特征来确认自己是否已经回到了某个特定的位置。这种基于语义的闭环检测不仅提高了检测的准确性，也增加了检测的鲁棒性，即使在场景部分变化的情况下也能正常工作。同时，物体的语义属性，布局可作为特征进行匹配和定位。与传统的基于几何信息的地图相比，语义地图提供了更多可区分的特征，这使得机器人即使在外观相似的环境中也能更准确地进行重定位。

此外，语义地图更利于人机交互，它提供了一个便于人和机器人"对话"的接口。传统几何地图中的角点、线、面等，机器人能够准确地进行参数估计和利用，而人类对这些特征并不敏感，也无法肉眼计算出场景特征点的参数。而语义地图提供了人类更易接受的表示，如场景中物体的分布等。在人机交互时可以直接指示机器人根据语义信息进行操作，降低了人机交互的难度。

8.3.5 拓扑地图

拓扑地图利用图（graph）对场景进行描述，它将地图中的地标简化成节点，节点之间用边来连接，表示节点间的连通性，也可用边来表示场景中的可通行路径。与其他地图相比，它更关注地图中各地标间的邻接关系。这种表示忽视了地图中的一些细节信息，如精确的尺寸和角度等，但是极大地简化了地图，利于存储，而且更便于机器人路径规划。

拓扑地图如图 8-19 所示。在几何地图之上，它先将每个房间抽象为一个节点，节点的坐标可用该房间内特征点的几何坐标中心表示。然后用边来表示相邻房间的连接关系。如果两个房间是连通的，则两个房间之间存在一条边。最后将数据量较大的几何地图转变为只有少许节点和边的拓扑地图。

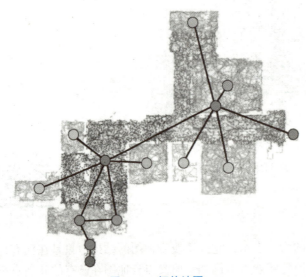

图 8-19 拓扑地图

图 8-19 彩图

单独的拓扑地图面临一些局限，因为它无法确定哪些节点是有意义的。因此它通常和语义信息结合，构建语义拓扑地图。具体来说，它首先需要对场景进行语义分析，提取感兴趣的物体/目标，将其表示为节点，然后构建拓扑地图。在计算机视觉领域，这类地图也被称作场景图（scene graph）。对于一个场景（图 8-20a）可以利用语义地图构建方法获得场景的语义地图（图 8-20b）。由于语义地图只能表示同类语义目标，而无法区分同一语义的不同实例。因此，在获得地图之后，利用实例分割算法，分割出场景中每个实例，如单独的座椅、电视等。实例分割步骤也可以直接在前端里程计中实现。已有的分割算法很容易实现这一步骤，具体可参考一些全景分割算法。获得单个实例表示，即可提取该实例的中心坐标作为语义拓扑地图中的一个节点坐标，同时提取实例的属性，如颜色、大小、包围框等。将这些属性一同保存到节点中，这对后续地图的使用，如重定位、闭环检测和避障，有重要作用。

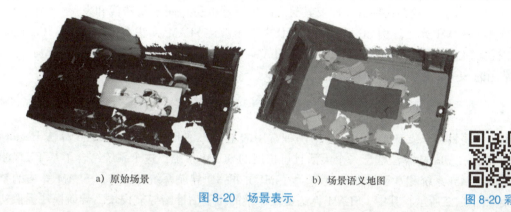

a) 原始场景　　　　　　　　　b) 场景语义地图

图 8-20　场景表示　　　　　　　　　　　　　图 8-20 彩图

对于节点的边，为了简化问题的描述，采用空间上的邻接性来表示，即如果两个节点的空间距离小于一定的阈值，则两个节点间存在一条边。经过节点和边的表示，即可将图 8-20a 中的场景转换为语义拓扑地图，如图 8-21 所示。

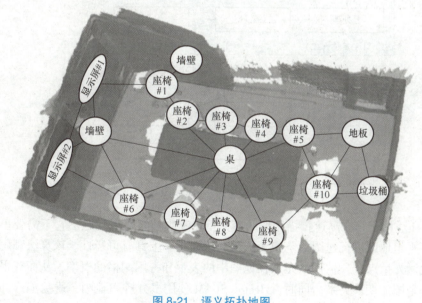

图 8-21　语义拓扑地图　　　　　　　　　图 8-21 彩图

将场景表示成图 8-21 所示的拓扑结构，通过分析图结构可以提高机器人的环境理解能力。例如可以知道长桌是在整个房间的中心，并且周围遍布着多个座椅，显示屏在墙上等。这种高维的信息是几何地图无法提供的。此外，这种语义拓扑地图能够搭配视觉-语言模型来提升机器人的智能化水平。当要求机器人完成"把垃圾桶移到显示屏下""把桌上的某个物体拿出来"等任务时，机器人能够更快地理解，并且根据拓扑地图执行相应的任务。

8.4 机器人同步定位与建图的常用算法

机器人同步定位与建图（SLAM）指机器人在未知环境中从一个未知位置开始移动，并在移动过程中根据之前自身状态和当前传感器获得的信息进行自定位，同时增量式地构建环境地图。SLAM 技术随着计算机硬件及其对应的传感器的更新而不断迭代和发展，产出了一大批经典的 SLAM 算法。例如，机器人常用的激光雷达 SLAM 算法有 Gmapping、Cartographer，视觉 SLAM 算法有 SVO-SLAM、ORB-SLAM 等。本节将基于不同传感器的选型，介绍几种常用的 SLAM 算法及其基本原理。

8.4.1 基于二维激光雷达的同步定位与建图常用算法

本小节将针对二维激光雷达，介绍一种常用的基于二维激光雷达的 SLAM 算法 Hector_SLAM。Hector_SLAM 算法基于一个灵活且可扩展的 SLAM 系统，这个系统结合了基于 2D 激光雷达的 SLAM 系统和基于惯性测量单元（IMU）的 3D 导航系统。Hector_SLAM 算法的整体框架如图 8-22 所示，其中，SLAM 算法提供二维的位姿估计给导航模块，导航模块提供初始位姿给 SLAM 模块，同时通过控制器稳定雷达，提升建图稳定性。

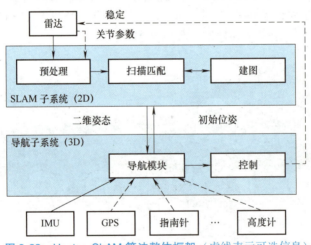

图 8-22　Hector_SLAM 算法整体框架（虚线表示可选信息）

Hector_SLAM 适用于具有高速扫描频率的激光雷达解决帧间匹配问题。它不需要里程计信息，因此在不平坦地区进行建图的空中无人机和地面小车上具有可行性。该算法利用已获得的地图来优化激光束点云，估计激光点在地图中的表示和占用网格的概率，从而获得点云集合映射到现有地图的变换关系。同时，Hector_SLAM 使用多分辨率地图，避免陷入局部最优值。

然而，Hector_SLAM 对传感器的要求较高，需要具有高更新频率和小测量噪声的激光雷达。在建图过程中，机器人的速度需要控制在较低水平，才能获得较理想的建图效果。由于优化算法容易陷入局部最优值，且 Hector_SLAM 没有闭环检测，这会导致在机器人快速转弯时出现定位和建图误差。

8.4.2 基于三维激光雷达的同步定位与建图常用算法

三维激光雷达可以看作多个二维激光雷达的叠加，相比于二维激光雷达，有着更为丰富的数据表示、更好的目标分类以及立体感知能力。本小节将针对三维激光雷达，介绍一种常用的基于三维激光雷达 SLAM 算法 LOAM。LOAM 算法是一个实时激光里程计与建图的方法，使用一个 6 自由度运动空间下的 2 轴激光雷达。该问题的难点在于测量是在不同时间下获得的，因而运动估计的误差将造成点云的错误配准。目前，一些离线批处理方法已经能够建立清晰的 3D 地图，通常是使用回环检测来校准随时间累计的漂移误差。LOAM 能够同时实现低漂移和低计算量，且不需要高频率的测距和惯性测量。其核心思想是对复杂的同步定位与建图问题进行分离，分别通过两个算法实现：一个算法执行高频的里程计和低精度的运动估计，另一个算法则运行低频的点云匹配与配准。结合两个算法进行实时建图。LOAM 算法整体框架如图 8-23 所示。

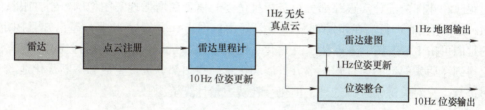

图 8-23 LOAM 算法整体框架

首先，获得激光雷达坐标系下的点云数据，并把每次扫描获得的点云组成一帧数据。然后在两个算法中进行处理。激光雷达里程计读取点云并计算激光雷达在两次连续扫描之间的运动。估计的运动用于纠正每一帧点云中的失真。该算法以 10Hz 左右的频率运行。输出通过激光雷达建图模块进行进一步处理，以 1Hz 的频率将未失真的点云匹配并记录到地图上。最后，将两种算法发布的位姿变换进行整合，生成一个关于激光雷达相对于地图的位姿，以 10Hz 左右的频率变换输出。

其中，涉及的核心算法共五条，分别是：

（1）特征点提取（feature point extraction）算法 由于激光在环境中会返回不均匀分布的各个点，因此可以使用局部曲面的平滑度来作为分类的标准，提取的参考标准为曲率的特征点。同时，忽略掉附近存在遮挡的点、所在表面与激光入射方向接近的点，以及接近激光本身的点，获取较为稳定的特征。

（2）特征关联（feature point correspondence）算法 特征关联算法将使用到连续两帧的点云数据，将当前时刻的点云重投影至下一时刻，利用寻找特征点的方法获取重投影点云和下一时刻点云的平面点和边缘角点。构建点云变换模型，计算两组点云特征点在相似位置和相互关系不变情况下的位姿变换关系。

（3）运动状态估计（motion estimation）算法 获取帧间关系后，便可使用残差数学模型求解运动状态。算法使用非线性最小二乘思想构建残差函数、最优化距离参数，获得的转移矩阵便是可接受的最优解。

（4）里程计算法（odometry algorithm） 里程计部分将前述算法内容进行整合。使用 ICP 算法分别获取边缘角点的特征匹配和平面点的特征匹配，之后使用列文伯格-马夸尔特

（Levenberg-Marquardt）优化方法求解边缘角点组位姿关系和平面点组位姿关系。两组位姿关系使用双平方方法来计算权重值，更新状态转移矩阵。

（5）地图构建算法（mapping algorithm） 里程计部分计算了每两帧点云之间的关系，地图构建部分则计算点云到地图之间的关系，以实现更精确的定位。地图构建部分的调用频率比里程计部分低许多，通常每十次扫描只会调用一次。地图构建算法不断地将扫描结果映射在世界坐标系中，并存储在地图寄存器中。

8.4.3 基于视觉的同步定位与建图常用算法

相机将三维世界中的坐标点映射到二维图像平面，这一过程可以使用几何模型进行描述。其中常用的模型为针孔模型，即描述了一束光线通过针孔之后，在针孔背面投影成像的关系。本节将针对相机介绍一种常用的基于视觉的 SLAM 算法 PTAM（parallel tracking and mapping）。PTAM 算法是一种重要的视觉 SLAM 算法，其整体框架如图 8-24 所示。PTAM 主要分为跟踪和建图两部分。跟踪部分负责相机位姿的估计和增强现实图像的绘制，跟踪部分以 30Hz 的频率实时进行。在跟踪部分，地图（由地图点和关键帧组成）是已知且固定的，初始的地图可由 RANSAC、五点法、三角化、光束平差（bundle adjustment，BA）等方法综合优化得到，后来的地图通过建图部分扩展和优化。建图部分负责生成和不断优化地图，不必实时进行，只对关键帧进行处理，但仍会耗费大量计算资源。

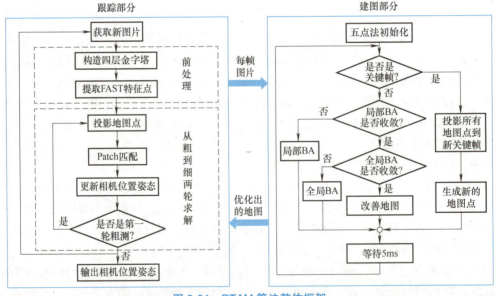

图 8-24　PTAM 算法整体框架

PTAM 是早期重要的视觉 SLAM 工作之一，与许多早期工作相似，存在着明显的缺陷，如场景小、跟踪容易丢失等。PTAM 的重要意义在于以下两点：

1）PTAM 提出并实现了跟踪与建图过程的并行化。跟踪部分需要实时响应图像数据，而对地图的优化则没必要实时地计算。后端优化可以在后台慢慢进行，在必要时进行线程同步即可。这是视觉 SLAM 中首次区分出前、后端的概念，引领了后来许多视觉 SLAM 系统的设计。目前的 SLAM 多数均区分前、后端。

2) PTAM 是第一个使用非线性优化，而不是使用传统的滤波器作为后端的方案。它引入了关键帧机制，即不必精细地处理每一幅图像，而是把几个关键图像串起来，然后优化其轨迹和地图。早期的 SLAM 大多数使用 EKF 滤波器或其变种，以及粒子滤波器等，在 PTAM 之后，视觉 SLAM 研究逐渐转向了以非线性优化为主导的后端。

它作为首个提出并行运行建图和跟踪的算法，在今天的众多先进的 SLAM 算法中仍可见 PTAM 的影子，在整个 SLAM 发展过程中占有重要地位。

8.4.4 基于多传感器信息融合的同步定位与建图常用算法

在 SLAM 问题数十年的研究中，研究者提出了许多基于不同传感器的算法，所用到的传感器包括相机、激光雷达、惯性测量单元（inertial measurement unit，IMU）、事件相机、毫米波雷达、轮速计等，它们各具特点。例如，使用激光雷达进行同步定位与建图稳定性强，受环境光照条件的影响小；使用相机进行同步定位与建图可以快速获取深度、纹理等环境信息；使用 IMU 可以测量传感器本体的加速度和角速度，短期内可以得到较好的位姿估计。

然而，上述传感器各自也都存在特定的缺陷。基于激光雷达的 SLAM 在较长时间的持续工作中，会由于旋转磨损使得内部机械结构损坏，从而产生误差，且在雨、雪、扬尘等恶劣场景下精度较差；基于相机的视觉 SLAM 会随着移动机器人工作环境区域的增大而导致处理的数据量的巨大增加，进而影响移动机器人系统的实时建图性能；IMU 的测量具有明显的漂移，通过积分 IMU 数据得到的位姿会包含随时间累积的误差，显著地降低建图的精度。

融合上述传感器信息能够有效实现各传感器之间的互补。在短时间的快速运动中，常用的相机容易出现运动模糊，或者相邻两帧图像间的重叠区域过小，导致基于特征匹配的位姿估计失败，而 IMU 在短时间的运动中误差累积较小，可以在视觉匹配失败时提供较好的位姿估计。这体现了相机与 IMU 之间的互补性。对于激光雷达，使用 IMU 进行信息融合，可以利用 IMU 的高频运动信息，校正点云运动畸变，同时，IMU 提供一个合适的初值可以使算法避免陷入局部极值的问题，提高算法精度和减少计算量。

本小节将介绍两种常用的多传感器融合 SLAM 算法，分别是基于激光雷达和 IMU 的 FAST-LIO 算法和基于相机和 IMU 的 ORB-SLAM3 算法。

FAST-LIO 使用迭代卡尔曼滤波算法实现了激光雷达与 IMU 的紧耦合，充分考虑了激光雷达观测和 IMU 观测的内在的约束性，共同决定最终的结果。通过前向传播 IMU 数据估计状态量，反向传播点云数据进行运动补偿；不仅如此，还提出一个新的计算卡尔曼增益的公式，使算法时间复杂度依赖于状态维数，相比于传统算法时间复杂度依赖测量维数，极大地减少了计算量。FAST-LIO 算法整体框架如图 8-25 所示。

算法首先采用激光雷达点云和 IMU 获取机器人本体三轴加速度和角速度作为输入。在预处理中提取点云的平面特征和边缘特征。成功提取特征后的点云与 IMU 测量值作为状态估计模块的输入，实现 10~50Hz 的状态估计。在状态估计模块中，算法使用前向传播估计 IMU 运动状态，同时反向传播点云数据，进行运动补偿。之后迭代更新机器人运动状态，将残差与全局真实状态、测量噪声相关联，并将测量模型进行线性化。最后，利用估计的姿态对特征点云进行配准，并将它们与历史构建的特征点云地图合并。更新后的点云地图最终用于下一步配准更多的新点。

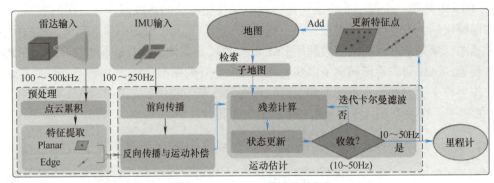

图 8-25 FAST-LIO 算法整体框架

ORB-SLAM3 算法是一个包含了单目、双目、RGB-D、单目+IMU、双目+IMU 和 RGB-D+IMU 六种模式的 SLAM 系统。ORB-SLAM3 算法整体框架如图 8-26 所示。

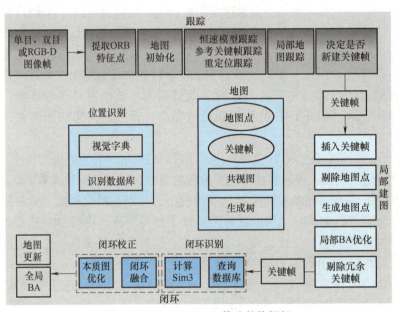

图 8-26 ORB-SLAM3 算法整体框架

ORB-SLAM3 主要包括三个模块：特征跟踪模块、局部建图模块、闭环模块。

特征跟踪模块通过使用相机检测环境中纹理信息等特征，比对相同特征在不同帧下的残差，解算出机器人本体的运动轨迹和自身位姿。通过融合 IMU 信息，在光度变化剧烈、运动过快等视觉跟踪失效的情况下仍能获取自身位姿信息，极大提升了系统鲁棒性。为了保证地图构建的实时性，算法结合 FAST 特征点算子和 BRIEF 特征描述子算子提取了 ORB 特征。算法引入四叉树策略对特征点进行筛选，在最大限度地使用了图像信息的同时也增加了算法的鲁棒性，具体方案如下：

1) 网格划分：建立图像金字塔，将各层图像划分成若干网格。

2) FAST 角点提取：对每层金字塔图像使用 FAST 角点检测器进行角点提取，对于无法提取出特征点的区域，通过降低阈值以确保获取足量角点。

3) 特征点筛选：利用四叉树策略对每个网格中提取的特征点进行筛选，如果该网格中不存在特征点，则删除该网格；如果该网格中存在特征点，则继续将该网格划分成四等份，再次判断每个网格中是否存在特征点，最后按照一定的策略挑选出分布均匀的 FAST 角点。四叉树策略筛选特征点流程示意如图 8-27 所示。

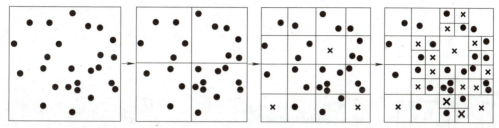

图 8-27　四叉树策略筛选特征点流程

得到均匀 ORB 特征和预积分 IMU 数据后，根据上一帧图像进行初始位姿估计，判断是否跟踪丢失。若丢失就需要在地图集的所有子集中进行重定位，定位成功就把相应的子集激活，使其变为活跃地图，若定位失败就需要创建一个新的地图加入到地图集中，并使新建的地图为活跃地图。

局部建图模块是在滑动窗口视觉里程计的基础上，利用光束平差法（BA）对局部关键帧的位姿和地图点进行优化，构建一个仅包含局部关键帧和地图点的小规模地图。局部建图模块接收特征跟踪模块传递的关键帧，当有新的关键帧传来时，根据当前局部建图线程的状态（如是否在处理关键帧、是否在进行 BA 优化等）决定要不要接收该关键帧，如果拒绝接收，则会取消创建关键帧。当新的关键帧插入到局部地图中时，会对局部地图中的关键帧以及关键帧之间的连接关系进行更新，同时对当前局部地图中关键帧的位姿和地图点进行 BA 优化，最后对冗余的关键帧及其对应的地图点进行删除。局部建图模块的主要功能有：

1) 处理缓存队列中的关键帧。
2) 根据地图点的观测情况剔除质量不好的地图点。
3) 与相邻关键帧产生新的地图点。
4) 融合重复的地图点。
5) 删除冗余的关键帧。
6) IMU 的初始化以及与视觉的 BA 联合优化。

在完成局部地图的构建后，算法将其发送至后端进行闭环检测。闭环检测模块使用了基于词袋（bag of words，BoW）模型的闭环检测方法——DBoW2。DBoW2 词袋库的构建主要是基于 BoW 模型的思想。BoW 模型思想认为文本中的每个单词是独立的，忽略单词在文本中的顺序和语法结构，只需要将文本中的单词进行计数或加权即可。具体地，BoW 模型将每个文本用一个向量表示，向量的元素代表单词出现的次数或权重，从而将文本的语义信息转化为数学表示，如图 8-28 所示。

基于 BoW 模型思想，可以对图像进行类似的操作。首先对图像进行编码，提取特征构建特征词袋，然后基于特征词袋对图像进行表征，根据直方图进行分类。DBoW2 词袋库的构建先是对大量图像提取 ORB 特征点，再利用 K-means++算法聚类，迭代进行到想要的层数，然后将最后子空间内的描述子再聚类就得到了单词。算法使用树状结构存储单词，降低算法时间复杂度，并采用 TF-IDF 方法为每个单词赋予不同的权重，根据权重大小递归地构建词袋树。将当前帧得到的单词与词袋树比对可以完成闭环检测。

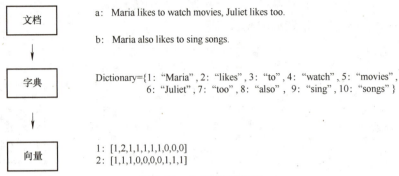

图 8-28　BoW 模型思想

ORB-SLAM3 是当前最完整、最准确的多传感器融合 SLAM 方法之一，许多研究人员将其作为基础方案，针对其中的模块进行改进。学习 ORB-SLAM3 算法对于以视觉为主导的多传感器融合 SLAM 领域从业人员是非常重要的。

8.5　机器人定位与建图的挑战与发展趋势

机器人定位与建图已取得了相当成熟的成果，在很多机器人上得到了大量的应用，然而当前应用场景大多局限在小范围的结构化场景，在未知的大范围复杂非结构化场景中，机器人的定位与建图仍然面临很多的挑战，制约着机器人在实际复杂场景中的长时间鲁棒自主运行；计算机视觉、模式识别等技术，尤其是深度学习为代表的人工智能技术的不断进步，正在不断赋能机器人定位与建图，提升其在复杂场景中的精度、鲁棒性、实时性等性能。

8.5.1　机器人定位与建图面临的挑战

在机器人的车载计算资源有限的情况下，实现大范围场景中的高精度定位与建图是一项艰巨的任务。高精度意味着机器人能够准确地确定自身在环境中的位置和姿态，并构建出详尽且精确的环境地图。然而，随着场景范围的扩大，所需处理的数据量急剧增加，这对机器人的计算能力和数据处理能力提出了极高的要求。

天气、光照等条件的动态变化以及其他环境强干扰因素是机器人定位与建图面临的另一大挑战。当前常用的环境感知传感器，无论是相机还是激光雷达，都会受到雨、雾、雪等强环境干扰的影响，这可能导致传感器数据的失真或缺失，进而影响定位和建图的准确性。而这些因素是机器人在大范围、长时间的应用中会经常遇到的情况。因此要实现机器人全天时、全天候的可靠运行，对机器人定位与建图的鲁棒性和可靠性提出了极高的要求。

在动态开放的场景中，机器人不仅需要知道自身在环境中的位置和姿态，还需要能够理解和感知周围的环境。这包括识别环境中的物体、理解它们之间的关系以及预测环境的动态变化。这要求定位与建图技术不仅仅是几何层面的，还需要融入语义层面的信息。然而要实现这样的语义感知和动态理解，并不是一件容易的事情。这不仅需要借助先进的计算机视觉、自然语言处理等技术，对传感器数据进行深度分析和处理，还需要设计更加智能的算法和模型，来捕捉和理解环境中的动态变化。

8.5.2　机器人定位与建图的发展趋势

为了应对有限车载资源的挑战，当前有研究采用分布式计算或云计算等技术，将部分计算任务转移到云端进行，以减轻车载计算资源的负担。通过将部分计算任务转移到云端进行，可以充分利用云端的强大计算能力，为机器人提供实时的、准确的数据处理和分析服务。这样，机器人就可以更加专注于执行自己的任务，而无需担心计算资源的不足。在这一过程中，如何确保云端和机器人之间的通信畅通无阻、如何保证数据的安全性和隐私性，以及如何更高效地实现资源分配等，都是在实际应用中需要重点关注的问题。

为了提高定位与建图全天时、全天候运行的可靠性，开发更先进的滤波算法降低环境对感知数据的影响是一种可行的方式。引入新型的传感器，通过多源数据融合技术，将来自不同传感器的数据进行融合，以弥补单一传感器数据的不足是提高可靠性的重要途径。这些新型传感器包括事件相机、4D 毫米波雷达、偏振光相机等。事件相机可以提供极高帧率的场景感知，识别动态物体，受环境光的影响小，有望为高速、高动态和全天时的应用场合提供解决方案。4D 毫米波雷达能够有效估计目标位置和速度，在恶劣的环境条件下也能提供可靠的探测性能，有望实现机器人的全天候应用。偏振光相机根据测量不同方向光的偏振状态，为机器人提供准确稳定的方位信息，有望提高机器人长时间定位与建图的稳定性和一致性。

为提高机器人在动态开放的场景中的语义感知和动态理解能力，开发和引入计算机视觉/模式识别领域的最新成果是其实现的重要途径。大模型是近年来计算机视觉/模式识别领域的重要突破之一。通过大量的标注数据进行模型训练，可以不断优化和提高语义感知和动态理解的准确性。如何利用大模型实现本地化部署需求，是当前机器人应用的重要发展趋势之一。利用图论或拓扑学等方法构建环境的语义地图，表达物体之间的关系和环境的结构，可以为机器人提供更加直观、易于理解的环境模型，是当前研究的一大趋势。还可以利用时间序列分析或物理模型等方法来预测环境的动态变化，为机器人的决策提供有力支持，使其能够更加智能地应对各种复杂情况。

本章小结

本章首先介绍了机器人定位、建图、同步定位与建图的基本概念，然后针对解决"我在哪儿"的定位问题，介绍了卫星导航定位、超宽带定位等基于外部设备感知的定位方法，以及基于轮式编码器、惯性测量单元、单目/双目/RGB-D 相机、2D/3D 激光雷达等的不依赖外部设备感知的自主定位方法；接着介绍了栅格地图、稀疏特征点地图、稠密点云地图、拓扑地图、语义地图等常用的机器人地图表示方法；然后介绍了基于二维激光雷达的同步定位与建图、基于三维激光雷达的同步定位与建图、基于视觉的同步定位与建图、基于多传感器信息融合的同步定位与建图等方面经典算法的核心思想；最后总结了机器人定位与建图面临的挑战以及技术发展趋势。

习 题

一、填空题

（1）在机器人定位中，贝叶斯滤波的后验概率分布可以通过_____和_____相结合来计算。

（2）在卡尔曼滤波中，核心公式包括_____、_____和_____。

（3）在贝叶斯滤波框架下，状态估计包括_____、_____和_____。

二、简答题

（1）机器人自主导航的基本过程包括哪些关键环节？简述定位和建图在自主导航中的作用。

（2）简述相对定位、绝对定位和组合定位的主要特点，并比较其优缺点。

（3）基于飞行时间的激光雷达测距原理是什么？它有哪些优点使其适合机器人定位？

（4）解释同步定位与建图（SLAM）的基本概念，并列出 SLAM 解决的三个核心问题。

（5）比较激光雷达 SLAM 和视觉 SLAM 的优劣势，并分析如何实现两者的互补使用。

（6）机器人在动态场景中如何进行定位与建图？简述常见的解决方法。

（7）什么是递归贝叶斯滤波？结合机器人定位，说明其实现过程。

（8）机器人如何利用贝叶斯滤波实现自主定位？

（9）Hector_SLAM 与 LOAM 在应用场景上的区别是什么？

（10）解释 UWB 定位的原理，并与 GNSS 定位技术比较优缺点。

（11）针对室内定位场景，UWB 定位与视觉传感器的结合有何优势？

（12）比较稠密点云地图与语义地图在自动驾驶中的应用，分析两种地图的优势？

参考文献

[1] GRISETTI G, STACHNISS C, BURGARD W. Improved techniques for grid mapping with Rao-Black wellized particle filters [J]. IEEE Transactions on Robotics, 2007, 23: 34-46.

[2] MUR-ARTAL R, MONTIEL J M M, TARDOS J D. ORB-SLAM: a versatile and accurate monocular SLAM system [J]. IEEE Transactions on Robotics, 2015, 31 (5): 1147-1163.

[3] ZHANG J, SANJIV S. LOAM: lidar odometry and mapping in real-time [J]. Robotics: Science and systems, 2014, 2 (9): 1-9.

[4] KLEIN G, DAVID M. Parallel tracking and mapping for small AR workspaces [C]//2007 6th IEEE and ACM International Symposium on Mixed and Augmented Reality, November 13-16, 2007, Nara, Japan. New York: IEEE, 2008: 225-234.

[5] XU W, ZHANG F. Fast-lio: a fast, robust lidar-inertial odometry package by tightly-coupled iterated kalman filter [J]. IEEE Robotics and Automation Letters, 2021, 6 (2): 3317-3324.

[6] CAMPOS C, ELVIRA R, TARDOXS J D, et al. ORB-SLAM3: an accurate open-source library for visual, visual-inertial, and multimap slam [J]. IEEE Transactions on Robotics, 2021, 37 (6): 1874-1890.